TELECOMUNICACIONES POR SATELITE
VOCABULARIO TECNICO Y TERMINOLOGIA

INGLES - ESPAÑOL

ESPAÑOL - INGLES

Por
Ismael S. Diéguez

Miembro de

The American Translators Association (ATA)

The American Association of Language-Specialists
(TAALS)

PRIMERA EDICION
1982

DUPLICATA PRESS

SATELLITE COMMUNICATIONS

TECHNICAL VOCABULARY AND TERMINOLOGY

ENGLISH - SPANISH

SPANISH - ENGLISH

By
Ismael S. Dieguez

Member of

The American Translators Association (ATA)

The American Association of Language Specialists
(TAALS)

FIRST EDITION
1982

DUPLICATA PRESS

P.O. BOX 23601
Washington, D.C. 20024

FIRST EDITION - 1982

—

Library of Congress Catalog Card Number 81-68868

—

PRINTED IN THE UNITED STATES OF AMERICA

IMPRESO EN LOS ESTADOS UNIDOS DE AMERICA

Bibliography
Bibliografía

Radio Regulations - ITU
CCITT and CCIR publications - English/Spanish - ITU
Provisional Glossary of Telecommunications Terms -English/Spanish - ITU, Geneva
Dictionary of Technical Terms for Aerospace Use - NASA
Electrical Engineers Handbook - Pender, McIlwain - New York
Manual del ingeniero electrónico (Pender, McIlwain) -Barcelona
Diccionario de astronáutica - P. Mateo Sancho -Barcelona
Enciclopedia cosmonáutica soviética - Editorial Mir, Moscú
La ciencia del vuelo - O. G. Sutton - Edit. Universitaria, Bs. Aires
Diccionario politécnico de las lenguas española e inglesa, Ediciones Castilla - Madrid
Naval Terms Dictionary - J. V. Noel and E. L. Beach - U.S. Naval Institute
Tratamiento electrónico de la información - L. I. Gutenmakher - Paraninfo - Madrid

Publications - Publicaciones
Boletín de telecomunicaciones -español/inglés - UIT - Ginebra
Satellite Communications - Cardiff Publishing Co. Denver, Colorado
Communications News - Harcourt Brace Jovanovich Publication
Microwave Journal - Horizon House - International Edition
Telephony - Telephony Publishing - Chicago, Ill.

Prólogo

Nunca es fácil recopilar un diccionario de términos muy técnicos y, compilar un glosario de telecomunicaciones por satélite parecería rayar en lo utópico. Sin embargo, en esta publicación, Ismael Diéguez ha emprendido tan ardua empresa.

Basándose en su larga experiencia de traductor en COMSAT e INTELSAT, el señor Diéguez en este volumen ha incorporado prácticamente todos los vocablos que se utilizan en el campo de las telecomunicaciones por satélite, campo sumamente técnico que, desde el lanzamiento del primer satélite denominado "El pájaro madrugador", en 1965, ha creado su propio y peculiar vocabulario.

El señor Diéguez es digno de encomio por haber publicado este volumen de referencia que, sin duda alguna, será ampliamente utilizado tanto por los traductores como por los técnicos en este campo de las telecomunicaciones por satélite.

S. Astrain
Director General
INTELSAT

Foreword

Compiling a glossary of highly technical terms is never an easy task, but compiling a glossary of satellite communications terminology would seem to border on the impossible. In this publication, Ismael Diéguez has tackled that seemingly impossible task.

Drawing upon his many years of experience as a translator at Comsat and INTELSAT, Mr. Diéguez has collected in this volume virtually every term in use in the field of satellite communications—a high-technology field that has gained a vocabulary all its own since the first commercial satellite, "Early Bird," was launched in 1965.

Mr. Diéguez is to be commended for producing this comprehensive reference book that undoubtedly will find wide usage not only amongst translators but throughout the technical ranks of the entire field of satellite communications.

S. Astrain
Director General
INTELSAT

Prefacio

Un idioma es algo que cambia y evoluciona constantemente al unísono del desarrollo tecnológico. Uno de los campos donde se hace más patente este cambio es el de las telecomunicaciones. Con el advenimiento de los satélites de telecomunicaciones surgen cada día nuevos métodos, técnicas y sistemas para mejorar la calidad, ampliar los servicios y llevar las telecomunicaciones a un mayor número de personas y a los más apartados rincones del mundo. La cantidad de vocablos y términos que se crean para denominar los nuevos equipos, servicios, fenómenos y sistemas, enriquecen y amplían, en forma asombrosa nuestro léxico cotidiano. Se crean nuevas palabras y se modifican otras para integrarlas a este nuevo vocabulario. Palabras tales como televisión, magnetófono, transistor, etc., que ayer eran extrañas al oído, hoy forman parte del vocabulario corriente en cualquier idioma.

Mi interés al emprender esta labor ha sido seleccionar las palabras y frases usadas en las telecomunicaciones por satélite y en los campos afines partiendo del idioma base, en este caso el inglés y sus equivalentes en español, tratando en todo momento de conservar el sentido propio del vocablo o expresión en cada idioma. Por ejemplo, en inglés hay palabras que cambian su grafía en algunos casos, tales como "programme" o "program"; "centre" o "center", según el país de origen (Inglaterra o Estados Unidos).

En cuanto al español, he procurado que los términos sean comunes a todos los hispanohablantes sin regionalismos ni expresiones restringidas a un determinado país. Cuando se han tenido que crear nuevas palabras (que aún no figuran en los diccionarios normales) se ha seguido el mismo proceso semántico usado en inglés; ejemplos de éstas son: transpondedor, del inglés "transponder", que se formó con el prefijo "trans" (transmisor) y el sufijo "pondedor" (respondedor); compansor (compresor-expansor); códec (codificador-descodificador); transceptor (transmisor-receptor), etc.

En este trabajo he usado todas las fuentes de información a mi alcance, desde revistas, libros y textos de estudio hasta documentos, anuncios y manuales de empresas privadas y gubernamentales. Indudablemente, es una labor sin fin ya que, como digo al principio, el vocabulario técnico va a la par con los adelantos tecnológicos de nuestros días.

Quiero expresar mi profundo agradecimiento a quienes coadyuvaron, directa o indirectamente, a dar forma y realizar la tarea que me impuse, especialmente a Ed Wright de Comsat, a Jim Owens, Luis Perillán y Giacomo Purcelli de INTELSAT y manifestar mi reconocimiento a todos los que me alentaron y me brindaron su apoyo moral.

El autor

Preface

One of the most salient characteristics of our modern world is the incredible increase in knowledge in the fields of technology. Indeed, there are more scientists at work today than existed in all of the past centuries combined. To keep up with these tremendous changes it is little wonder that languages themselves have had to evolve. One of the fields in which this phenomenon has been most manifest is telecommunications. Telecommunications satellites are filling the skies. New techniques, methods and equipment have been put in place to improve the quality and to expand the services provided and to bring modern communications to an ever-increasing number of people in ever-more remote corners of the earth. Language has had to cope with all of these developments by creating new words, new phrases, new concepts to enhance our vocabulary in these previously-esoteric fields, which today are a commonplace occurrence of our daily lives. Words such as television, tape recorder, transistor and computer were once unknown, but today are a vital part of our vocabulary. It has been my goal in undertaking this challenging work to compile the words and phrases used in satellite communications and ancillary fields. Since much of this technology originated in the United States, the basic core of these words came from the English language. I have sought to determine the proper equivalents in Spanish, endeavoring at all times to retain the specific meaning of each word in each language. In English, for example, spelling differs between the United Kingdom and the United States (programme and program, centre and center, etc.). As concerns Spanish, however, an attempt has been made to include terms common to all Spanish-speaking people, avoiding regionalisms or words restricted to a single country's usage.

Sometimes new words have had to be created, which still do not appear in any dictionary. In those cases the same semantic procedure as used in English was followed. Some examples are "transpondedor" from the English word "transponder" which was formed from the prefix transmisor *(transmitter) and the suffix* respondedor *(responder), or "compansor" (from the English "compandor"), composed of the prefix "*compresor*" and the suffix* expansor, *or codec (codificador-descodificador), tranceptor (transmisor-receptor), and so on.*

The research materials used in compiling and updating this dictionary consisted in journals, books and textbooks, documents, advertisements and announcements, and manuals from government agencies and private firms. There is obviously no end to this work, since even as you read this there will be further technological discoveries and developments.

I should like to take this opportunity to express my most sincere gratitude to those who helped directly or indirectly in attaining my goal. Particular thanks go to Ed Wright of Comsat, Jim Owens, Luis Perillan and Giacomo Purcelli of INTELSAT. Lastly, my appreciation goes out to all who encouraged me and gave me their moral support.

The Author

Abbreviations used in this dictionary
Abreviaturas usadas en este diccionario

Accounting	*acct. cont.*	Contabilidad
Aerodynamics	*aerod.*	Aerodinámica
Antenna	*ant.*	Antena
Computers	*comp.*	Computadoras
Electricity	*elec.*	Electricidad
Facsimile	*facs.*	Facsímil
Launch	*lanz.*	Lanzamiento
Mechanics	*mech. mec.*	Mecánica
Navigation	*nav.*	Navegación
Photography	*photo, foto.*	Fotografía
Recording	*rec. grab.*	Grabación
Satellites	*sat.*	Satélites
Telecommunications	*telec.*	Telecomunicaciones
Telephony	*teleph. telef.*	Telefonía
Telegraphy	*telegr.*	Telegrafía
Teletype	*telet.*	Teletipo
Television	*TV*	Televisión

TABLE OF CONTENTS INDICE DE MATERIAS

ENGLISH - SPANISH
VOCABULARY AND TERMINOLOGY

A

absolute address (comp.) : dirección absoluta
—— **current level** : nivel absoluto de intensidad de corriente
—— **gain** : ganancia absoluta
—— **level** : nivel absoluto de potencia
—— **voltage level** : nivel absoluto de tensión

absorptance, solar : absorbancia; factor de absorción solar

absorption peak : absorción máxima
—— **wavemeter** : ondómetro (u ondímetro) de absorción

acceptance tests : pruebas de aceptación (o de recepción)

access, controlled : acceso controlado
—— ——, **random** : acceso aleatorio
—— ——, **self-ordered** : acceso por autodeterminación
—— ——, **sequencial** (comp.) : acceso secuencial (comp.)
—— **time** : tiempo de acceso
—— **unordered** : acceso arbitrario

accessibility : accesibilidad

accumulator, index : acumulador de índice

accuracy : exactitud

acknowledgement indicator : indicador de acuse de recibo
—— **signal unit (ASU)** : unidad de señalización de acuse de recibo

acoustic frequency : frecuencia acústica; audiofrecuencia
—— **shock** : choque acústico
—— **surface wave** : onda superficial acústica

acquisition : captación (de una onda, una señal, etc.)
—— ——, **data (comp.)** : obtención de datos

activation of a carrier : activación (o transmisión) de una portadora

active balance return loss : atenuación activa de equilibrio (o de las corrientes de eco)
—— **communications satellite** : satélite activo de comunicaciones
—— **nutation dampers (sat.)** : amortiguadores activos de nutación (sat.)
—— **nutacion control (sat.)** : control activio dc la nutación (sat.)
—— **satellite** : satélite activo
—— **sensor** : sensor activo
—— **singing point (telph.)** : punto activo de cebado (o de oscilación)

actuation coil : bobina activadora

adaptive program : programa adaptable (adaptivo)

adder circuit : sumador; circuito de suma
——, **half** : medio sumador

address, absolute (comp.) : dirección absoluta (comp.)
—— **complete signal** : señal de dirección completa
—— **incomplete signal** : señal de dirección incompleta
——, **shortened** : dirección abreviada
—— **signal** : señal de dirección

additive radio noise : ruido radioeléctrico aditivo

adjacent channel : canal adyacente

admittance, transfer : admitancia de transferencia

advanced MW filters : filtros de microondas perfeccionados
—— **preparation service** (Telph.) : servicio internacional con preparación (Telf.)

aeronautical earth station : estación terrena aeronáutica
—— **emergency frequency** : frecuencia aeronáutica de emergencia
—— **fixed service** : servicio fijo aeronáutico
—— **fixed station** : estación fija aeronáutica
—— **Fixed Telecommunications Network (AFTN)** : red fija de telecomunicaciones aeronáuticas

aeronautical mobile-satellite service : servicio móvil aeronáutico por satélite

aeronautical mobile service : servicio móvil aeronáutico

aeronautical radionavigation-satellite service : servicio de radionavegación aeronáutica por satélite

aeronautical radionavigation service : servicio de radionavegación aeronáutica

aeronautical station : estación aeronáutica

aeronomy satellite : satélite aeronómico

aft : inferior (posterior)

agency, private operating : explotación privada

——, **recognized private operating** : explotación privada reconocida

aggregate signal : señal compuesta

aids, airborne electronic to air navigation : equipos electrónicos de ayuda a la navegación aérea instalados a bordo de aeronaves

air bearing platform : plataforma de cojinetes neumáticos

airborne radar : radar de aeronaves; radar aeroportado

airborne receiver : receptor de a bordo (o de aeronaves)

—— **transmitters** : transmisores de aeronaves

—— **weather radar** : radar meteorológico de aeronave

aircraft earth station : estación terrena de aeronave

—— **station** : estación de aeronave

air-ground communication : comunicación aire-tierra

air-to-ground transmissions : transmisiones aire-tierra

air-traffic control voice communications : comunicaciones telefónicas para control del tráfico aéreo

alarm reporting system : sistema de información de alarmas

—— **status information** : indicación de un estado de alarma

algebra, Boolean (Comp.) : Algebra Booleana (comp.)

alignment : alineación; ajuste

allocate (see distribution) : asignar; adjudicar; atribuir (frecuencias a serv.)

allocation (of a frequency band) : atribución (de una banda de frecuencias)

——, **adaptive** : asignación adaptiva

——, **factory length** : empalme (de largos de cable)

——, **frequency** : atribución de frecuencias a servicios

——, **group** : distribución de grupos primarios

——, **supergroup** : distribución de grupos secundarios

allotee (of units of utilization) : asignatario de unidades de utilización

allotment (of a radio frequency or radio frequency channel) : adjudicación (de una frecuencia o de un canal radioeléctrico)

allowable interference power : potencia de interferencia permisible

allowance : tolerancia; margen

all-pass filter : filtro de todo paso

all-relay system : sistema automático de relés

alphabet (telegraph or data) : alfabeto (telegráfico o de datos)

alphabetic signal : señal alfabética

—— **telegram** : telegrama alfabético

—— **telegraphy** : telegrafía alfabética

alternate mark inversion : señal de estado "Z" de polaridad alternada

—— **operation** : funcionamiento en alternativa

—— **route** : ruta alternativa

—— **voice/data (AVD) circuits** : circuitos alternos de voz/datos

alternating current (AC) : corriente alterna (c.a.)

altitude of the apogee : altitud del apogeo

—— **of the perigee** : altitud del perigeo

amateur-satellite service : servicio de aficionados por satélite

—— **service** : servicio de aficionados

—— **station** : estación de aficionados

American Reference Volume (ARV) : volumen de referencia americano

ammeter : amperímetro

ampere-hour meter : emperímetro

amplication factor : coeficiente de amplificación

amplifier : amplificador

——, **AGC** : amplificador con control automático de ganancia

——, **buffer** : amplificador separador

——, **cathode follower** : amplificador de carga catódica

——, **feed-back** : amplificador de reacción (o de retroacción)

——, **grounded grid** : amplificador con rejilla a tierra

——, **hard limiting** : —— lineal

——, **line** : amplificador de línea

—— **noise** : ruido de amplificador

——, **parametric (paramp)** : amplificador paramétrico (paramp)
——, **power** : amplificador de potencia
——, **push-pull power** : amplificador contrafase de potencia
——, **soft-limiting** : amplificador no lineal
——, **TDA** : amplificador a diodo túnel
——, **telephone** : amplificador (repetidor) telefónico
——, **TWT** : amplificador de tubo de ondas progresivas

amplitude change signaling : modulación de amplitud
—— **distortion** : distorsión de amplitud
—— **modulation (AM)** : modulación de amplitud (AM)
—— **modulation, vestigial sideband** : modulación de amplitud de banda lateral
—— **quantized** : cuantificación de amplitud; amplitud cuantizada
—— **sensing positioning system** : sistema de posicionamiento mediante detección de la amplitud

analog computer : computadora (o calculadora analógica)
—— **signal** : señal analógica

AND circuit : circuito de conjunción; circuito "Y"
—— **gate** : compuerta "Y"; circuito "Y"

anechoic chamber : cámara anecoica

angle, azimuth : ángulo de acimut (o acimutal)
——, **elevation** : ángulo de elevación
——, **grazing** : ángulo de incidencia; ángulo rasante
—— **modulation** : modulación angular
—— **modulation emission** : emisión de modulación angular

angular deviation : desviación angular
—— **frequency** : frecuencia angular

anode conductance : conductancia del ánodo
—— **current** : corriente de ánodo (o de placa)
——, **reactive** : ánodo reactivo
——, **resistance** : resistencia interna
—— **plate** : placa de ánodo

anomalistic period : período anomalístico

answer-back code : indicativo
—— —— **unit** : unidad de contestación automática; transmisor de distintivo

answer, speed of : demora de contestación (de la operadora)

antenna (aerial) active : antena activa
—— **array** : conjunto de antenas
——, **Cassegrain** : antena Cassegrain
——, **biconical cage** : antena bicónica de jaula
—— **booster** : amplificador de antena
——, **broadband** : antena de banda ancha
—— **choke** : choque de antena; reactancia
——, **conical helix** : antena helicoidal cónica
——, **command telemetry** : antena de telemando y telemedida
——, **dipole** : antena dipolo
——, **disc** : antena de disco
——, **dish** : antena parabólica (o paraboloide)
—— **driven** : antena excitada
—— **farm** : campo de antenas
——, **folded dipole** : antena dipolo plegada
——, **global** : antena de cobertura global
——, **helical** : antena helicoidal
——, **high gain** : antena de alta ganancia
——, **horn** : antena de bocina (o de cuerno)
——, **inverted horn** : antena de cono invertido
——, **isotropic** : antena isotrópica
——, **log spiral** : antena logo en espiral
——, **loop** : antena de cuadro
——, **low gain** : antena de baja ganancia
—— **mast** : mástil de antena
——, **multiple dipole** : antena dipolo múltiple
——, **offset reflector** : antena de reflector excéntrico
——, **parabolic** : antena parabólica (o paraboloide)
—— **pattern** : diagrama de antena
—— **pointing error** : error de apuntamiento de la antena
—— **positioner** : posicionador de antena
——, **prime focus feed** : antena con alimentación de foco primario
—— **radiation diagrams** : diagramas de radiación de la antena
—— **range** : campo (polígono) de pruebas de antenas
——, **rhombic** : antena romboide
——, **rod** : antena de varilla
——, **shaped beam** : antena de haces perfilados
——, **steerable** : antena orientable
——, **tracking** : antena de seguimiento (o rastreo)
——, **whip** : antena de látigo
——, **Yagi** : antena Yaqui

anti-back lash : sin efecto adverso

anti-clockwise polarized wave : onda de polarization levógira (o sinestrorsa)

anti-resonance frequency : frecuencia antirresonancia

aperture distortion : deformación de abertura (o de diámetro)
—— **tone-control** : diafragma de tonos

apoastron : apoastro

apogee altitude : altitud del apogeo
—— **motor (sat.)** : motor de apogeo (sat.)
—— **injection stage** : etapa de inyección al apogeo

apparent power : potencia aparente

arc-suppression coil : bobina de extinción

area code (teleph.) : prefijo de zona (telefónica)
——, **coordination** : zona de coordinación
——, **coverage** : zona de cobertura
—— **local service** : zona de tarifa urbana
——, **service** : zona de servicio

arm (telegraph) : sector (telegr.)

armature clearance : juego de la armadura

arrangement, frequency : disposición (arreglo) de frecuencias
——, **channel** : disposición de canales

array : conglomerado; conjunto
——, **solar (sat.)** : conglomerado solar

articulation, band : articulación para bandas
——, **ideal** : articulación ideal
——, **index (AI)** : índice de nitidez
——, **logaton** : articulación para logatomos
——, **loss (reference) equivalent** : atenuación equivalente para la nitidez (AEN)
——, **sound** : articulación para sonidos
——, **syllabe** : articulación para sílabas (o logatomos)
——, **word** : articulación para palabras

artificial black signal (TV) : señal artificial de negro (TV)
—— **ear** : oido artificial
—— **line** : línea artificial
—— **load** : circuito ficticio de carga
—— **mouth** : boca artificial

ascending node : relación ancho/altura de la imagen (TV)

aspects, safety (of a service) : aspecto de la seguridad (de un servicio)

assigned frequency : frecuencia asignada

assigned frequency band : banda de frecuencia asignada

assignment (of a radio frequency) : asignación (de una frecuencia o de un canal radioeléctrico)
——, **frequency** : asignación de frecuencias (a estaciones)
——, **replacement** : asignación de remplazo

associated airborne beacons : radiobalizas de a bordo asociadas

associated airborne transponders : respondedores aeroportados asociados

assymetrical distortion : distorsión asimétrica

astronomy, radio : radioastronomía
——, **radio service** : servicio de radioastronomía
——, **radio station** : estación de radioastronomía

asynchronous transmission : transmisión asíncrona

atmospheric bending : curvatura atmosférica
—— **entry plasma effects** : efectos del plasma al entrar en la atmósfera

atomic and molecular lines : rayas atómicas y moleculares

attended station : estación atendida (o con dotación de personal)

attenuation : atenuación; debilitación
——, **blocking** : atenuación de bloques
——, **composite** : atenuación compuesta
—— **coefficient** : coeficiente (constante) de atenuación
——, **crosstalk** : atenuación diafónica
—— **distortion** : distorsión de atenuación (o de equivalente)
——, **far-end crosstalk** : atenuación telediafónica
——, **near-end crosstalk** : atenuación paradiafónica
——, **image (TV)** : debilitación de la imagen (TV)

attitude & articulation control subsystem : subsistema de control y articulación (AACE)

audio channel : canal de audio
—— **frequency** : audiofrecuencia

auroral disturbances : perturbaciones debidas a las auroras

automatic amplitude control (AAC) : control automático de amplitud
—— **brightness control (ABC)** : control automático de luminosidad (o brillo)
—— **call distribution (ACD)** : distribución automática de las llamadas
—— **calling equipment (ACE)** : equipo de llamada automática (ELLA)

—— **calling unit (ACU)** : dispositivo de llamada automática (DLLA)
—— **data processing (DP)** : proceso (tratamiento) automático de datos (comp.)
—— **design engineering (ADE)** : automatización de estudios por proyectos
—— **digital data error recorder (ADDER)** : registrador automático de errores en datos digitales
—— **fault diagnosis** : diagnosis automático de averías
—— **frequency control (AFC)** : control automático de frecuencias
—— **gain control (AGC)** : control automático de ganancia
—— **keying** : manipulación (transmisión) automática
—— **message accounting (AMA)** : contabilidad automática de mensajes
—— **noise limiter (ANL)** : limitador automático de ruido
—— **picture transmission (APT)** : transmisión automática de imágenes
—— **repeat attempt** : repetición automática de las tentativas
—— **repeat request system (ARQ)** : (sistema) de petición automática de repetición
—— **selectivity control (ASC)** : control automático de selectividad
—— **sensitivity control (ASC)** : control automático de sensibilidad
—— **switching equipment** : conmutador automático
—— **transmitter with controlled tape feed** : transmisor automático mandado por impulsos
—— **volume contractor** : compresor automático
—— **volume expander** : expansor (extensor) automático

auxiliary route : ruta (encaminamiento) auxiliar
—— **station** : estación telealimentada

available power : potencia (energía) disponible

availability : accesibilidad

average gain : ganancia media
—— **picture level (APL) (TV)** : nivel promedio de la señal de video (TV)

avionics : aviónica

avis d'appel call : conferencia con aviso previo de llamada

axial jet (thrust) (sat.) : cohete (impulsor) axial (sat.)
—— **ratio** (voltage) : relación axial (en voltios); (tensión)

axis, pitch (sat.) : eje de cabeceo (sat.)
——, **roll (sat.)** : eje de balanceo (sat.)
——, **yaw (sat.)** : eje de guiñada (sat.)

NOTES

B

"B" operator : operador(a) "B"

"B" position : posición "B"

babble : murmullo, señales indeseables e ininteligibles

babyphone : llamadas a un teléfono descolgado

backbone service network : red principal de circuitos de servicio

back-lash : efecto inverso; retroceso
—— **lash area** : zona muerta

backoff : "backoff"

back porch : umbral (o frente) posterior
—— **porch tilt** : pendiente del umbral posterior
—— **scattering (equation)** : dispersión hacia atrás (inversa)

back-to-back : espalda con espalda; adosado(a)
—— **to back test** : prueba de recuperación

back-up : auxiliar; de reserva; de apoyo

backward indicator bit (BIT) : bit indicador hacia atrás
—— **signals** : señales de retorno
—— **set-up** : establecimiento hacia atrás

balance : equilibrio
—— **line** : equilibrador(a)
—— **network** : red equilibradora
—— **return loss** : atenuación de equilibrio

balanced code : código equilibrado
—— **mixer** : mezclador equilibrado
—— **pair** : par simétrico
—— **station** : estación combinada
—— **transmission line** : línea equilibrada

balancing network : red equilibrada

band, assigned frequency : banda de frecuencia asignada
——, **characteristic** : banda característica

basis : base
——, **on an experimental** : de forma experimental
——, **on a non-interference** : a reserva de no causar interferencia perjudicial
——, **on a basis of equality** : sobre una base de igualdad
——, **on a permitted** : a título permitido
——, **on a secondary** : a título secundario

bassy : sonido sin altas frecuencias

batch processing (comp.) : procesamiento por lotes (comp.)

battery : batería; pila
—— **cell** : célula (elemento) de batería
——, **NICAD** : batería NICAD (niquel-cadmio)
—— **supply circuit noise** : ruido de batería

baud : baudio

bay : bastidor
—— **rack** : sección de bastidor

beacon : baliza; radiobaliza; haz de referencia
——, **fixed-frequency radar** : baliza para radar de frecuencia fija
——, **ground-based radar** : baliza de radar instalada en tierra
——, **marker** : radiobaliza
——, **radar (RACON)** : baliza de radar (RACON)

beacons, associated airborne : radiobalizas de a bordo asociadas

be afforded all practicable protection : a fin de que pueda proporcionarse toda la protección posible

be designated for : estar designado para

beam center : centro del haz
—— **clearance angle** : ángulo de incidencia del haz
—— **edge** : borde del haz
—— **forming network (BFN)** : red formadora de haces
——, **global** : haz global
——, **hemispheric** : haz hemisférico
——, **major** : haz principal

band elimination filter : filtro de eliminación de banda
——, **guard** : banda de guarda
——, **narrow** : banda estrecha
—— **pass filter** : filtro de paso de banda (o pasabanda)
—— **rejection filter** : filtro de eliminación de banda
—— **slot** : sector de la banda
——, **wide** : banda ancha
——, **continuum** : bandas del continuum

bandwidth : anchura (o ancho) de banda
—— **of an individual transmission** : anchura de banda de una emisión

bank : banco, conjunto, grupo
——, **data (comp.)** : banco de datos (comp.)

bar contact : contacto de barra
—— **waveform** : señal de barra
barrier layer : capa aislante; barrera
—— **region** : barrera aislante
base station : estación de base
baseband link : enlace por banda de base
—— **channel arrangements** : disposición de canales en la banda de base
—— **response** : respuesta en la banda de base
—— **signal/noise** : relación señal de bandabase/ruido
baseline proposal : propuesta básica
—— **description** : descripción básica
basic group : grupo primario de base
—— **hypothetical reference circuit** : circuito hipotético de referencia elemental
—— **mesh network** : red básica en malla
—— **noise** : ruido básico
—— **numbering plan** : plan de numeración nacional
—— **reference atmosphere** : atmósfera fundamental de referencia
—— **signal** (sematema) : señal de base (sematema)
—— **signaling network** : red básica para señalización
beam shaped : haz perfilado
——, **spot** : pincel
——, **split** : dividido
——, **squinted** : divergente
beamwidth : anchura (o ancho) de haz
——, **half power** : abertura angular entre los puntos de potencia mitad del haz
bearer circuits (telegrph.) : circuitos portadores (telegr.)
—— **channels** : canales soporte
bearing : cojinete; rodamiento; chumacera
—— **& power transf. assembly (BAPTA)** : conjunto de cojinetes y de transf. de energía
bearing/drive : roto/tractor
beat frequency : frecuencia de batido
bel : belio
bell-set : timbre (del aparato telefónico)
bias (to) : polarizar; sesgar; descentrar
bias : polarización; sesgo; desviación
—— **distortion** : distorsión unilateral
biased relay : relé polarizado
bilateral circuit : circuito bilateral (o bidireccional)
—— **closed user group with outgoing access** : grupo cerrado bilateral de usuarios con acceso de salida
billable minutes : minutos tasables (facturables)
binary coded decimal notation (BCD) : notación decimal codificada en binario
—— **digit** : dígito binario; cifra binaria
—— **folded code** : código binario expandido
—— **language** : lenguaje binario
—— **rate** : régimen (o tasa) de bitios; tasa régimen binaria
biorthogonal encoding : codificación biortogonal
bipolar violation : violación de la regla de polaridad
bistable element : elemento biestable
bit : bitio; bit
——, **check** : bitio de control
—— **destuffing** : sustracción de bitios
——, **erroneous** : bitio erróneo
—— **error rate** : proporción de errores en los bitios
——, **framing** : bitio de enganche de trama
——, **information** : bitio de información
—— **integrity** : integridad de los bits
—— **interleaving** : entrelazado de bitios
——, **overhead** : bitio suplementario
—— **rate** : tasa (o régimen) binario; tasa de bitios
——, **service** : bitio de servicio
——, **status** : bitio de condición
—— **stuffing** : relleno (o adición) de bitios
—— **timing** : base de tiempo (de señales de bitios)
—— **timing recovery** : recuperación de la base de tiempo de bitios
black artificial signal (TV) : negro artificial; negro nominal (TV)
—— **clamping (TV)** : fijación del nivel del negro (TV)
—— **clipper (TV)** : circuito limitador del nivel del negro (TV)
—— **level** : nivel del negro (TV)
——, **noisy** : negro alterado
——, **nominal** : negro nominal; negro artificial
—— **peak (TV)** : excursión máxima del negro (TV)
—— **signals (TV)** : frecuencia de negro (TV)
blacker than black (TV) : por debajo del nivel del negro (TV)
blank tape : cinta sin grabar; cinta limpia
blanking level : nivel de supresión; nivel de borrado
—— **pulse** : impulso de borrado (o supresión)

—— **signal** : señal de borrado (o supresión)

bleeding whites (TV) : sobrecarga de blancos (TV)

block : bloque (de bitios)

—— **check** : comprobación por bloques

—— **diagram** : diagrama de bloques

——, **erroneous** : bloque erróneo (de bitios)

—— **transmission** : transmisión pòr bloques

blocked call attempt : tentativa de llamada bloqueada

blocking : bloqueo (o congestión)

—— **attenuation** : atenuación por bloqueo

—— **filter** : filtro de bloqueo

—— **signal** : señal de bloqueo

blooming (TV) : hiperiluminación de la imagen

board, printed circuit : tarjeta de circuitos impresos

——, **test** : mesa de pruebas y medidas

——, **toll** : cuadro interurbano

body stabilization (sat.) : estabilización triaxial (sat.)

boiler plate solar cell : célula (celdilla) solar simulada

Boltzmann's constant (K) : constante de Boltzmann (K)

bond, continuity : conexión de continuidad

bonding material : material ligador; ligador

booking : reservar, reserva; pedir, petición

—— **of a call** : petición de una comunicación

—— **of a program circuit** : solicitud de retransmisión

Boolean algebra : algebra de Boole (o Boleana)

boost : impulsión; impulsión auxiliar

booster battery : batería auxiliar (o de refuerzo)

—— **stage** : etapa de impulsión (cohetes)

—— **transformer** : transformador regulador; elevador

boresight : calibrador; colimador; punto de mira

—— **tower** : torre de calibración (o de colimación)

borrow (comp.) : transporte negativo (comp.)

boss (mech.) : reborde; tetón (mec.)

booth, public : cabina pública

bootstrap : cebador

both-way communication : comunicación bidireccional (o en ambos sentidos)

bounce (TV) : salto de la imagen (TV)

boundary layer (atmosphere) : capa límite de la atmósfera

"bourse" calls : conferencias de bolsa

bracket, solar sensor : cartelas del sensor solar

branch off (to) : conectar; empalmar

branch : derivación; bifurcación

branching : derivar; enganchar; conectar; empalmar

brassboard : maqueta (o modelo) experimental funcional

brazed, high : cobresoldadura a alta temperatura

breadboard : maqueta (o modelo) experimental provisional

break-contact unit : contacto de ruptura

break-make ratio : razón de impulsos

—— **pulse** : impulso de apertura

breakdown path : zona de disrupción

—— **voltage** : tensión de perforación

break-in (false) : intervención intempestiva de la operadora

breaking margin : nivel crítico

—— **point** : punto de ruptura (o de interrupción)

breathing (TV) : variación irregular del nivel de video

bridge : puente; derivación

brightness (TV) : brillo; intensidad (TV)

broad band : banda ancha

broadcast : difusión; radiodifusión

—— **call** : comunicación de difusión

—— **repeater, telegraph** : traslación (telegráfica) para difusión

broadcaster : radiodifusor; teledifusor

—— **organization** : organismo de radiodifusión

broadcasting satellite service : servicio de difusión por satélite

—— **service** : radiodifusión

——, **sound** : radiodifusión de sonido

—— **station** : estación radiodifusora

brush : escobilla; cepillo

budget, noise : cálculo de ruido

——, **path** : cálculo del trayecto

—— **part** : elemento del presupuesto

——, **thermal** - cálculo térmico

buffer : memoria intermedia, memoria de tránsito, almacenador intermedio, compensador (comp.); circuito tampón, separador (elect.)

bulkhead : mamparo estanco
—— **shield** : mamparo protector
bulk lease : alquiler en masa; alquiler en lotes
burn-in test : prueba de calcinado (o fritado)
burning : ruido de micrófono
burst, carrier : ráfaga de portadoras
——, **data** : —— de datos
——, **error** : —— de errores
——, **isochronous** : transmisión isócrona en ráfagas
—— **of information** : transmisión de información
—— **relocation** : reasignación de ráfagas
—— **transmission** : transmisión en ráfagas
bus circuit : circuito omnibus
—— **data line** : línea omnibus de datos
—— **voltage** : tensión (voltage) de la barra colectora
business telephone : aparato telefónico comercial
busy exchange (telph.) : hora más cargada de una central (telefónica)
—— **flash signal** : señal luminosa de ocupación
—— **hour** : hora activa (o cargada)
—— **test (teleph.)** : prueba de ocupación
—— **tone** : tono de ocupado (u ocupación)
buzzer : zumbador
by-products : subproductos; productos secundarios
—— **circuit** : circuito superpuesto

NOTES

C

cable circuit : circuito por cable
——, **coaxial** : cable coaxial (o coaxil)
—— **code** : código-cable
—— **code, double current** : código binario para cable
—— **code, three condition** : código ternario para cable
—— **code, two condition** : código binario para cable
—— **Morse code** : código ternario (o Morse) para cable
——, **Quad-pair** : cable en estrella
—— **sheath** : cubierta del cable

cadmium sulphide : sulfuro de cadmio

calibrated : calibrado; colimado
—— **antenna range** : campo de pruebas (o calibrado) de antenas

calibration : calibración

call : llamada, comunicación, conversación, conferencia, señal
—— **announcer** : indicador acústico de llamada
—— **attempts, ineffective** : tentativas de llamada ineficaces
—— **attempt, unsuccessful** : tentativa de llamada infructuosa
—— **attempt, repeated** : tentativa de llamada repetida
—— **attempt, successful** : tentativa de llamada fructuosa
—— **automatic booked** : llamada automática prefijada; petición de llamada automática
—— **automatic personal** : llamada automática de persona a persona
—— **automatic transferred** : transferencia automática de la tasa de comunicación
——, **avis d'appel** : conferencia con aviso previo de llamada
—— **blockage** : atascamiento de llamadas
—— **booking** : petición de comunicación (conferencia)
—— **booking services** : servicios de llamadas prefijadas
——, **bourse** : conferencia de bolsa
—— **broadcast** : comunicación de difusión
—— **broadcast conference** : comunicación pluripartita para difusión
——, **collect** : conferencia abonable en destino (o de cobro revertido)
—— **collision** : toma simultánea
——, **conference** : comunicación colectiva; comunicación pluripartita

call confirmation signal : señal de confirmación de llamada
—— **congestion** : congestión (o bloqueo) de llamadas
—— **congestion rate** : tasa de congestión de llamadas; tasa de bloqueo
—— **congestion ratio** : tasa de congestión de llamadas
—— **connected packet** : paquete de comunicación establecida
—— **connected signal** : señal de comunicación establecida
—— **connection** : comunicación
—— **conversation** : conversación
——, **delay (telegr.)** : conversación lenta (telegr.)
——, **direct international** : comunicación internacional directa
——, **distress** : llamada de socorro
—— **duration** : duración de una conferencia
—— **finder** : buscador
—— **identifier** : identificador de la llamada
——, **incoming** : llamada de llegada
—— **indicator** : indicador luminoso de llamadas
—— **information analysis** : análisis de información de llamada
—— **intensity** : intensidad de llamadas
——, **invalid** : llamada no válida
——, **lightning** : conferencia relámpago
——, **local** : comunicación urbana
——, **multi-address** : llamada a direcciones múltiples
——, **occasional fixed time** : conferencia fortuita a hora fija
—— **office, public** : teléfono público; estación telefónica
——, **ordinary private** : conferencia privada ordinaria
——, **percentage of effective to booked** : porcentaje de llamadas servidas
—— **phases** : fases de la comunicación
——, **preavis** : conferencia con aviso previo
—— **processing delay** : retardo debido al procesamiento de las comunicaciones
—— **progress signal** : señal de progresión de llamada
——, **radiotelephone** : conferencia radiotelefónica
——, **radiotelex** : comunicación (llamada) radiotélex

call re-direction : reencaminamiento de llamadas

—— , **redirected** : comunicación redireccionada
—— **refused** : comunicación renunciada
—— **request** : petición de llamada
—— **request signal** : señal de petición de llamada
—— **set up** : establecimiento de la comunicación
—— , **service** : conferencia telefónica de servicio
—— **sign** : distintivo de llamada
—— **subscription** : conferencia de abono
—— , **telegraph** : conversación telegráfica
—— , **teletex** : comunicación (llamada) teletex
—— , **three link international** : comunicación internacional de tránsito doble
—— , **trunk (toll)** : conferencia interurbana
—— , **two link international** : comunicación internacional de tránsito simple
—— , **urgent private** : conferencia privada urgente
—— **waiting** : llamada en espera

called subscriber : abonado llamado (o solicitado)

calling : llamada; llamar; el o(la) que llama
—— , **abbreviated address** : llamada con dirección abreviada
—— , **automatic** : llamada automática
—— , **international distress and frequency** : frecuencia internacional de socorro y de llamada
—— , **international distress, safety and frequency** : frecuencia internacional de socorro, seguridad y llamada
—— **line identification** : identificación de la línea que llama
—— **number indication** : indicación del número solicitante
—— **party** : abonado solicitante
—— **signal** : señal de llamada
—— **subscriber** : abonado que llama (o solicitante)
—— , **tandem** : llamada en tándem
—— **tone** : tono de llamada

cancel (to) : anular; cancelar; terminar

capacitance : capacitancia

capacitor : capacitor; condensador de capacidad

capacity : capacidad; idoneidad
—— **tables** : baremos de capacidad
—— , **traffic** : capacidad del curso de tráfico

cardioid : cardioide

Carson's Rule : regla (fórmula) de Carson

carriage return (teletype) : retroceso del carro (teletipo)

carried traffic : tráfico cursado

carrier : portadora
—— **current** : corriente portadora
—— **current telegraphy** : telegrafía por corriente portadora
—— **drop-out** : caída (desprendimiento) de la portadora
—— **leak** : residuos de corrientes portadoras
—— **line** (link) : enlace en línea (o alineado)
—— **line section** : sección en línea
—— **to noise ratio** : relación portadora/ruido
—— **wave** : onda portadora

carry (to) (comp.) : transportar, transporte; transferir (comp.)
—— , **cascade** (comp.) : transporte en cascada (comp.)
—— , **complete** (comp.) : transporte completo (comp.)
—— , **end around** : transporte de contorno (comp.)
—— , **high speed** (comp.) : transporte de alta velocidad (comp.)
—— , **partial** (comp.) : transporte parcial (comp.)

cartwheel configuration : configuración (o estructura) radial

case, figures (telegr.) : cifras (serie) (telegr.)
—— , **letters** (telegr.) : letras (serie) (telegr.)
—— , **shift** (telegr.) : cambio (telegr.)

catalyst bed : capa (armadura) catalizadora

catastrophic failure : fallo catastrófico

cathode : cátodo
—— **follower** : servocátodo; seguidor de cátodo
—— **gun** : conjunto de montaje catódico

cathodic protection : protección catódica
—— **protection rectifier** : rectificador para protección catódica

cavity : cavidad
—— **backed spiral antenna** : antena espiral con cavidad posterior

celestial mechanics : mecánica celeste (astronomía)

celestial noise : ruido atmosférico (o estratosférico)

cell : célula, celdilla; unidad de almacenamiento
—— , **fuel** : célula energética
—— , **solar** : célula (o celdilla) solar

center frequency : frecuencia central
—— **of mass offset** : desviación del centro de la masa (descentración)

central battery system : sistema telefónico de batería central
—— **office** : central telefónica
—— **office, local** : central urbana

—— **office, tandem** : central nodal
—— **processing unit (CPU)** : unidad central de proceso; procesador central
centralized clock interface : interfaz de reloj centralizado
centre, cladding : centro de revestimiento
——, **forwarding** (sending) : centro (oficina) emisor(a)
——, **gateway** : centro de tránsito; cabeza de línea
——, **intermediate** : centro intermedio
——, **programme booking (PCB)** : centro de reserva de programas
——, **receiving** : centro receptor; (oficina receptora)
——, **storage** : centro de almacenamiento
——, **switching** : centro de conmutación
——, **telegraph** : centro telegráfico
chad tape (teletype) : cinta perforada (teletipo)
chadless tape (teletype) : cinta de perforación cubierta (teletipo)
change-back signal : señal de retorno al enlace normal
change-over : conmutación, conmutar; cambio, cambiar
—— **-over contact unit** : contacto de cambio (o de conmutación)
—— **-over signal** : señal de paso al enlace de reserva
—— **-over time** (contact) : tiempo de tránsito
changed address : dirección cambiada
—— **address interception** : intercepción en caso de dirección modificada
channel : canal
——, **backward** : canal de retorno
——, **cue** : canal de comentarios
——, **forward** : canal de ida (o hacia adelante)
——, **frequency-derived** : canal derivado en frecuencia
——, **information** : canal de transferencia de información
——, **logical** : canal lógico
——, **one way logical** : canal lógico unidireccional
——, **passband** : canal de frecuencias
——, **single** : canal sencillo (o único); monocanal
——, **status** : canal de indicación de condición
——, **switching** : conmutación de canales
——, **telegraph** : canal de transmisión o comunicación telegráfica
——, **time-derived** : canal derivado en el tiempo, subcanal
—— **transmission** : transmisión de canales
——, **transmission** : canal de transmisión
character : carácter (escritura); símbolo (telegr.)
—— **alignment** : alineación de caracteres
—— **check** : control por carácter; control transversal
—— **code** : señal telegráfica
——, **control** : carácter de control
——, **filler** : carácter de relleno
——, **idler** : carácter no significativo
——, **inactive** : carácter inactivo
—— **signal** : señal de carácter
——, **validity check** : carácter de verificación de validez
characteristics, anode : característica de placa
—— **distortion** : distorsión característica
——, **emission** : característica de emisión
——, **grid-anode** : característica de rejilla-placa
—— **impedance** : impedancia característica
characteristics, operating : características de explotación
charge : tasa, tasación; cargo; carga
—— **couple device (CCD)** : dispositivo de acoplamiento de carga
—— **periods** : períodos de tasación
—— **ringing signal** : señal de llamada de tasación
—— **unit** : unidad de tasa
chargeable time : período tasable
chatter : repiqueteo
check : verificación; comprobación; prueba
—— **bit** : bitio de control
——, **block** : comprobación por bloque
——, **character** : control por carácter, control transversal
——, **continuity** : prueba de continuidad
——, **even parity** : verificación de paridad
——, **loop** : bucle (circuito) de pruebas de continuidad
—— **not OK** : prueba negativa de continuidad
——, **odd parity** : verificación de imparidad
—— **OK** : prueba positiva de continuidad
—— **tone** : tono de verificación (o de prueba)
chemical milling : fresado químico
chip : ficha (microcircuitos)
chopper bar (teletype) : bisel de impresión (teletipo)
chrominance (TV) : crominancia (TV)
circle, great : círculo máximo
circuit : circuito; vía de transmisión

—— , **both way** (telegr.) : circuito telegráfico de enlace
—— , **closed** (working) : circuito cerrado
—— , **direct transit** : circuito directo en tránsito (internacional)
—— , **direct** (telegraph) : circuito telegráfico directo
—— , **double phantom** : circuito fantasma
—— , **driving** : selección de circuito a distancia
—— , **engineering service (ESC)** : circuito de servicio
—— **extension** (telegraphy) : seción local (telegrafía)
—— , **flip-flop** : circuito basculante, (voluble)
—— , **four-wire** : circuito a cuatro hilos
—— , **free condition** : circuito libre
—— , **ground return** : circuito con vuelta a tierra
—— **group** : haz de circuitos
—— , **guard** : circuito de guarda
—— , **hypothetical reference** : circuito ficticio de referencia
—— **identification code (CIC)** : código de identificación de circuito (CIC)
—— , **idle condition** : circuito en reposo
—— , **incoming** : circuito (telegráfico) de enlace
—— , **input** : circuito (interno) de entrada
—— , **inter-exchange** : circuito entre centrales
—— , **international telegraph** : circuito telegráfico internacional
—— , **international television** : circuito internacional de televisión
—— , **international sound-programme** : circuito radiofónico internacional
—— , **joint use** : utilización compartida de un circuito
—— , **loop** (metallic) : metálico; circuito en bucle
—— **noise** : ruido de circuito
—— **number** : número de circuito
—— , **open** : circuito abierto
—— **outgoing** : circuito (telegráfico) de enlace
—— , **output** : circuito (interno) de salida
—— , **radio** : circuito radiotelefónico
—— , **record** : línea de anotaciones
—— , **recording completing** : línea de aviso y comunicación
—— , **reserve** : circuito de socorro (o de reserva)
—— , **service** : circuito de servicio
—— , **side** : circuito fantasma
—— , **sound programme** : circuito radiofónico
—— , **speaker** : circuito de servicio
—— , **superposed** : circuito superpuesto
—— **switching** : conmutación de circuitos
—— , **telegraph** : circuito (o canal) telegráfico (bilateral)
—— , **telephone** : circuito telefónico
—— , **toll** (or trunk) : circuito interurbano
—— , **trunk telegraph** : circuito telegráfico de enlace
—— , **two wire** : circuito a dos hilos; circuito bifilar
—— **usage** : coeficiente de ocupación de circuitos
—— , **virtual** : circuito virtual

circuitry : conjunto de circuitos; circuitería

circular waveguide : guíaondas circular

clad : recubierto(a); revestido(a); blindado(a)

cladding : revestimiento
—— , **average diameter** : diámetro del revestimiento
—— **centre** : centro del revestimiento
—— **diameter** : diámetro del revestimiento
—— , **non-circularity of** : no circularidad del revestimiento
—— **surface tolerance** : tolerancia de la superficie del revestimiento

clamp (to) : bloquear; fijar; acoplar

clamper : acoplador electrónico; fijador

clamping : bloqueo; fijación
—— , **black level (TV)** : fijación del nivel del negro (TV)

clarifying text : texto aclaratorio

class (A or B) modulation : modulación en montaje (A o B)
—— **of service, user** : clase de servicio de usuario

clear (to) : liberar, aclarar; poner en ceros; solventar
—— **a fault** : reparar una avería
—— **-back signal** : señal de colgar; señal de fin de comunicación
—— **-down signal** : señal de principio de comunicación
—— **-down time** : tiempo de liberación
—— **-forward signal** : señal de fin
—— **indication packet** : paquete de indicación de liberación
—— **request packet** : paquete de petición de liberación
—— **-signal** : señal de vía libre; señal de comunicación

clearance : desocupación, liberación; visto bueno, aprobación; espacio libre, juego (mec.)

clearance armature : juego (espacio libre) de la armadura (mec.)

clearing signal : señal de liberación

click : click; ruido
——, **switch** : ruido de conmutador

clip position : sector muerto

clipping, centre : mutilación (corte) central
—— **level** : nivel de mutilación

clock : reloj; generador de ritmo, generador de base de tiempo, generador de señales de sincronismo
——, **centralized** : reloj centralizado
——, **central reference** : reloj central de referencia
——, **digital** : reloj de lectura directa
——, **reference** : reloj de referencia

close-in feeder : alimentador contiguo

closed-circuit working : transmisión en circuito cerrado
—— **private network** : red privada cerrada
—— **subroutine** : subrutina cerrada
—— **user group** : grupo cerrado de usuarios

closing down : cierre

coalesce (to) : refundir; fusionar

coarse : grueso, burdo, rudo; aproximado
—— **tuning** : sintonización "gruesa" (por oposición a fina)

coast station : estación costera

coasting flight : vuelo por inercia

coating : revestimiento; capa; recubrimiento
——, **primary** : recubrimiento primario
——, **thermal control** : recubrimiento de control térmico

coaxial cable : cable coaxial (o coaxil)
—— **line link** : enlace en pares coaxiales

co-beam frequency reuse : reutilización de la frecuencia en el mismo haz

co-channel interference : interferencia en el mismo canal (intracanal)

code (to) : codificar

code : código; distintivo
——, **answer back** : distintivo

code, balanced : código equilibrado (o balanceado)
——, **cable** : código para cable
——, **changeback** : código de retorno al enlace de servicio
——, **character** : señal telegráfica
——, **circuit identification** : código de identificación de circuito
——, **command** : código de instrucción
—— **conversion** : conversión de código
—— **converter** : convertidor de códigos
——, **country** : código del país
——, **destination point** : código de punto de destino
——, **destination region** : código de región de destino
—— **division multiplex (CDM)** : multiplaje por distribución en el tiempo
——, **double current** : código binario para cable
—— **elements** : elementos de código
——, **equal length** : código de elementos iguales
——, **error correcting** : código corrector de errores
——, **error detecting** : código detector de errores
——, **five unit** : código de cinco elementos
—— **figure** : símbolo de código
—— **form** : forma de código
——, **redundant** : código de redundancia
——, **routing** : indicativo
——, **three condition** : código ternario para cable
——, **two condition** : código binario para cable
——, **trunk** : código interurbano

codec : códec (codificador-descodificador)

coder : codificador

codirectional interface : interfaz codireccional

coefficient : coeficiente,índice, factor, constante
——, **attenuation** : constante de atenuación
——, **conjugate attenuation** : atenuación sobre impedancias conjugadas
——, **conjugate attenuation phase-change** : desfasaje sobre impedancias conjugadas
——, **coupling** : coeficiente de acoplamiento
——, **harmonic distortion** : índice de distorsión armónica total
——, **image attenuation** : atenuación de imagen
——, **image phase-change** : desfasaje de imagen
——, **image transfer** : constante de transferencia de imagen
——, **iterative attenuation** : atenuación iterativa
——, **propagation** : constante de propagación
——, **reflection** : coeficiente de reflexión
——, **repetition** : coeficiente de repetición (de llamadas)
——, **return current** : coeficiente de adaptación (o de equilibrio)
——, **sensitivity** : coeficiente de sensibilidad

cogwheel (mech.) : rueda dentada; piñón (mec.)

coherent PSK : PSK (MDFase) coherente

coherer effect : efecto cohesor (o de cohesión)

coil : bobina
—— **, arc supression** : red con bobinas de extinción
—— **, heat** : bobina térmica
—— **, induction** : bobina de inducción
—— **, relay** : bobina relé
—— **, repeating** : bobina repetidora

coin box set : aparato telefónico de pago previo

coincident (signal elements) : elementos sucesivos (o simultáneos)

color burst (TV) : ráfaga de color; señal de sincronización de color (TV)
—— **crosstalk** : diafonía cromática
—— **flicker (TV)** : centelleo de color (TV)
—— **information** : información cromática
—— **signal** : señal cromática

collect call : conferencia de cobro revertido; conferencia de tasación inversa
—— **call accepted** : aceptación de tasación inversa (o de cobro revertido)

collision call : toma simultánea; colisión de llamadas

combined loss and delay system : sistema mixto de pérdidas y espera

command : telemando; mando a distancia; instrucción
—— **and data acquisition station** : estación de telemandos y de adquisición de datos
—— **code** : código de instrucción
—— **, ground** : telemando desde tierra
—— **group (CG.)** : instrucción de grupo
—— **information** : información de instrucción
—— **language** (comp.) : lenguaje de mandatos (comp.)
—— **pulse** : impulso de telemando (o control)
—— **reference** : referencia de instrucción; referencia de mandatos (comp.)
—— **remote** : instrucción a distancia; control remoto

commentary channel (TV) : canal de indicaciones (TV)

commissioning tests : pruebas de rehabilitación

common channel : canal común
—— **channel exchange** : central de canal común
—— **channel interoffice signaling (CCIS)** : señalización entre canales por canal común
—— **channel, signaling (SCC)** : canal común de señalización
—— **trunk** : circuito común; línea común

communication, both way : comunicación bidireccional
—— **, one way** : comunicación unidireccional
—— **satellite link** : enlace de telecomunicación por satélite

community antenna : antena comunal
—— **reception** : recepción comunal

companded : compandido(a) (adj.)

compandor : compansor (compresor-expansor)

complementary channels : canales complementarios

complete channel (telegr.) : canal (vía) de transmisión (telegr.)
—— **circuit** : circuito (vía) de comunicación bilateral
—— **failure** : fallo total

completion ratio : tasa de eficacia; relación respuesta/toma

composite attenuation : atenuación compuesta
—— **circuit** : circuito compuesto
—— **gain** : ganancia compuesta
—— **video signal** : señal de video compuesta

computer : computadora; calculadora, ordenador
—— **, analog** : computadora analógica
—— **assisted management** : dirección asistida por ordenador; gestión mediante computadora
—— **communications** : communicaciones entre computadoras; teleinformática
—— **, digital** : computadora digital
—— **language** : lenguaje de máquina
—— **-oriented language** : lenguaje orientado hacia la máquina
—— **program** : programa de computadora
—— **, stored program** : computadora de programa almacenado
—— **teleconferencing** : teleconferencia por computadoras
—— **word** : palabra de computadora (o de máquina)

concentrator, line : concentrador de línea

concentrity error : error de concentridad

concurrent operation : operación concurrente (o paralela)

conditions, fault : condiciones de avería
—— **, significant** : estados significativos

conductance : conductancia
—— **, anode** : conductancia anódica
—— **, mutual** : transconductancia; pendiente

conductive : conductivo(a)
—— **coupling** : acoplo (acoplamiento) conductivo

conference call : comunicación colectiva (pluripartita)
—— **call broadcast** : comunicación pluripartita para difusión
—— **call restricted** : comunicación pluripartita restringida
—— **bridges** : puentes de conexión para conferencias pluripartitas
—— **repeater** (telegr.) : traslación (telegráfica) para conferencia

confusion : señal de confusión

congestion : congestión; bloqueo
—— **, call** : congestión (bloqueo) de llamadas
—— **conditions** : congestión de tráfico

congestion, network : congestión de la red
—— **signal** : señal de congestión
—— **, time** : congestión temporal

conical scan tracking radar : radar de seguimiento de exploración cónica

conjugate attenuation : atenuación sobre impedancias conjugadas
—— **impedances** : impedancias conjugadas
—— **phase-change** : desfasaje entre impedancias conjugadas
—— **transfer** : transferencia con impedancias conjugadas

connecting network : red de conexión (o conmutación)
—— **row** : barra (nivel) de conexión
—— **stage** : etapa de conexión

connection : conexión de enlace; comunicación
—— **, double hop** (sat.) : enlace de doble salto (sat.)
—— **, multiple hop** (sat.) : enlace de varios saltos (sat.)
—— **, multipoint** : conexión multipunto
—— **, one switch** : comunicación internacional de tránsito simple
—— **, point-to-point** : conexión punto a punto
—— **, reliability** : fiabilidad de una conexión
—— **, single hop** (sat.) : enlace de un solo salto
—— **, two switch** : comunicación internacional de tránsito doble

connectivity : conectividad

connector, out : conector de salida

consumable items : elementos fungibles

contact element : elemento de contacto
—— **follow** : seguimiento
—— **noise** : ruido de contactos
—— **unit, break** : contacto de ruptura
—— **unit, change-over** : contacto de cambio
—— **unit, make** : contacto de cierre

contention : contienda; (conflicto)

continuity check : prueba de continuidad
—— **bond** : conexión de continuidad

contour, isochromatic (TV) : contorno isocromático (TV)
—— **, isoclinal** : contorno isoclinal; curva de nivel

contrast (TV) : contraste (TV)

control : control, dirección, mando, regulación
—— **, anciliary device** : control de dispositivo auxiliar
—— **, automatic gain (AGC)** : control automático de ganancia; regulador automático de amplificación
—— **board** : tablero de mando
—— **character** : carácter de control
—— **circuit** : circuito de control
—— **computer subsystem (CCS)** : subsistema de control por computadora
—— **console** : consola (mesa) de control
—— **digits** : dígitos de control
—— **earth station** : estación terrena directora
—— **, echo** : protección contra el eco
—— **, end-to-end** : control de extremo a extremo
—— **, error** : control de errores; protección contra errores
—— **, flow** : control de flujo
—— **, frequency** : estabilización (regulación) de frecuencia
—— **language** : lenguaje de mandatos (comp.)
—— **office** : estación directriz (o reguladora)
—— **unit** : unidad de control (comp.); telemando
—— **wheel** (sat.) : volante de control (sat.)

controlled rerouting : reencaminamiento controlado
—— **slip** : deslizamiento controlado

controlling circuit : circuito director
—— **exchange** : centro director

—— **operator** : operador(a) principal; supervisor(a)
—— **position** : posición directriz
—— **testing station** : estación directora

convection : convección

conversation : conversación; conferencia
—— **mode** : modo conversación

conversation time : duración de una conferencia

conversion, code : conversión de código
——, **facsimile parameter** : conversión de parámetros de facsímil
——, **modulation** : conversión de modulación

converter : convertidor; conversor
——, **code** : convertidor de código
——, **frequency** : convertidor de frecuencias
——, **line-field (TV)** : convertidor de línea de duración de una trama

convolutional encoding : codificación convolucional

cooperation index : módulo de cooperación

coordination distance : distancia de coordinación

copper oxide : óxido de cobre

cord : cordón, cable; cuerda
—— **circuit** : circuit de conexión
——, **circuit double-ended** : discordio
——, **circuit single-ended** : monocordio
——, **flexible** : cordón

coordination circuits : circuitos de coordinación

core : núcleo; memoria (comp.)
—— **centre** : centro del núcleo
—— **diameter** : diámetro del núcleo
—— **image** : imagen de la memoria (comp.)

correcting signal : señal de coreción (de sincronismo)

correction from signals : corrección (sin señales especiales)
——, **synchronous** : corrección de sincronismo

corrective maintenance : mantenimiento correctivo; reparación

correspondent station : estación correspondiente (o corresponsal)

corrosion, chemical : corrosión química
——, **electrolytic** : corrosión electrolítica
——, **intercrystalline** : corrosión intercristalina

cosine-squared pulse : impulso de coseno cuadrado

coulom meter : culombímetro

countdown (sat.) : cuenta regresiva (o inversa) (sat.)

counter, electronics (comp.) : contador electrónico (comp.)
——, **instruction (comp.)** : contador de instrucciones (comp.)
——, **location (comp.)** : registro (contador) de locales (comp.)
——, **programme (comp.)** : contador de programas (comp.)

country code indicator : indicador del distintivo del país
——, **transit** : país en tránsito

coupling coefficient : coeficiente de acoplamiento
——, **resistance** : acoplamiento a resistencia

coverglass : cubreobjeto

coverslide : cubierta deslizante

cradle switch : gancho conmutador

creep : deformación (diodos); plastodeformación

crew : tripulación, dotación, equipo (de personas)
—— **factor** : coeficiente experimental del equipo

crispening (TV) : acentuación del contorno (TV)

cross-band operation : transmisión en banda cruzada
—— **bar** : barras cruzadas
—— **bar switch** : conmutador de barras cruzadas
—— **bar system** : sistema (automático) de barras cruzadas
—— **office check** : verificación a través de la central
—— **point** : punto de cruce

crossing : cruzamiento (de línea telefónica); transposición por cambio; interconexión

cross-polarization : polarización cruzada

cross-site waveguide : guiaondas de interconexión (de la sala de comunicaciones a la antena)

cross-strapping : interconexión cruzada

crossover frequency : frecuencia de corte

crosstalk : diafonía

—— **attenuation :** atenuación diafónica
—— **attenuation, far-end :** atenuación telediafónica
—— **attenuation, near-end :** atenuación paradiafónica
——**, color (TV) :** diafonía cromática (TV)
——**, intelligible :** diafonía inteligible

crosstalk, inverted : diafonía ininteligible
——**, far-end :** telediafonía
—— **meter :** diafonómetro
——**, near-end :** paradiafonía
——**, unintelligible :** diafonía ininteligible
——**, uninverted :** diafonía inteligible

crowding (mech.) **:** empuje; avance (mec.)

cryo-anneal : endurecimiento criogénico

cryptic codes : códigos criptográficos

crystal : cristal, cristal piezoeléctrico; cuarzo
—— **controlled :** controlado (regulado) por cristal

cue channel (TV) : canal de indicaciones (TV)
—— **circuit :** circuito de indicaciones (TV)

cueing channel : canal piloto (o de indicaciones) (TV)

curbed modulation : modulación fragmentada

current, direct (DC) : corriente continua (cc)
—— **level :** nivel (absoluto) de intensidad de corriente
——**, residual :** corriente residual
——**, stray :** corrientes vagabundas (o erráticas)
—— **weighting factor :** índice de ponderación de una corriente

cursor : cursor

curve, echo : curva de eco

cut-off frequency : frecuencia de corte

cut-out : disyuntor

cycle, search : ciclo de búsqueda

cycling : ciclado; ciclación
—— **speed :** velocidad del ciclo

NOTES

D

damp (to) : suprimir, amortiguar, reducir

damper : amortiguador; supresor de oscilaciones

——, **nutation** : amortiguador de nutación

damping coefficient : factor (coeficiente) de supresión (amortiguación)

dash, Morse : raya Morse

data : datos; información

—— **base** : datos básicos; datos de partida; banco de datos

—— **call** : transmisión (comunicación)de datos

—— **carrier failure detector** : detector de interrupción de portadoras de datos

—— **collecting** : recopilación (obtención) de datos

—— **collection station** : estación de recopilación de datos

—— **communication** : comunicación de datos

—— **concentrator** : concentrador de datos

—— **forwarding signal** : señales de transmisión de datos

—— **logging** : registro (asiento) de datos

—— **medium** : soporte de datos

—— **multiplexer** : multiplexor (multiplejador) de datos

—— **network** : red de datos

—— **packet** : paquete de datos

—— **phase** : fase de datos

—— **processing** : proceso (tramitación) de datos

——, **programme** : datos de programa

——, **punched** : datos perforados

—— **reduction** : reducción (simplificación) de datos

—— **signal** : señal de datos

—— **signaling rate** : régimen binario

—— **sink** : colector de datos

—— **source** : fuente de datos

—— **station** : estación de datos

—— **switching exchange (DSE)** : central de conmutación de datos (CCD)

—— **terminal equipment** : equipo terminal de datos

data transfer rate : velocidad de transferencia de datos

—— **transmission terminal** : terminal de transmisión de datos

day, recording : día de registro

day to busy hour ratio : relación tráfico diario a tráfico en hora cargada

deactivation : desactivación

dead sector : sector muerto

debug (to) : depurar (comp.)

decay : amortiguamiento (pérdida) de un circuito

—— **time** : tiempo de caída

decibel (dB) : decibel, decibelio (dB)

decimal numeral : número decimal

decineper : decineperio

decoder : descodificador; descifrador

decoding : descodificar, descifrar

decoupling : desacoplar (desacoplamiento); desconectar

—— **capacitor** : capacitor de desconexión

decrement : decremento, disminución, pérdida, atenuación, decrecimiento, baja, mengua

——, **logarithmic** : decremento logarítmico

dedamper, nutation (sat.) : desamortiguador de nutación (sat.)

dedicated satellite : satélite especializado

de-emphasis : desacentuación

—— **network** : red de desacentuación

deep space : espacio lejano (o extraterrestre)

—— **space network (DSN)** : red de investigación del espacio lejano

defective modulation : modulación (restitución) incorrecta

definition (TV) : definición; resolución (TV)

degradation : degradación; empobrecimiento

degree of distortion : grado de distorsión

—— **of distortion, individual** : grado de distorsión individual

—— **of distortion, inherent** : grado de distorsión propio

—— **of distortion, standarized test** : grado de distorsión normalizado de prueba

delay : demora, retardo; tiempo de propagación

——, **average** : tiempo medio de espera

delay, call processing : retardo debido al procesamiento de las comunicaciones

—— **distortion** : distorsión por retardo

—— **envelope** : tiempo de propagación de grupo

—— **equalization** : igualación del retardo (o tiempo de propagación)
—— **equalizer** : compensador de fase
—— **frequency distortion** : distorsión de fase/frecuencia
——, **group** : tiempo de propagación de grupo
——, **network transfer** : tiempo de transferencia de la red
—— **on a call** : demora de establecimiento (de una llamada)
——, **phase** : tiempo de propagación de fase
——, **post dialing** : período de espera después de marcar
——, **restitution** : retraso de restitución
——, **round trip** : tiempo de propagación de ida y vuelta
——, **setting-up** : demora en establecer una comunicación
——, **switching** : retardo de conmutación; tiempo de conmutación

delayed call : comunicación demorada
—— **delivery** : entrega diferida
—— **relay** : relé temporizado (o retardado)

delta : delta; triángulo
—— **connected** : conectado(a) en triángulo
—— **modulation (DM)** : modulación delta (MD)

demand : demanda; a petición
—— **assignment** : asignación a petición (o por demanda)
—— **service** : servicio rápido (o inmediato)

demod (demodulator) : desmodulador

demodulation : desmodulación

demodulator, telegraph : desmodulador telegráfico

density, scanning : densidad de exploración
——, **sound energy** : densidad instantánea de energía acústica

densographer : densígrafo

densometer : densímetro

dependability : seguridad de funcionamiento

dependent (repeater) station : estación (de repetidores) tealimentada

depth modulation : modulación en emplitud
——, **modulation** : amplitud de la modulación

derivation : derivación

derivative : derivado(a); subproducto; resultado

design : proyecto, diseño, croquis, trazado
—— **verification test (DVT)** : ensayo de verificación del diseño

designer : proyectista, diseñador

despin : contrarrotación; contrarrotar
—— **antenna** : antena de contrarrotación
—— **antenna electronics** (sat.) : equipo electrónico de contrarrotación de la antena (sat.)

despun compartment (sat.) : compartimiento contrarrotado (sat.)

destination category : categoría de destino
—— **exchange code (DEC)** : código de la central de destino
—— **identifier** : identificador de destino
——, **office of** (telegr.) : oficina (estación) de destino (telegr.)
—— **point code (DPC)** : código de punto de destino
—— **prologue** : prólogo de destino

destuffing, bit : sustracción de bitios

detection, alarm : detección de alarmas
——, **linear** : detección lineal
——, **square law** : detección cuadrática

detector : detector; indicador
—— **amplifier gain** : ganancia del amplificador del detector
——, **data carrier failure** : detector de interrupción de la portadora de datos

deterrent : disuasorio(a)

deviation : desviación; variante
——, **apparent** : desviación aparente
——, **frequency** : desviación de la frecuencia
—— **ratio** : índice de desviación
—— **r.m.s.** : desviación de valor eficaz
——, **peak** : desviación de cresta (máxima)

device control : mando de aparatos auxiliares

devices, I/O : dispositivas de entrada/salida

diagnostic routine : rutina de diagnóstico

diagram : diagrama; patrón; dibujo
——, **antenna** : diagrama (de radiación) de antena
——, **block** : diagrama de bloques
——, **circuit** : diagrama del circuito
——, **level** : hipsograma
——, **syntax** : diagrama sintáctico
——, **time** : diagrama de tiempos

dial : disco de marcar (telef.); cuadrante (radio)

dial (to) : discar, marcar
—— **push-button** : pulsar (teclas) (telef.)

—— **tone** : señal de línea; tono de marcar
—— **tone delay** : período de espera del tono de invitación a marcar

dialing : selección; discado; marcación
——, **battery** : marcación (sobre circuito bifilar)
——, **loop** : marcación (sobre circuito bifilar)
——, **push-button** : selección por pulsadores (o teclas)
——, **subscriber trunk** : selección automática interurbana
—— **time** : tiempo de marcación
—— **unit** : telemando (telegrafía)

diaphragm : diafragma

diary service : servicio de agenda (o de recordatorio)

dichotomizing search : búsqueda dicotómica

dielectric board : sustrato dieléctrico
—— **strength** : resistencia (rigidez) dieléctrica
—— **test** : prueba de aislamiento

differential duplex : dúplex diferencial
—— **echo supressor** : supresor de eco diferencial
—— **gain** : ganancia diferencial
—— **gain control** : atenuador (regulador) selectivo
—— **sensitivity** : sensibilidad diferencial

differentially-coherent PSK (DPSK) : modulación MDFase diferencial coherente

differenciator : montaje diferenciador

diffraction : difracción

diffusion : difusión
—— **length** : nivel de difusión

digit : número; símbolo, cifra, dígito
—— **acknowledgement signal** : señal de acuse de recepción
——, **binary** : símbolo (cifra, dígito) binario
——, **control** : dígito de control
—— **insertion** : inserción de dígitos
—— **n-ary** : símbolo n-ario
——, **stuffing (justifying)** : dígito de justificación

digital : numérico(a); digital
—— **command signal** : señal de instrucción digital (numérica)
—— **computer** : computadora digital
—— **exchange** : central digital
—— **filling** : relleno de dígitos; justificación de dígitos
—— **multiplexing equipment** : equipo múltiplex (numérico) digital
—— **network** : red numérica (o digital)
—— **path (binary)** : trayecto digital (binario)
—— **rate** : régimen digital (binario)
—— **signals** : señales de numeración
—— **speech interpolation (DSI)** : interpolación digital de voz
—— **sum variation** : variación de la suma numérica
—— **transmitter** : transmisor digital

digitally coded/decoded : codificación/descodificación digital

digitize (to) : poner en números (o en cifras)

diode anode : ánodo del diodo
——, **beam lead planar** : diodo planar de conexiones radiales
—— **demodulator** : desmodulador a diodo
——, **gallium-arsenide Laser** : diodo Laser de arseniuro de galio
——, **packaged ball alloy** : diodo compacto de esfera aleada
——, **packaged planar** : diodo planar compacto
—— **tunnel amplifier (TDA)** : amplificador a diodo tunel

dip test : prueba de corriente mínima

diplex : díplex

diplexing : diplexaje; multiacoplamiento

diplexor (diplexer) : diplexor; mezclador de antena

dipole : dipolo
—— **antenna** : antena dipolo; antena de media onda
—— **field** : campo dipolar

direct access : acceso directo (o al azar)
—— **access storage** : memoria de acceso directo (comp.)
—— **call** : llamada directa
—— **carrier frequency shift keying** : manipulación directa por desplazamiento de frecuencia
—— **current (DC)** : corriente continua (cc)
—— **insert subroutine** : subrutina abierta (comp.)
—— **international call** : comunicación internacional directa
—— **mode** : modo directo
—— **printed, cable node** : receptor traductor para código Morse
—— **recording** (facsimile) : registro directo (facsímil)
—— **readout ground station (DRCS)** : estación terrena de interrogación directa
—— **(retrograde) orbit** : órbita directa (retrógada)

—— **transit** (telegr.) : tránsito directo (telegr.)

direction finder (DF) : radiogoniómetro; indicador de dirección
—— **finding** : radiogoniometría
—— **finding station** : estación radiogoniométrica
—— **of transmission** : sentido (dirección) de la transmisión

directional antenna : antena directiva (direccional)
—— **filter** : filtro direccional
—— **localizer** : localizador direccional

directive gain : ganancia direccional

directly powered station : estación alimentada directamente

director system : sistema director (de conmutación automática)

directory number : número de abonado

discard, output : descartar salida

discarded packet : paquete descartado

disconnect : desconectar, interrumpir la conexión

discontinuity : discontinuidad; intervalo; inflexión
—— **point** : punto de inflexión
—— **surface** : superficie de discontinuidad

discrete energy level : nivel de energía discreto
—— **noise** : ruido discreto

discrimination : discriminación; selección
——, **frequency** : selección de una frecuencia
—— **filter** : filtro discriminador
——, **polarity** : discriminación de la polaridad
——, **polarization** : discriminación de la polarización

discriminator : discriminador
—— **output frequency meter** : frecuenciómetro discriminador de salida

dish (antenna) : reflector (antena)
—— **antenna** : antena parabólica (o paraboloide)
——, **radar** : reflector parabólico (o paraboloide)

disintegration : desintegración; desagregación
——, **intercrystalline** : desagregación intercristalina

disparity : disparidad

dispersal : dispersión, difusión
——, **energy** : dispersión de energía

dispersion : dispersión; difusión
—— **meter** : dispersímetro
——, **traffic** : dispersion de tráfico

displacement : desbordamiento

display : imagen (TV); presentación osciloscópica, pantalla; anuncio

disposable : no reutilizable; desechable

dissimilar satellites : satélites heterogéneos

distance-rate measurements : mediciones de distancia en función del tiempo

distant : distante; lejano; extremo
—— **end** : extremo opuesto

distortion, amplitude : distorsión de amplitud
——, **aperture** : deformación de abertura
——, **assymetrical** : distorsión unilateral (o asimétrica)
——, **attenuation** : distorsión de atenuación
——, **bias** : distorsión unilateral (asimétrica)
——, **characteristic** : distorsión característica
——, **coefficient of harmonic** : índice de distorsión armónica
——, **conventional degree of** : grado convencional de distorsión
——, **cyclic** : distorsión cíclica
——, **delay frequency** : distorsión por retardo
——, **field-time waveform** : distorsión de la forma de onda de duración de una trama
——, **fortuitous** : distorsión fortuita
——, **frequency** : distorsión de atenuación
——, **harmonic** : distorsión armónica
——, **nth order harmonic** : distorsión armónica de orden enésimo
——, **intermodulation** : distorsión de intermodulación
——, **phase** : distorsión de fase
——, **signal** : distorsión de una señal
——, **start-stop** : distorsión arrítmica
——, **telegraph** : distorsión telegráfica
——, **transmitter** : distorsión en la emisión

distress call : llamada de socorro

distributed framing pattern : esquema de trama distribuido

distribution : repartición; distribución
—— **frame** (teleph.) : repartidor (telef.)
—— **frame, intermediate** : repartidor intermedio
—— **frame, main** : repartidor de entrada
——, **log normal** : distribución logarítmica normal
——, **Gaussian** : distribución gaussiana

disturbing circuit : circuito perturbador

—— **current, equivalent** : corriente perturbadora equivalente
—— **voltage, equivalent** : tensión perturbadora equivalente
—— **power** : potencia (energía) perturbadora

diverse routing : diversidad de encaminamiento (de tráfico); repartición (del tráfico) entre varias rutas

diversity : diversidad; variedad
—— **factor** : factor de utilización; factor de diversidad
—— **reception** : recepción diferencial (múltiple o simultánea)
——**, site** : diversidad de ubicación geográfica
——**, space** : diversidad de espacio (una estación, dos antenas)

diversion : desviación; descentramiento

division : división; repartición; distribución
—— **indicator** : indicador de desviación
——**, frequency** : repartición de frecuencias
——**, time** : distribución en el tiempo

document facsimile telegram : telegrama facsímil
—— **Teletex** : documento Teletex

downtime : tiempo de indisponibilidad

doped : adulterado(a)

doping : adulteración

Doppler effect : efecto Doppler
—— **(frequency) shift** : variación de frecuencia por efecto Doppler

dot : punto; mancha; impulso (telegraf.)
—— **frequency** : frecuencia de puntos
—— **Morse** : punto Morse
—— **interlacing** : exploración por puntos sucesivos (TV)
—— **and dash line** : línea de puntos y rayas

dotted line : línea punteada (o de puntos)

double-ended system : sistema biterminal (o de terminación doble)
—— **phantom circuit** : circuito superfantasma
—— **pole double-throw (DPDT)** (switch) : interruptor bipolar bidireccional
—— **pole single-throw (DPST) (switch)** : interruptor bipolar unidireccional

down converter : convertidor de RF a IF (o reductor)
—— **link** : enlace descendente
—— **time** : tiempo muerto; tiempo de mantenimiento

drag : resistencia aerodinámica; arrastre
—— **coefficient** : coeficiente de retardo (o de frenado)
—— **life curve** : curva que relaciona la resistencia con la duración en órbita (sat.)

drainage, electric : drenaje eléctrico
——**, forced electric** : drenaje eléctrico forzado
——**, polarized electric** : drenaje eléctrico polarizado

drift compensation (sat.) : compensación de la deriva (sat.)
——**, frequency** : desviación de la frecuencia
——**, satellite** : deriva del satélite

drive (to) : excitar (elect.); impulsar, propulsar (mec.)

driver : excitador (elect.); impulsor, propulsor (mec.)
—— **stage** (of an amplifier) : etapa preamplificadora (o excitadora)
—— **TWT** : excitador de tubo de ondas progresivas

driving circuit : circuito de ataque
—— **force** : fuerza motriz
—— **point** : punto de alimentación (elect.)

dual rotating rotors : rotores contrarrotatorios

dummy antenna : antena ficticia (o simulada)

duplex aparatus : aparato dúplex
——**, bridge** : dúplex puente
——**, circuit** : línea (circuito) dúplex
——**, connection** : comunicación bilateral
——**, differential** : dúplex diferencial
——**, incremental** : dúplex por adición
—— **operation** : explotación (funcionamiento) dúplex
——**, opposition** : dúplex por oposición

duration chargeable : tiempo cargable (facturable)

duty cycle : ciclo de trabajo (de servicio o de uso)

dynamic pattern : dinámica de la señal
—— **range** : alcance (gama) dinámico(a)
—— **ratio** : relación dinámica (radio)
—— **storage** : memoria dinámica

drum : tambor; cilindro
—— **factor** (facsimile) : factor de cilindro (facsímil)

dry cell (battery) : pila seca
—— **weight** (sat.) : peso en seco (o sin combustible) (sat.)

—— **joint** : soldadura seca

dual-made coupler : acoplador de doble modo

—— **spin body** : cuerpo dual de rotación

ducting : propagación por conductos

dump (comp.) : vaciado; vuelco (comp.)

——, **memory** (comp.) : vuelco de la memoria (comp.)

——, **postmortem** (comp.) : vaciado (vuelco) póstumo (comp.)

——, **snapshot** (comp.) : vuelco (vaciado) instantáneo (comp.)

duplex transmission : transmisión dúplex

duration chargeable : duración tasable

——, **indication of** : indicación de duración

—— **of a call** : duración de una conferencia

——, **pulse** : duración del impulso

dynamic envelope : envolvente dinámica

NOTES

E

ear, artificial : oído artificial

earcap : pabellón (receptor telefónico)

early failure period : período inicial de fallos

earth resources : recursos naturales de la Tierra
—— **sensor** (sat.) : sensor terrestre (sat.)
—— **station** : estación terrena
—— **station, non-standard** : estación terrena no normalizada
—— **station, standard** : estación terrena normalizada
—— **station, unmanned** : estación terrena automática (sin dotación)

earthing percentage : índice (%) de frenado

echelon telegraphy : estaciones escalonadas (telegr.)

echo, amplitude corrected : eco corregido en amplitud
—— **cancellation** : compensación (o cancelación) de ecos
—— **canceller** : cancelador de ecos; ecocancelador
—— **control & delay** : control y retardo de eco
—— **current** : corriente reflejada (o inversa)
—— **curve** : curva de eco
—— **differential suppressor** : supresor de eco diferencial
——**, elementary** : eco elemental
—— **image (TV)** : imagen fantasma (TV)
—— **meter, pulse** : ecómetro de impulsos
—— **peak amplitude** : amplitud máxima del eco
—— **signals** : ecos (señales múltiples)
—— **sounder** : aparato de sondeo por ultrasonido
—— **sounding** : sondeo ultrasónico
—— **suppressor, differential** : supresor de eco diferencial
—— **suppressor, full** : supresor de eco completo
—— **suppressor, half** : semisupresor de eco
—— **suppressor indicator** : indicador de supresor de eco
—— **suppressor local sensitivity** : sensibilidad local de un supresor de eco
—— **suppressor, terminal far-end operated** : supresor de eco mandado a distancia
—— **suppressor, terminal near-end operated** : supresor de eco con mando local
—— **suppressor, value type** : supresor de eco de acción continua

echolocation : localización por rebote del eco

echometric measurement : medición ecométrica

edit (to) (comp.) : editar (comp.) editing : edición (comp.)
—— **sequence** : secuencia de edición

effect, failure : efecto del fallo

effective address : dirección efectiva
—— **area** : superficie equivalente
—— **aperture** : abertura efectiva
—— **bandwidth** : anchura de banda efectiva
—— **call attempt** : tentativa de llamada completada
—— **cut-off frequency** : frecuencia efectiva de corte
—— **data transfer rate** : velocidad efectiva (real) de transferencia de datos
—— **isotropically radiated power (eirp)** : potencia isótropa radiada equivalente (pire)
—— **mean power** : potencia efectiva media
—— **traffic** : tráfico eficaz

effector, format (FE) : carácter determinante de formato

efficiency factor in time : índice de rendimiento en tiempo
—— **rate** : tasa de eficacia; relación respuesta/toma

elastomer : elastómero

electro-magnet, telegraph : electroimán telegráfico

electro-writer : electrógrafo

electrode, nonpolarizable reference : electrodo impolarizable de referencia

electromotor force (EMF) : fuerza electromotriz

electron : electrón

electronic switching system (ESS) : sistema de conmutación electrónica

electronics : electrónica

element, code : elementos de código
——**, modulation** : elementos de modulación
——**, picture** : elementos de imagen (TV)
——**, restitution** : elementos de restitución

—— , **signal** : elementos de señal
—— , **telegraph signal** : elementos de señal telegráfica
—— , **unit** : elementos unitarios

elementary echo peak : cresta de un eco elemental

emergency power supply : fuente de energía de emergencia
—— **route** : vía (encauzamiento) de socorro
—— , **ship's transmitter** : transmisor de socorro de barco

emission : emisión
—— , **angle modulation** : emisión de modulación angular
—— , **full carrier single sideband** : emisión de banda lateral única y portadora completa
—— , **out-of-band** : emisión fuera de banda
—— , **reduced carrier single sideband** : emisión de banda lateral única y portadora reducida
—— , **single sideband** : emisión de banda lateralúnica
—— , **spurious** : emisión no esencial
—— , **suppressed carrier single sideband** : emisión de banda lateralúnica y portadora suprimida
—— , **vestigial sideband** : emisión de banda lateral parcialmente suprimida

emittance (TV) : emitancia; luminosidad (TV)

encoding : codificación
—— , **biorthogonal** : codificación biortogonal
—— , **bulk** : codificación en bloque (por lotes)

end-of-pulsing signal : señal de fin de numeración

energetic particles : partículas energéticas

energy dispersal : dispersión de energía

engaged (teleph.) : ocupado(a) (telef.-(Ingl.)
—— **test** (teleph.) : prueba de ocupación (telef.-(Ingl.)

engineering model : modelo técnico
—— **study** : estudio técnico (o de ingeniería)
—— **envelope delay** : tiempo de propagación de grupo (o envolvente)
—— **dynamic** (mech.) : cubierta dinámica (mec.)
—— **velocity** : velocidad de grupo
—— , **permanently locked** : envolvente (grupo) enclavado permanentemente

epoxy resin : resina epoxídica

equal-length code : código de elementos iguales

—— **power splitter** : equidivisor de energía

equality of rights operation : explotar con igualdad de derechos

equalizer, delay (phase) : compensador de fase
—— **unit** : unidad de compensación

equalization : igualación; compensación

equipment, automatic switching : conmutador automático
—— , **data terminal** : equipo terminal de datos
—— , **intermediate** : equipo intermedio (o auxiliar)
—— , **signal-conversion** : equipo de conversión de señales

equivalent (of a circuit) : equivalente (de un circuito)
—— **articulation loss** : equivalente de referencia de nitidez (audio)
—— **disturbing current** : corriente perturbadora equivalente
—— **disturbing voltage** : tensión perturbadora equivalente
—— **isotropically radiated power** (e.i.r.p.) : potencia isótropa radiada equivalente (p.i.r.e.)
—— **network** : red equivalente
—— , **reference** : equivalente de referencia
—— , **reference of side-tone** : equivalente de referencia del efecto local
—— , **relative**; (loudness volume) : equivalente de referencia
—— **satellite link noise temperature** : temperatura de ruido equivalente de un enlace por satélite

erect channel sidebands : bandas laterales de canales directos
—— **group** : grupo primario directo

erlang : erlang, erlangio

erroneous bit : bitio erróneo
—— **block** : bloque erróneo

error burst : ráfaga de errores
—— **correcting code** : código corrector de errores
—— **correcting system** : sistema corrector de errores
—— **detecting code** : código detector de errores
—— **detecting system** : sistema detector de errores
—— , **double** (triple) : error doble (triple)
—— , **single** : error simple
—— **rate** : proporción de errores

—— **rate of a communication (telegr.)** : índice de error de una comunicación (telegr.)
—— **rate of a keying** : índice de error de una manipulación
—— **rate of a translation** : índice de error de una traducción
—— **rate monitor** : aparato de control (monitor) de la proporción de errores
—— **rate, residual** : proporción de errores residuales
—— **signal unit** : unidad de señalización errónea

evaluate (to) : evaluar; justipreciar

even parity check : control de paridad

exchange, incoming terminal : centro terminal; centro de entrada
——, **international** (terminal) : centro internacional
——, **international transit** : centro internacional de tránsito
——, **line exclusive** : línea particular de abonado, línea común
——, **local** : central urbana
——, **private branch (PBX)** : centralita con enlace de servicio público
——, **telephone** : centro telefónico
——, **tandem** : central tandem (nodal)
——, **trunk** : central interurbana

expander : expansor; extensor

expansion (TV) : extensión de tonos (TV)

experimental station : estación experimental

explosive-safe facilities : instalaciones a prueba de explosiones

exposure, oblique : aproximación oblicua
—— **oblique, length of** : longitud de una sección de aproximación oblicua

extended telegraph circuit : estaciones escalonadas (telegr.)
—— **area service (EAS)** : servicio en zona ampliada (SZA)

extension circuit (land-line) : circuito de prolongación (radiotelefonía)

extra terrestrial origin : origen extraterrestre

NOTES

F

facilities, ground based : instalaciones en tierra
—— **, satellite borne** : instalaciones a bordo de satélites

facsimile : facsímil, facsímile
—— **telegram** : telegrama facsímil
—— **telegraphy** : telegrafía facsímil

factor, amplification : factor de amplificación
—— **, crew** : coeficiente experimental de la dotación
—— **, current weighting** : índice de ponderación de una corriente
—— **, drum** (facs.) : factor de cilindro (facs.)
—— **, efficiency in time** : índice de rendimiento en tiempo
—— **, interaction** : coeficiente de interacción
—— **, loss** : factor de pérdidas
—— **mismatch reflection** : coeficiente de pérdida por reflexión
—— **, modulation** : índice de modulación
—— **, MU** : factor de amplificación (de un tubo electrónico)
—— **, practice** : coeficiente experimental de la dotación
—— **, sophometric weighting** : índice de ponderación sofométrica
—— **, screening** : factor reductor
—— **, telephone harmonic form** : factor telefónico de la forma (de una línea)
—— **, telephone influence (TIF)** : factor "TIF"
—— **, voltage** : factor de amplificación

factory length allocation : empalme de largos de cable

fade-in (TV) : aparición gradual (TV)
—— **-out (TV)** : desaparición (desvanecimiento) gradual (TV)

fading depths : profundidades de desvanecimiento

fairing (mech.) : carenado; fuselaje (aerod.)
—— **clearance** : espacio libre del carenado
—— **cone** : carenado delantero; ojiva

fall-back system : circuito de socorro

Faraday rotation : rotación de Faraday

far-end crosstalk : telediafonía
—— **attenuation** : atenuación telediafónica

fault finding : localización de averías
—— **indication** : avería
—— **localization** : localización primaria de averías

feed system : sistema de alimentación

feed-back demodulator : desmodulador de realimentación
—— **, negative** : contrarreacción
—— **ratio** : índice de realimentación
—— **receiver** : receptor de reacción
—— **, message** (inform) : control con retorno de información

feed-forward : prealimentación

feed-throng seal : anillo de alimentación

feeder : alimentador
—— **link** : enlace de conexión
—— **network** : red de alimentación (alimentadora)

fidelity : fidelidad
—— **, high** : alta fidelidad

field : campo; campo de información; trama (TV)
—— **blanking interval (TV)** : intervalo de supresión de trama (TV)
—— **effect** : efecto de campo
—— **effect transitor (FET)** : transistor de efecto de campo
—— **line (TV)** : duración de una trama (TV)
—— **rate (TV)** : frecuencia de trama (TV)
—— **sensitivity** : rendimiento (de un micrófono) en el campo acústico libre
—— **strength** : intensidad de campo
—— **test** : ensayos (pruebas) de campo (o prácticos)
—— **time (TV)** : duración de una trama (TV)
—— **time waveform distortion** : distorsión de la forma de onda con duración de una trama
—— **trials** : ensayos de campo; pruebas prácticas

figure : imagen (TV); cifra, número

figures case (telegr.) : cifras (serie) (telegr.)

filler character : carácter de relleno

filling, bit : adición de bitios

filter, band pass : filtro de paso de banda
—— **, band stop** : filtro de eliminación de banda
—— **, lattice** : filtro de celosía
—— **, low pass** : filtro de paso bajo
—— **, high pass** : filtro de paso alto

——, **roof(ing)** : filtro de altas frecuencias
——, **resistance-capacitance** : filtro de resistencia-capacitancia
—— **shape factor** : factor de forma de los filtros
——, **superficial acoustic wave** : filtro de onda superficial acústica

filtering : filtrado

finding (teleph.) : busca de línea que llama (telef.)

finess of scanning : finura de trama

first carrier drop-out : primer desprendimiento (caída) de la portadora
—— **choice route** : vía de encauzamiento (primaria)

five unit code : código de cinco elementos
—— **unit printer (Morse)** : impresor-traductor (telegr.)

fixed-frequency radar beacon : baliza para radar de frecuencia fija
—— **satellite service** : servicio fijo por satélite
—— **service** : servicio fijo
—— **station** : estación fija
—— **time calls, occasional** : conferencias fortuitas a hora fija

flange key (mech.) : traba del reborde (mec.)

flare, solar : fulguraciones solares

flashing (teleph.) : rellamada (telf.)

flat : plano(a), llano(a); uniforme, parejo(a)
—— **rate** : porcentaje uniforme
—— **spin** : rotación uniforme (o pareja)

flatness : uniformidad

flicker effect : ruido de centelleo

flight acceptance test : prueba de aceptación de vuelo
—— **data subsystem (FDS)** : subsistema de información de vuelo
—— **test** : prueba de vuelo
——, **test** : vuelo de prueba

flip-flop circuit : circuito basculador

floating potential : potential flotante

flow chart : diagrama de circulación
—— **traffic** : flujo medio de tráfico

fluid : fluído

flutter : fluctuación; oscilación

flywheel : circuito compensador
—— **synchronization** : sincronización del circuito compensador

foamed plastic : espuma plástica

folded binary code : código binario expandido

forecast : proyección; previsión; pronóstico, predicción

fork-tone modulation : modulación para sincronización con diapasón

forked working : bifurcado(a); comunicación

form factor, telephone : factor telefónico de forma

format effectors (FE) : mandos de compaginación

fortuitous distortion : distorsión fortuita

forward bit stream : flujo de bitios transmitidos hacia adelante
—— **current** : corrientes directas
—— **disk** : disco delantero
—— **error correction** : corrección de errores hacia adelante
—— **gain** (amplif.) : ganancia directa
—— **scatter equation** : ecuación de dispersión hacia adelante
—— **set-up** : establecimiento (de transmisión) hacia adelante
—— **side** : lado delantero (superior)
—— **transfer signal** : señal de intervención

forwarding a telegram : emisión de un telegrama
—— **centre** (office) : centro (oficina) emisor(a)

four-tone system : transmisión con cuatro frecuencias
—— **-stage rocket** : cohete de cuatro etapas (secciones)
—— **wire circuit** : circuito a cuatro hilos

frame : trama; imagen (TV)
—— **aligner** : dispositivo de alineación de trama
—— **aligner store fill** : contenido del dispositivo de alineación de trama
——, **distributor** : repartidor
——, **intermediate distributor** : repartidor intermedio
——, **main distributor** : repartidor de entrada
——, **nth level** : trama enésima
——, **primary** : trama primaria
——, **second level** : trama secundaria

framing pattern : esquema de enganche de trama
—— **signal** : señal de enganche de trama

free circuit : circuito libre

—— **space loss** : pérdida de radiación directa
—— **space propagation** : propagación en el espacio libre
—— **standing design** : diseño saliente

freeze-out (telegr.) : bloqueo de conexión (telegr.)

frequency, aeronautical emergency : frecuencia aeronáutica de emergencia
—— **allocation** (services) : atribución de frecuencias (a servicios)
—— **allotment** (areas or countries) : adjudicación de frecuencias (a zonas o países)
—— **assignment** (stations) : asignación de frecuencias (a estaciones)
——, **audio** : frecuencia acústica
—— **change signaling** : modulación de frecuencia
——, **characteristic** : frecuencia característica
—— **cut-off** : frecuencia de corte
—— **derived channel** : canal (vía) derivado(a) en frecuencia
—— **deviation** : desviación de frecuencia
—— **discrimination** : discriminación de frecuencias
—— **distortion** : distorsión de frecuencias
—— **distortion transmission impairment** : reducción de la calidad de transmisión por distorsión de frecuencia
—— **division multiplex (FDM)** : multiplex por distribución de frecuencias (MDF)
——, **dot** : frecuencias de puntos
——, **effective cut-off** : frecuencia de corte efectiva
—— **error** : desviación de frecuencia
——, **exchange signaling** : modulación por cambio de frecuencias
—— **instability** : inestabilidad de frecuencia
——, **instantaneous** : frecuencia instantánea
——, **international distress and calling** : frecuencia internacional de socorro y llamada
——, **lowest usable (LUF)** : frecuencia mínima utilizable
——, **maximum usable (MUF)** : frecuencia máxima utilizable
—— **modulated carriers** : portadoras moduladas en frecuencia
——, **modulating (or modulation)** : frecuencia de modulación (o moduladora)
——, **modulation subcarrier** : modulación de una subportadora en frecuencia
—— **multiplexing** : multiplaje en frecuencia
——, **natural** : frecuencia propia
—— **offset** : desplazamiento de frecuencia
——, **operating** : frecuencias de funcionamiento
—— **ranges** : gamas de frecuencias
—— **reference** : frequencia de referencia
—— **re-use** : reutilización de frecuencias
—— **shift(keying) (FSK)** : modulación por deslizamiento de frecuencia
—— **selective** : selección de frecuencias
——, **sub-audio** : frecuencia infracústica (infratelefónica)
——, **super-audio** : frecuencia supracústica (supratelefónica)
—— **swing** : excursión de frecuencia
——, **telephone** : frecuencia telefónica (o vocal)
——, **theoretical cut-off** : frecuencia de corte teórica
—— **translation** : transposición (restitución) de frecuencias
—— **translation error** : error por restitución de frecuencias
—— **translator** : translador de frecuencias

front-end amplifier : preamplificador
—— **- end, receiver** : sección frontal del amplificador

frying noise : ruido de micrófono; crepitación

fuel cell : célula (o celdilla) energética

full carrier single sideband emission : emisión de banda lateral única y portadora completa
—— **duplex** : funcionamiento en dúplex total
—— **stored programme control** : control total por programa almacenado
—— **dissociated signaling** : señalización enteramente disociada

functional test; : prueba de funcionamiento

function multiplier : multiplicador de funciones
—— **plotter** : trazador (automático) de la curva de la función (y : f (x)).

functional chart : organigrama
—— **diagram** : diagrama de trabajo (de un circuito)

fuse (or fuze) fusible, fusor; mecha, cebo
—— **box** : caja de fusibles (o fusores)
—— **cap** : cápsula detonante
—— **strip** : fusible de cinta (o lámina fusible)

fuseboard : cuadro (tablero) de fusibles

fusion : fusión; unión
—— **bonding** : unión por fusión
—— **-line cracking** : fisura por la línea de fusión (soldadura)
—— **weld(ing)** : soldadura por fusión, fusiosoldar, fusiosoldeo
—— **fuzz** : ruido extraño (acústica)

G

gain, absolute : ganancia absoluta; ganancia isotrópica
——, **antenna** : ganancia de la antena
——, **composite** : ganancia compuesta
—— **control** : control (regulación) de la ganancia
—— **control, automatic** : regulador automático de ganancia
—— **flatness** : ganancia uniforme; uniformidad de ganancia
——, **forward** : ganancia directa
——, **insertion** : ganancia de inserción
——, **isotropic** : ganancia isotrópica; ganancia absoluta
—— **measuring set** : ganancímetro
——, **modulation** : ganancia de modulación
——, **overall** : ganancia equivalente
——, **power** : ganancia de potencia
——, **reflection** : ganancia por reflexiones
—— **slope** : pendiente (curva o nivel) de ganancia
——, **transducer** : ganancia de transducción

Gallium Arsenide (GaAs) : Arseniuro de Galio

garble (telegr.) error fundamental (telegr.)

garbled message (telegr.) : mensaje mutilado

gate : compuerta; abertura; circuito de paso
—— **(to)** : dar entrada; circuitar

gated beam : haz interrumpido
—— **TWT** : tubo TWT desconectado periódicamente

gating circuit : circuito intermitente

gateway center : centro de tránsito

general telegraph service : servicio telegráfico general

generator, 1 mW, R ohms : generador normal adaptado a R ohmios
—— **1 mW 600 ohms** : generador normal adaptado a 600 ohmios
——, **sawtooth** : generador de diente de sierra
——, **sawtooth frame** : generador de diente de sierra de trama
——, **sawtooth line** : generador de diente de sierra de línea
——, **synchronizing (TV)** : generador sincronizante (TV)

Gentex : Gentex

geostationary operational environmental satellite (GOES) : sistema de satélites geoestacionarios operativos del medio ambiente

geostationary satellite : satélite geoestacionario
—— **satellite orbit** : órbita de los satélites geoestacionarios

ghost : eco (facs.); fantasma (TV)

gimbal system : sistema (de suspensión) de cardán

gimballed wheel (sat.) : volante cardánico (sat.)

glide path, instrument landing : radioalineación de descenso

global beam : haz global
—— **coverage** : cobertura global (mundial)

government telegrams : telegramas de estado
—— **telephone calls** : llamadas (conferencias) de estado

grain (metal) : grano, textura (metales)

grading : múltiple, gradual
—— **group** : grupo de líneas

grazing angle : ángulo de incidencia

great circle path : arco de círculo máximo

grid-bias limiter : limitador de polarización de rejilla
—— **modulation** : modulación por rejilla

gross distortion : distorsión global
—— **distortion, start-stop** : distorsión arrítmica global

ground (to) : poner a tierra
—— **-based radar** : radar terrestre
—— **-based transmitter** : transmisor instalado en tierra

ground bed : colector
—— **conductor** : cable de tierra; conductor de mesa
—— **line** : línea a tierra
—— **plane** : plano de base
—— **reflexion** : reflexión terrestre (o de la Tierra)
—— **return** : vuelta por tierra; eco del suelo (radar)
—— **speed** : velocidad absoluta (en relación con la Tierra) (aeronaves)
—— **station** : estación de tierra (serv. marítimo)

—— **test** : prueba (ensayo) en tierra
—— **wave** : onda terrestre (o telúrica)

grounded antenna : antena con conexión a tierra
—— **conductor** : cable subterráneo
—— **grid** : rejilla puesta a masa

grounding : conexión (o puesta) a tierra
—— **transformer** : transformador con neutro puesto a tierra

group : grupo primario
—— **allocation** : distribución de grupos
——**, 12 channel** : grupo primario
—— **control station** : estación directriz de grupo
—— **delay** : tiempo de propagación de grupo
—— **distribution frame** : repartidor de grupos primarios
—— **link** : enlace (conexión) en grupo primario
——**, phantom** : grupo combinable
—— **pilot** : señal piloto de grupo primario
—— **section** : sección de grupo primario
—— **subcontrol station** : estación subdirectriz de grupo
—— **transfer point** : punto de transferencia de grupo primario
—— **velocity** : velocidad de grupo primario

guard band : banda de guarda
—— **circuit** : circuito de guarda
—— **frequency** : frecuencia de guarda

guy, antenna : vientos (tensores o riostras) de antena

gyro : giroscopio

gyroscopic stabilization : estabilización giroscópica

gyrostat concept : concepto giroestático

NOTES

H

half-duplex : semidúplex
—— **-echo suppressor** : semisupresor de eco
—— **-power** : potencia mitad
—— **-power bandwidth** : abertura angular entre los puntos de potencia mitad
—— **-wave dipole** : dipole de media onda

handing-over office : centro de cambio

handling, intermediate : escala

handset : microteléfono

hangover time : tiempo de arrastre

hang-up effect : efecto de enganche

hard decision : decisión rígida

hard decision threshold decoding : descodificación de umbral rígido
—— **limiting amplifier** : amplificador lineal

hardline test : prueba con conexión alámbrica

harmful interference : interferencia prejudicial

harmonic : armónicos; armónico(a)
—— **distortion** : distorsión armónica
—— **distortion, nth order** : distorsión armónica enésima

hash total (comp.) : total de prueba (comp.)

hardware : equipo, elementos físicos; "hardware"

heading : rumbo (naveg.); encabezamiento, título

headphone : microteléfono de casco

headset : casco de auriculares

heat coil : bobina térmica
—— **pipe** (sat.) : tubo calentador (o de calor) (sat.)
—— **soak back** : difusión de calor, retrodifusión térmica

heater (sat.) : calentador (sat.)
—— **current** : corriente de caldeo

helium interferometer : interferómetro de helio

helix (scanning) (facs.) : hélice de impresión (facsímil)
—— **current** : corriente helicoidal (de hélice)

Hellschriber system (telegr.) : sistema Hellschriber (telegr.)

hertz : hercio (hertz)

hertzian waves : ondas radioeléctricas (hertcianas)

hexaflurosilicate : hexaflurosilicato

hexaflurotitanate : hexaflurotitanato

hexaflurozirconate : hexaflurocirconato

HF radio links : enlaces radioeléctricos HF

high-brazed : cobresoldado a alta temperatura
—— **forward voltage drop** : caída directa de alta tensión
—— **frequency (HF)** : alta frecuencia (ondas decamétricas)
—— **pass filter (HPF)** : filtro de paso alto
—— **phase roll rate circuit** : circuito del alta tasa de ondulación de fase
—— **power flux-density** : gran densidad de flujo de potencia

highway (toll-trunk) (teleph.) : circuito interurbano (Europa) (telf.)

holder (of a value) : zócalo (o retenedor) de válvula

holding time : tiempo de ocupación

homing (teleph.) : reposición (tefl.)
—— **(naveg.)** : recalada (naveg.)
—— **bacon** : radiofaro de recalada

honeycomb : panal

hop, double : doble salto (com. por sat.)

horizontal radiation pattern : diagrama de radiación horizontal

horn : bocina (o reflector) de antena

hot firings : encendidos en caliente
—— **stand-by** : reserva activa

housing (antenna) : compartimiento (de la antena)

hub : cubo (mec.)

hum : zumbido de alimentación

hunting : búsqueda de una línea libre

hydrazine system (sat.) : sistema de hidracina

hydrodynamics : hidrodianámica

hypothetical reference circuit : circuito hipotético de referencia

I

iconoscope : iconoscopio

ideal instance : instantes ideales (modulación)

idle circuit : circuito en reposo
— **mode** : modalidad de "vacío" (o en reposo)
— **signal unit** : unidad de señalización no significativa
— **time** (comp.) : tiempo de reposo (comp.)

igniter boss : tetón de ignición
— **chamber adapter** : adaptador de la cámara de ignición

illumination : iluminación, enfoque
—, **tapered** : iluminación decreciente

image attenuation coefficient (TV) : atenuación entre imágenes (TV)
— **impedances (TV)** : impedancias de imágenes
— **phase-change coefficient** : desfasaje entre imágenes

immediate appreciation percentage : índice de comprensión inmediata

impairement : perturbación
— **frequency distortion transmission** : disminución de calidad por reducción de la banda de frecuencia transmitida
— **noise transmission** : perturbación en la transmisión por ruidos

impedance, acoustical : impedancia acústica
—, **balanced** : impedance simétrica (o equilibrada)
—, **blocked** : impedance sin carga (de un transductor)
—, **characteristic** : impedance característica
—, **characteristic acoustical** : impedance acústica intrínsica
—, **conjugate** : impedancia imaginaria
—, **image** : impedancia de imágenes
—, **iterative** : impedancia iterativa
— **matching** : adaptación (equilibrio) de impedancias
—, **motional** : impedancia cinética
—, **transfer** : impedancia de transferencia
— **and balance measuring set** : equilibrómetro (de impedancias)

impedance, unit-area : impedancia por unidad de superficie
—, **unbalanced** : impedancia astimtrica; desequilibrio de impedancia

impulse, signaling : impulso de conmutación
— **tests** : pruebas con ondas de choque
— **voltage** : tensión de choque

inclination of an orbit : inclinación de una órbita (de un satélite)

incoherence, phase : incoherencia de fase

incoming operator : operador(a) de entrada
— **terminal exchange** : centro terminal
— **register** : registrador de entrada

incremental duplex : dúplex (método combinación)

index accumulator (comp.) : acumulador de índice
—, **modulation** : índice de modulación
—, **quality** : índice de calidad (de una vía de transmisión)
— **of cooperation** : módulo de cooperación
— **of the scanning helix** : índice de cooperación
— **register** (comp.) : registrador de índice

indexing : indización

indicator, acklowledgement : indicador de acuse de recibo
—, **echo suppressor** : indicador de supresor de eco
—, **nature of circuit** : indicador de la naturaleza del circuito

individual distortion : distorsión isócrona
— **trunk** : enlace individual
— **(or community) reception** : recepción individual (o comunal)

induction coil : bobina de inducción
—, **electric** : influencia eléctrica
—, **magnetic** : inducción magnética
—, **power** : ruido inducido

inductor : inductor; bobina de inductancia

industrial, scientific and medical (ISM) applications : aplicaciones industriales, científicas y médicas (I.C.M.)

information bits : bitios de información
— **feedback system** : sistema con retorno de información
— **pulse** : impulso de información
— **request form** : petición de información
— **transfer** : transferencia de información

infra-red (IR) : infrarrojo(a)

initial address block : bloque inicial de dirección
—— **address message (IAM)** : mensaje inicial de dirección
—— **signal unit (ISU)** : unidad inicial de señalización

inner conductor : conductor interior (cable coaxial)

input circuit : circuito de entrada
—— **level** : nivel de entrada
——, **demodulator** : entrada al desmodulador

insertion gain : ganancia de inserción
—— **loss** : pérdida (o atenuación) de inserción

instants, significative : instantes significativos

instructional television fixed service (IFTS) : servicio fijo de televisión educativa (SFET)

instrument landing system (ILS) : sistema de aterrizaje con instrumentos
—— **landing system glide** : radioalineación de descenso
—— **room** (telegr.) : cuarto (sala) de aparatos (telegr.)

integrated circuit : circuito integrado

integrating circuit : montaje (circuito) integrador
—— **network** : red integradora

integrator (comp.) : integrador (comp.)
——, **quadratic (or RMS)** : integrador cuadrático (o de valor eficaz)

intelligence : información

intelligibility : inteligibilidad
——, **discrete word** : nitidez (articulación) para las palabras

intelligible crosstalk : diafonía inteligible

intensity, sound : intesidad acústica

interaction factor : coeficiente de interacción
—— **loss** : atenuación de interacción

interband telegraphy : telegrafía interbanda

interface : junta, interfaz, punto de contacto
—— **terrestrial unit (ITU)** : unidad de interfaz terrestre

interference, accepted : interferencia aceptada
——, **continuous wave** : interferencia de onda continua
—— **frequency** : frecuencia perturbadora; frecuencia interferente
——, **harmful** : interferencia perjudicial
——, **inter-symbol** : interferencia entre símbolos
——, **noise-like** : interferencia con características de ruido
—— **pattern** (facs.) : viso (facs.)

interference permissible : interferencia admisible
——, **sole source** : interferencia de una sola fuente

interfering signal : señal de interferente
—— **source** : fuente interferente

interleaved frequencies : frecuencias intercaladas

intermediate centre : centro intermedio
—— **equipment** : equipo intermedio
—— **distribution frame (IDF)** : repetidor intermedio
—— **handling** : escala

intermodulation distortion : distorsión de intermodulación
—— **product** : productos de intermodulación

international atomic time (TAI) : tiempo atómico internacional
—— **code** : indicativo internacional
—— **convention for the safety of life at sea (ICSLS)** : convenio internacional sobre seguridad de la vida humana en el mar
—— **distress and calling frequency** : frecuencia internacional de socorro y llamada
—— **exchange** : centro internacional
—— **Frequency Register Board (IFRB)** : Junta Internacional de Registro de Frecuencias
—— **Frequency Master Register (ITU)** : Registro Internacional de Frecuencias (UIT)
—— **line** (telegr.) : línea (telefónica) internacional
—— **prefix** : prefijo internacional (telef.)
—— **sound programme center (ISPC)** : centro radiofónico internacional
—— **standard system** : sistema internacional normalizado
—— **subscriber dialing (ISD)** : servicio internacional de discado automático de abonado
—— **(terminal) exchange** : centro internacional
—— **transit exchange** : centro de tránsito internacional
—— **telephone circuit** : circuito telefónico internacional
—— **transit call** : comunicación (llamada) en tránsito

interphone : teléfono interno

inter-satellite link (ISL) : enlace entre satélites
—— **satellite service** : servicio entre satélites
—— **ship radiotelegraphy** : radiotelegrafía entre barcos

interval, significant : intervalo significativo
—— **minimum** : intervalo mínimo
——, **unit** : intervalo unitario

intraband telegraphy : telegrafía intrabanda

introductory notes : observaciones previas

inverter, single-ended : intertidor simple

ion implant MOS : MOS de iones implantados

ionosphere : ionosfera

ionospheric propagation : propaganda ionosférica
—— **scatter** : dispersión ionosférica
—— **wave** : onda ionosférica

isochronous distortion : distorsión isócrona
—— **modulation** : modulación (o restitución) isócrona

isotropic antenna : antena isotrópica (isótropa)
—— **gain** : ganancia isotroṕpica

iterative attenuation coefficeint : atenuación iterativa
—— **impedance** : impedancia iterativa
—— **phase-change coefficient** : defase iterativo
—— **transfer coefficient** : constante de transferencia iterativa

NOTES

J

jack : jack, clavija; enchufe
—— , **answering** : jack de respuesta
—— , **break** : jack de ruptura
—— **field** : campo de enchufes (o jacks)
—— , **local** : jack local
—— , **subscriber's multiple** : jack general

jet : impulsor a reacción; cohete
—— , **axial** : cohete (impulsor) axial

jitter, phase : fluctuación de fase
—— , **pulse** : fluctuación de impulsos
—— , **sensor** : ruido electrónico del sensor

judder : desalineación

junction, trunk : enlace interurbano

junctor : conector

K

K band : banda K (de 11.100 a 33.000 MHz)

Kata unit : unidad Kata : 1 milicaloría/cm/seg.

keep-alive anode : ánodo auxiliar (radio)
—— **electrode** : electrodo cebador (o de excitación)

Kepler's telescope : telescopio astronómico

key : llave, tecla; teclado; manipulador
—— **driven** : accionado(a) por teclado
—— , **monitoring** : llave de observación
—— , **pulsing** : señalización con teclado
—— , **ringing** : llave de llamada
—— , **sending** : señalización con teclado
—— , **speaking** (or talking) : llave de conversación
—— , **speaking (or talking) and ringing** : llave de conversación y llamada

keyboard : teclado; mesa de mando
—— , **motorized** : teclado mecánico
—— , **perforador** : perforador con teclado
—— , **saw tooth** : teclado de acción directa
—— **selection** : marcar con teclado
—— , **shift-lock** : teclado con seguridad de cambio
—— , **storage** : teclado de acción indirecta

keying : modulación (telegr.); manipulación
—— , **automatic** : transmisión automática
—— , **two-tone** : transmisión con dos frecuencias

keystone (or keistoning) distortion (TV) : distorsión trapezoidal (TV)

kickband (TV) : retorno (TV)

kickoff circuit : circuito de arranque

kiloherz (KHz) : kilohercio (KHz)

kilohom : kilohomio

kilovar output : energía (o potencia) reactiva

kilovolt-ampere : kilovoltio-amperio

kilovolt r.m.s. : kilovoltio eficaz

kilowatt-hour : kilovatio-hora

kinescope : cinescopio
—— **recording** : programa de TV registrado en película

L

L-band : banda L (radiobaliza)

label : etiqueta

lagging lobe (ant.) : lóbulo restrasado (ant.)

lamp, calling : lámpara de llamada
—— **, line** : de llamada
—— **, pilot** : indicadora (o piloto)
—— **, supervisory** : de supervisión

land mobile-satellite service : servicio móvil terrestre por satélite
—— **mobile service** : servicio móvil terrestre
—— **mobile station** : estación móvil terrestre
—— **station** : estación terrestre

landline extension : circuito terrestre de prolongación

language, computer : lenguaje de computadora
—— **digit** : cifra (símbolo) de idioma

large scale integration (LSI) : integración a gran escala (micrométrica)

latching switch : interruptor (conmutador) de enclavamiento

late finish (TV) : terminación con posterioridad a la hora fijada (TV)
—— **start (TV)** : comienzo con posterioridad a la hora fijada (TV)

lattice coil : bobina de panal
—— **distortion** : distorsión reticular
—— **filter** : filtro de celosía

launch : lanzamiento (cohetes, satélites, etc.)
—— **vehicle** : lanzador; vehículo de lanzamiento
—— **window** : ventana (espacio de tiempo) de lanzamiento

launching failure : lanzamiento fallido; falla de lanzamiento
—— **pad** : plataforma de lanzamiento
—— **weight** : peso de lanzamiento

lead sleeve (cable) : manguito

leading angle : ángulo de ataque
—— **edge** : borde de entrada (o de ataque)

leding angle : ángulo de ataque

leak : fúga; pérdida; residuo
—— **, carrier** : residuo de la portadora

leased circuits : circuitos alquilados (o arrendados)
—— **circuit data transmission service** : servicio de transmisión de datos por circuitos arrendadòs

left-hand polarization : polarización levógira (o a la izquierda) pol. sinestrorsa

length of conversation : duración de la confererencia (telef.)
—— **non compensated** : longitud no compensada

letter shift (telety) : cambio a letras (teletip.)

Letters-case (teletly) : letras (teletip.)

limiter, peak : limitador (audiofrecuencia)

limiting device : limitador
—— **factor** : índice (factor) restrictivo

line (or circuit) : línea (o circuito)
—— **access points** : puntos de acceso a la línea
—— **, artificial** : línea artificial; circuito ficticio
—— **balanced transmission** : línea equilibrada
—— **bar (TV)** : barra de línea (TV)
—— **blanking level (TV)** : nivel de supresión de línea (TV)
—— **code** : código en línea
—— **, electric** : líneas eléctricas; tensión de servicio
—— **, exclusive (or direct) exchange** : línea particular de abonado; línea común
—— **feed** (teletype) : cambio de renglón (teletipo)
—— **finder** : buscador
—— **, international telephone** : línea telefónica internacional
—— **lamp** : lámpara de llamada
—— **link** : enlace en línea
—— **, local** : enlace alineado
—— **of sight** : visibilidad directa
—— **out of service** : línea fuera de servicio
—— **scanning** : barrido por líneas
—— **, scanning** : línea de exploración
—— **signaling system** : sistema de señalización en línea

line-up period : periodo de ajuste
—— **record** : registro de ajuste (de un circuito)

linear analogue control : control analógico lineal
—— **detection** : detección lineal
—— **distortion** : distorsión lineal
—— **mode** : modo lineal

linear : revestidor

lining : revestimiento

level, absolute : nivel absoluto (de potencia)

—— , **absolute voltage** : nivel absoluto de tensión
—— , **current** : nivel absoluto de intensidad de corriente
—— **diagram** : hipsograma
—— , **line blanking (TV)** : nivel de supresión de línea (TV)
—— **measuring set** : nivelímetro
—— **meter** : medidor de niveles; nivelímetro
—— , **difference current** : nivel relativo de intensidad de corriente
—— , **difference voltage** : nivel relativo de tensión
—— , **difference power** : nivel relativo de potencia
—— , **interference** : nivel de interferencia
—— , **overload** : potencia límite admisible
—— **operate** : nivel de funcionamiento
—— **recorder** : registrador de nivel
—— **recorder, automatic** : hipsógrafo
—— **recorder chart** : gráfico de niveles
—— , **relative** : nivel relativo (de potencia)
—— , **terminated** : nivel compuesto adaptado
—— , **test** : nivel compuesto
—— , **through** : nivel absoluto de tensión deducido a R ohmios
—— , **transmission** : nivel relativo de potencia
—— , **voltage** : nivel absoluto de tensión

lid stand-by (see hot stand-by) : reserva en condiciones de funcionamiento inmediato

life test unit : unidad de prueba de duración

light emitter diode (LED) : diodo fotoemisor

lighting calls : conferencias relámpago

limit test : prueba en los límites
—— , **operating** : potencia límite admisible

limited scanning : exploración reducida

link, carrier line : enlace alineado
—— , **coaxial line** : enlace en pares coaxiales
—— , **down** : enlace descendente (sat - estación terrena)
—— , **feeder** : enlace de conexión
—— , **group** : enlace en grupo primario
—— , **intersatellite (ISL)** : enlace entre satélites
—— , **mastergroup** : enlace en grupo terciario
—— , **multisatellite** : enlace multisatélite
—— , **radio** : radioenlace; enlace radioeléctrico
—— , **RF** : enlace radiofónico
—— , **satellite** : enlace por satélite
—— , **signaling** : enlace de señalización
—— , **supergroup** : enlace en grupo secundario
—— , **telegraphy** : sección de vía (telegraf.)

—— **exchange** : central urbana (telef.)
—— **line** : enlace
—— **record** : central local
—— **service area** : zona de tarifa urbana

localization of faults : localización de averías

localizer, instrument landing system (avi.) : radiolinación de pista (avi.)

location (comp.) : local; posición, ubicación (comp.)

lock (to) : bloquear

locking : bloqueo

locus : lugar, ubicación, posición geométrica
—— , **spectrum** : curva de espectro

log normal distribution : distribución logarítmica normal

logarithmic decrement : decremento logarítmico

logatom : logatomo

lone signal unit (LSU) : unidad aislada de señalización

longitude reversal (sat.) : punto limítrofe de la longitud (sat.)

longitudinal circuit : circuito longitudinal
—— **interference** : fuerza electromotriz longitudinal
—— **judder** : desalineación longitudinal

live checks : verificaciones reales (con corriente)
—— **transmission (TV)** : transmisión en directo; (en vivo)
—— **TV** : transmisión en directo

load, artificial : circuito ficticio de carga
—— **capacity** : nivel (punto) de sobrecarga
—— **circuit** : circuito de ataque
—— **circuit, normal** : circuito de carga real
—— **pull** : arrastre de carga
—— **transfer** : transferencia de tráfico (telef.)
—— **transfer signal** : señal de transferencia de tráfico (telef.)
—— **transfer signal** : señal de transferencia de tráfico (telef.)
—— **transference** : transferencia de carga (o de tráfico)
—— **working** : carga admisible; carga de trabajo

loading coil : bobina de carga
—— , **light** : carga parcial
—— , **noise** : nivel de ruido

lobe, back (ant.) : lóbulo posterior (ant.)

—— , **main** (ant.) : lóbulo principal (ant.)
—— , **side** (ant.) : lóbulo lateral (ant.)

local battery system : batería local
—— **call** : comunicación urbana
—— **end** (telegr.) : terminación local (telegr.)
—— **stress** : esfuerzo en bucle

loopback (circuit) : circuito en bucle

loss, active balance : atenuación activa de equilibrio
—— , **active echo** : atenuación de las corrientes de eco
—— **angle, (dielectric)** : ángulo de pérdida de las dieléctricas
—— , **composite** : atenuación compuesta
—— **factor** : factor de pérdida
—— , **interaction** : atenuación de iteracción
—— , **net (overall)** : atenuación equivalente
—— , **reflection** : atenuación por reflexión
—— , **return** : atenuación de adaptación (o de equilibrio) atenuación de las corrientes reflejadas
—— , **suppression** : atenuación de bloqueo (supr. de eco)
—— , **transducer** : atenuación de transducción
—— , **transmission** : atenuación en la transmisión

losses and mismatch : pérdidas y desadaptación

lost calls : llamadas (o comunicaciones) no logradas

loud-speaker : altavoz, parlante

loudness : sensación sonora, potencia sonora
—— **equivalent** : intensidad equivalente de un sonido
—— **volume equivalent** : equivalente de referencia (o relativo)

low frequency : baja frecuencia
—— **noise** : bajo ruido
—— **noise amplifier (LNA)** : amplificador de bajo ruido
—— **pass filter** : filtro de paso bajo
—— **power emergency position-indicating radio beacons** : radiobalizas de localización de siniestros
—— **thrust propulsor** : propulsor de baja impulsión
—— **voltage drop** : baja caída de tensión

luminance compensation : compensación de luminancia

lumped constants : constantes localizadas
—— **element filters** : filtros de elementos concentrados

NOTES

M

mach : machio (veloc. del sonido)
—— **3 speed** : velocidad de 3 machios

machine language (comp.) : lenguaje de máquina
—— **recognition of tones** : identificación mecánica de los tonos

magic tee (or T) : acoplador de guiaondas

magnet : imán

magnetometer : magnetómetro

magnetic bearing : cojinetes magnéticos (mec.); Acimuth magnético
—— **bearing momentum wheel** : volante de inercia de cojinetes magnéticos
—— **core** (comp.) : núcleo magnético (comp.)
—— **core memory** (comp.) : memoria de núcleos magnéticos (comp.)
—— **disc memory** (comp.) : memoria de discos magnéticos (comp.)
—— **drum memory** (comp.) : memoria de tambor magnético (comp.)
—— **field** : campo magnético
—— **leader cable** : cable guiador magnético submarino
—— **memory** : memoria magnética
—— **recorder** : magnetófono
—— **tape** : cinta magnetofónica (o magnética)

magnification : ampliación, aumento (óptica)
—— **factor** : factor de amplificación (o de sobretensión)

magnifier, telegraph : amplificador telegráfico

main distribution frame (MDF) : repartidor principal
—— **lobe (antenna)** : lóbulo principal (antena)
—— **repeater station** : estación principal de repetidores

mains : red de distribución eléctrica
—— **hum** : zumbido por la red
—— **noise** : ruido de alimentación
—— **socket, power point** : toma de corriente

maintenance : mantenimiento, mantenencia, entretenimiento
——, **corrective** : mantenimiento correctivo
——, **preventive** : mantenimiento preventivo (o periódico)
——, **routine (or periodic)** : mantenimiento periódico

make contact unit : unidad de contacto de cierre
—— **pulse** : impulso de cierre

management network : red de gestión
—— **signals** : señales de gestión

manifold : colector; distribuidor

man-made : fabricado, artificial; industrial
—— —— **noise** : ruido industrial (o artificial)

manned flight : vuelo tripulado
—— **repeater station** : estación repetidora con dotación de personal

manual answering : respuesta manual
—— **-changeover signal** : señal de paso manual a un enlace de reserva
—— **system** : sistema manual
—— **tape relay** : tránsito manual en cinta perforada
—— **transmission** : transmisión manual

mapping : delineamiento, trazado

margin, effective : margen efectivo
——, **net** : margen neto (o normal)
——, **nominal** : margen nominal
——, **singing** : margen de oscilación
——, **start-stop apparatus** : margen de aparatos arrítmicos
——, **theoretical** : margen teórico

maritime communications system : sistema de telecomunicaciones marítimas
—— **mobile satellite system** : servicio móvil marítimo por satélite
—— **mobile service** : servicio móvil marítimo
—— **radionavegation satellite service** : servicio de radionavegación marítima por satélite
—— **satellite system** : sistema de servicio marítimo por satélite

marker antenna : antena de referencia
—— **beacon** : radiofaro de rumbo; radiobaliza
——, **middle** : radiobaliza intermedia

marking percentage : índice de trabajo

mask (to) : enmascarar; cubrir
—— **for waveform response** : patrón (o máscara) para respuesta transitoria

masking : enmascaramiento (de un sonido)

mass media : medios de comunicación masiva

mast antenna : mástil de la antena

mastergroup link : enlace en grupo terciario
—— **section** : sección de grupo terciario

master copy : original
—— **station** : estación principal

match (to) : equiparar, emparejar, acoplar, adaptar
—— **an impedance** : adaptar una impedancia

matrix, filter : matriz de filtros

maximum justification rate : velocidad máxima de justificación
—— **data rate** : régimen binario máximo
—— **usable frequency (MUF)** : frecuencia máxima utilizable
—— **value** : valor absoluto; valor máximo

mean busy hour : hora cargada media
—— **opinion score (MOP)** : nota media de las opiniones (encuestas)
—— **power** : potencia media
—— **power levels** : niveles de potencia media
—— **square amplitude** : amplitud eficaz (o cuadrática)

measurement of range : medición de distancias
—— **of range rate** : medición de variación de las distancias en función del tiempo

measuring set, gain : ganancímetro
—— **set, impedance unbalance** : equilibrómetro
—— **set, level** : nivelómetro
—— **set, reflection** : reflectómetro
—— **set, return loss** : equilibrómetro (reflectómetro)
—— **set, transmission** : medidor de la transmisión

medium frequency : frecuencia media
—— **power flux density** : densidad media del flujo de potencia

melting layer : capa fundente

memory circuit : circuito de la memoria
—— **buffer register** : memoria intermedia (o tampón)

mercury ions : iones de mercurio

merit, figure of : coeficiente de calidad; figura de mérito

mesh : trama, malla, retícula
—— **network** : red polígona

mesochronous : mesócrono (a)

message feedback : control con retorno de la información
—— **format** : forma (o formato) de los mensajes
—— **initial address** : mensage inicial de dirección
——**, multi-unit** : mensaje múltiple
——**, one unit** : mensaje simple
—— **refusal signal** : señal de mensaje rechazado
——**, subsequent address** : mensaje subsiguiente de dirección
—— **suffix** : sufijo de un mensaje

metallic circuit : circuito metálico (o terrestre)
—— **lines** : líneas metálicas
—— ——**, overhead** : líneas metálicas aéreas
—— ——**, underground** : líneas metálicas subterráneas

meteorological aids service : servicio de ayudas a la meteorología
—— **telegram** : telegrama meteorológico
—— **satellite system** : servicio metereológico por satélite
—— **warnings** : boletines meteorológicos

meter, ampere : amperímetro
——**, crosstalk** : diafonímetro
——**, electrical speech level** : volúmetro de conversación
——**, frequency** : frecuencímetro
——**, modulation factor** : modulómetro
——**, noise** : sonómetro
——**, pulse echo** : ecómetro por impulsos
——**, sound level** : sonómetro
——**, speech level** : volúmetro
——**, vu** : volúmetro
——**, wave** : ondómetro

metering : medición, medida; contador
—— **relay** : relé contador

microphony : efecto microfónico

microstrip :, línea de cinta; microcinta

microwave : microondas
—— **antenna** : antena de microondas
—— **energized** : alimentado con microondas
—— **landing system** : sistema de aterrizaje con microondas
—— **switch matrix** : matriz de conmutación de microondas

mile (statute) : milla terrestre

mini-pogo (vibration) : vibración longitudinal minipogo

minimize (to) : reducir al mínimo; minimizar

minimum acceptance interval : intervalo mínimo aceptable

misalignment : desalineación

mismatch factor : coeficiente de pérdida por reflexión

missile : misil; cohete

mixer diode : diodo mezclador
—— **preamplifier** : preamplificador mezclador

mobile earth station : estación terrena móvil
—— **satellite, aeronautical service** : servicio móvil aeronáutico por satélite
—— **satellite, land service** : servicio móvil terrestre por satélite
—— **satellite, maritime service** : servicio móvil marítimo por satélite
—— **satellite service** : servicio móvil por satélite
—— **station** : estación móvil
—— **unit** : unidad móvil (o transportable)

mode coupler : acoplador de modos de propagación
——, **operating** : modo (o modalidad) de trabajo (de explotación o de funcionamiento)
——, **pulse** : funcionamiento por impulsos
—— **theory** : teoría modal
—— **transducer** : transductor modal

model, breadboard : montaje (maqueta) preliminar de ensayo; modelo de factibilidad
——, **brassboard** : modelo (montaje) de demonstración
——, **engineering** : modelo técnico
——, **development** : modelo experimental
——, **prototype** : modelo prototipo
——, **test** : modelo de prueba

modem : módem (modulador-desmodulador)

modulation, amplitude (AM) : modulación de amplitud
——, **anode** : modulación anódica
——, **auxiliary condition of a** : estados auxiliares de una modulación
—— **coefficient** : índice de modulación
—— **coherence** : coherencia de una modulación
——, **curbed** : modulación fragmentada
——, **differential** : modulación diferencial
—— **element** : elemento de modulación (o restitución)
—— **envelope** : envolvente de modulación
—— **factor** : índice de modulación
—— **factor meter** : modulómetro
—— **frequency** : frecuencia de modulación
——, **frequency** : modulación an frecuencia
——, **fork-tone** : modulación para sintonización con dispasón
——, **incorrect, (or deffective)** : modulación incorrecta
—— **index** : índice de modulación
——, **perfect** : modulación perfecta
——, **phase** : modulación de fase
——, **phase inversion** : modulación por inversión de fase
—— **products** : productos de modulación
——, **pulse** : modulación de (o por) impulsos
—— **pulse code (PCM)** : modulación por impulsos codificados
——, **pulse position** : modulación de impulsos en posición
——, **pulse-time** : modulación de impulsos en tiempo
——, **pulse-duration** : modulación de impulsos en duración
—— **rate** : velocidad (tasa) de modulación
——, **significant condition of** : estado significativo de una modulación
——, **start-stop** : modulación (restitución) arrítmica
——, **telegraph** : modulación telegráfica
——, **two conditions** : modulación bivalente
—— **with a fixed reference** : modulación con referencia fija

modulator, static : modulador (relé) estático
——, **telegraph** : modulador telegráfico

momentum wheel (sat.) : volante de inercia (sat.)

monitor (to) : supervisar; comprobar, controlar
—— **equipment** : equipo monitor; equipo de supervisión

monitoring signal : señal de supervisión
—— **earth station** : estación terrena monitora (o supervisora)

monochrome transmission (TV) : transmisión en blanco y negro (o monocroma)

monophonic sound broadcasting : radiodifusión sonora monofónica

monostatic measurements : medidas monoestáticas

morse code : codigo Morse
—— **dash** : raya Morse
—— **dot** : punto Morse
—— **space** : espacio Morse
—— **printer** : traductor-impresor Morse

mosaic telegraphy : telegrafía mosaico (por decomposición de caracteres)

motorized keyboard : teclado mecánico

mouth, artificial : boca artificial

mu factor : factor de amplificación (de un tubo electrónico)

multi-channel telephony : telefonía multicanal

multimeter : multímetro

multiple : múltiple; multiplaje
— **access** : acceso múltiple
— **destination transmissions** : transmisiones a destinos múltiples
— **frequency excitation** : excitación múltiple de frecuencias
— **of half the line frequency** : múltiple de la semifrecuencia de línea
— **pulse** : múltiple general
— **, partial** : sección del múltiple
— **(to)** : multiplar
— **twin guard** : cuadrete D.M. (Diselhorse-Martin)

multiplex (multichannel) : múltiplex
— **, frequency division (FDM)** : múltiplex por distribución de frecuencias
— **, time division** : múltiplex por división en el tiempo

multiplexer : multiplexor; multiplejador

multiplexing : multiplaje

multiplication time (Comp.) : tiempo de multiplicación (Comp.)

multi-purpose satellite : satélite polivalente

multi-satellite ranging techniques : técnicas de determinación de distancias de múltiples satélites

multi-tone circuit : multifrecuencias (transmisión)

multi-unit message (MUM) : mensaje múltiple

mutilation : mutilación
— **, voice** : mutilación de la voz

mutual conductance : pendiente (de un tubo electrónico)

mutually synchronized network : red mutualmente sincronizada

NOTES

N

n-ary digit : símbolo n-ario

n-beam TWTA : amplificador TWT de N haces

narrow beam : haz estrecho

national circuit : circuito nacional

—— **exchange** : central nacional

—— **extension** : prolongación nacional

—— **extension circuits** : circuitos de prolongación nacional

—— **network congestion signal** : señal de congestión en la red nacional

—— **significant number** : número nacional significativo

—— **sound-programme centre (NSPC)** : centro radiofónico nacional (CRN)

—— **television centre (NTC)** : centro nacional de televisión (CNT)

natural disaster : catástrofe natural

—— **frequency** : frecuencia propia

navigational warnings : avisos a la navegación

near-end crosstalk : paradiafonía

—— **crosstalk attenuation** : atenuación paradiafónica

negative feed-back : contrarreacción

—— **justification** : justificación negativa; relleno negativo de impulsos

neglegible : insignificante; apenas perceptible

neon lamp : lámpara de neon

—— **lamp, point source** : lámpara puntiforme de neon

neper : neperio : (8,686 dB)

Nm (dBm) : nivel absoluto de potencia (en neperios)

Nr (dBr) : nivel relativo de potencia (en neperios)

net loss (of a circuit) : equivalente (de un circuito)

—— **margin** : margen neto

network, balancing : equilibrador

——, **bridge** : red en puente

——, **corrective** : red compensadora

——, **differenciating** : montaje diferenciador

——, **electric traction** : red de tracción eléctrica

——, **equivalent** : red equivalente

——, **integrating** : montaje integrador

——, **integrated digital** : red numérica (o digital) integrada

——, **integrated services** : red de servicios integrados

——, **lattice** : red en celosía

——, **line building-out** : línea adicional

—— **management** : gestión de la red

——, **private telegraph** : red telegráfica privada

——, **public telegraph** : red telegráfica pública

——, **power transmission** : red de transporte (distribución) de energía

——, **satellite** : red por satélite

—— **satellite** : red de satélites

——, **telecommunication** : red de telecomunicaciones

——, **weighting** : red variante; red de ponderación

—— **with arc-supression coils** : red con bobinas de extinción

—— **with earth-connected neutral** : red con neutro puesto a tierra

—— **with insulated neutral** : red con neutro aislado

neutral direct current system : sistema de transmisiońn con una polaridad

neutron : neutrón

next transmitted bit : bitio siguiente transmitido

no-charge answer signal : señal de respuesta sin tasación

no-satellite circuit : circuito sin intervención de satélite

node : nodo

noise, amplifier : ruido de amplificador

——, **background** : ruido de fondo

——, **battery supply circuit** : ruido de alimentación

—— **budget** : cómputo de ruido

——, **contact** : ruido de contactos

——, **Hoth** : ruido de Hoth; ruido de sala

——, **impulse** : ruido impulsivo

—— **like interference** : interferencia con característica de ruido

——, **line** : ruido de circuito

—— **meter** : sonómetro (o medidor de ruidos)

——, **man-made** : ruido industrial (o artificial)

—— **power ratio (NPR)** : relación potencia/ruido

—— , **periodic** : parásitos recurrentes; ruido periódico
—— , **radioelectric** : ruido radioeléctrico
—— , **reference** : ruido de referencia
—— , **telegraph** : ruido telegráfico
—— **temperature equivalent** : temperatura de ruido equivalente
—— , **thermal agitation** : ruido de agitación térmica
—— , **uniform random** : ruido de espectro continuo y uniforme
—— **transmission impairment (NTI)** : reducción de la calidad de transmisión por ruidos
—— , **unweighted** : ruido no ponderado
—— , **weighted** : ruido ponderado
—— , **white** : ruido blanco (o de aspecto continuo y uniforme)

noisy black (facs.) : negro alterado (facs.)

nominal black signal : negro nominal (o artificial)
—— **maximum circuit** : circuito ficticio de referencia
—— **orbital position** : posición nominal orbital

nomogram : ábaco (o nomograma)

non-associated signaling : señalización no asociada

non-compliance : incumplimiento

non-linear distortion : distorsión alineal

non-observance : incumplimiento

non-polarizable reference electrode : electrodo impolarizado de referencia

non-standard earth station : estación terrena no normalizada

non-typing signals : señales no impresoras

NOR element (comp.) : elemento NI (comp.)

normal band : banda normal
—— **load circuit** : circuito de carga real
—— **route** : vía de encauzamiento

normalize (to) (comp.) : normalizar (comp.)

normalized offset : separación normalizada

north earth sensor : sensor trerrestre boreal (o norte)

notch, control : control (regulación) por impulsos sucesivos

notching : escalonamiento
—— **relay** : relé de impulsos sucesivos

nozzle (mech) : boquilla, embocadura, salida (mec.)

null : nulo; extinción del sonido; indicación de cero (radio) señal nula
—— **method** : método de cero
—— **point** : punto de equilibrio, punto de medición max.

number, directory : número de abonado

numbering (scheme) national plan : plan de numeración nacional
—— **transmitter, automatic** : numerador automático (de transmisión)

NOTES

O

occasional circuit connexion : conexión ocasional de un circuito
—— **service** : servicio ocasional

occupied bandwidth : anchura de banda ocupada
—— **time** : ocupación (de un circuito)
—— **time percentage** : coeficiente de ocupación

octet alignement : alineación de octeto

oceanographic buoy station : estación de boya oceanográfica

off-hook signal : señal de respuesta

off-line maintenance : mantenimiento en bucle (o fuera de línea)

office, central : centro telefónico
——**, forwarding** (telegr.) : centro emisor (telegr.)
——**, intermediate** (telegr.) : centro intermedio (telegr.)
——**, local central** : central urbana
—— **of destination** (telegr.) : oficina de destino (telegr.)
—— **of origin** (telegr.) : oficina de origen (telegr.)
——**, public call** : estación telefónica pública
——**, public telegraph** : oficina telegráfica
——**, receiving** : centro (oficina) receptor(a)
——**, sending** : centro (oficina) emisor(a)
——**, tandem** : central nodal
——**, telegraph** : central telegráfica
——**, telephone** : central telefónica
——**, toll** : central interurbana

offset feed : alimentador descentrado

offseting carriers : portadoras de equilibrio

off-shore traffic : tráfico extracontinental

off-the-shelf : en existencia; en almacén; en el mercado

ohmic : óhmico(a)
—— **source-drain contacts** : electrodos de contacto óhmico

omnibus bar : barra ómnibus
—— **system** (telegr.) : red telegráfica interconectada; estaciones en series

omnidirectional antenna : antena omnidireccional

ondometer (or wave meter) : ondómetro

one-shot amplifier : amplificador de disparo

one-unit message : mensaje simple

one-way circuit : circuito unilateral (o unidireccional)
—— **connection** : comunicación unilateral
—— **propagation time** : tiempo de propagación unilateral
—— **transmission** : transmisión unilateral

on hook signal : señal de colgado

open circuit : circuito abierto
—— —— **working** : transmisión en circuito abierto
—— **wire** : hilo desnudo

operate level : nivel de funcionamiento
—— **time** : tiempo de funcionamiento

operating characteristics : características de explotación
—— **frequency** : frecuencia de funcionamiento (o de trabajo)
—— **limit** : potencia límite admisible
—— **position** : posición del operador(a)
—— **time (circuit)** : duración de las operaciones

operation, alternate : funcionamiento en elternativa
——**, duplex** : funcionamiento en dúplex

operational amplifier : amplificador operativo
—— **time** (comp.) : tiempo útil; tiempo de operación

operator, incoming : operador(a) de entrada

opposition duplex : método oposición dúplex

optical barre : conjunto de óptica
—— **cable** : cable óptico
—— **communications link** : enlace de comunicaciones ópticas
—— **fibres** : fibras ópticas
—— **link** : enlace óptico
—— **waveguide** : guiaondas óptico

orbit, circular : órbita circular
——**, elliptical** : órbita elíptica
——**, equatorial** : órbita ecuatorial
——**, geostationary satellite** : órbita de los satpelites geoestacionarios
——**, geosynchronous** : órbita geosíncrona
——**, heliocentric** : órbita heliocéntrica
—— **inclination** : inclinación de la órbita
——**, polar** : órbita polar

—— , **sychronous** : órbita síncrona
—— , **transfer** : órbita de transferencia

orbital laboratory : laboratorio orbital
—— **plane** : plano de la órbita

orbiting solar observatory (OSO) : observatorio solar en órbita (OSO)

order wire : circuito de órdenes (o de servicio)

ordinate (geom.) : ordenada (geom.)

organization diagram : organigrama

orientability : orientabilidad

OR gate : compuerta (o circuito) "O"

origin country : país de origen
—— **indicator** : indicador de origen
—— **office** (telegr.) : oficina de origen (telegr.)

originating exchange : central de origen; central emisora
—— **marker** : marcador de origen

ortihicon, image (TV) : orticón de imagen (TV)

orthomode transducer : transductor ortomodo

oscillator, beat frequency (BFO) : oscilador de frecuencia de batido
—— , **local (LO)** : oscilador local
—— , **locked-in** : oscilador sincronizado

oscillation, on the verge of : límite de oscilación (valor crítico)
—— , **self** : oscilaciones internas (o expontáneas)

oscillatory circuit : circuito oscilante

oscilloscope : osciloscopio

out of band emission : emisión fuera de banda
—— **of order signal** : señal fuera de servicio

out-slot signaling : señalización fuera de intervalo

outage : avería, interrupción

outer conductor (coax.) : conductor exterior (cable coax.)
—— **space** : espacio exterior (o extraterrestre)

outgoing circuits (telegr.) : circuitos de enlace (telegr.)
—— **international exchange** : centro internacional de origen
—— **register** : registrador de salida

out of band noise (OBN) : ruido fuera de banda

output circuit : circuito de salida
—— **level** : nivel de salida
—— **power** : potencia de slaida
—— **unit** (comp.) : unidad de salida (comp.)

oven controlled (crystal) : (cristal) termorresistente

overall circuit routine tests : pruebas rápidas de circuitos
—— **gain** : ganancia equivalente
—— **loss** : pérdida equivalente

overdriving : sobreexcitación

overflow : desborde; desboradamiento; sobrecarga
—— **traffic** : tráfico de desborde

overlap : recubrimiento; traslape; superimposición

overload level : potencia límite admisible

overhead bits : bitios suplementarios
—— **metallic lines** : líneas metálicas aéreas

overmodulation : sobremodulación

override, command : neutralización por telemando

overseas area code : prefijo de zona telefónica internacional
—— **operator** : operador(a) internacional

overshot : sobreoscilación, oscilación excesiva

overvoltage : sobretensión

over wrap (sat.) : sobreenvoltlura (sat.)

oxidizer : comburente oxidante

P

P-type semiconductor : semiconductor tipo "P"

packet dissasembly : desempaquetado

—— **format** : formato de los paquetes

—— **length selection** : selección de la longitud de los paquetes

—— **switching network** : red de conmutación de paquetes

packing : transmisiońn de paquetes

pad : línea adicional de atenuación fija

paging system : sistemas de aviso; megafonía

paid service advices : avisos de servicio tasados

—— **time, hourly percentage** : rendimiento horario de un circuito

paired-disparity code : código con disparidad compensada

panel, instruments : tablero de instrumentos

—— **system** : sistema automático "panel"

parallel transmission : transmisión en paralelo

parallelism length : longitud de paralelismo

param : amplificador paramétrico (paramp)

parity digit : cifra de paridad

——, **even check** : control de paridad

partial common trunk : enlace semicomún

party-line (teleph.) : línea compartida (telef.)

parking orbit (sat.) : órbita de aparcamiento (o estática)

pass-band filter : filtro de paso de banda

passivation : pasivación

passive (balance) return loss : desvanecimiento pasivo del equilibrio

—— **sensing** : detección pasiva

—— **sensor** : sensor pasivo

—— **singing point** : punto de oscilación pasivo

patch (to) : empalmar; acoplar

patching : empalme, acoplamiento; paso

path, down : trayecto descendente (sat-est.terrena)

—— **length** : extensión del trayecto

——, **up** : trayecto (o enlace) ascendente (est.terrena-sat.)

pattern, antenna : diagrama (de radiación) de la antena

——, **horizontal radiation** : diagrama de radiación horizontal

—— **vertical radiation** : diagrama de radiación vertical

——, **range** : patrón de ensayos de RF

pay station (teleph.) : estación telefónica de abonado

PBX switchboards : cuadros de conmutación PBX (telef.)

—— **terminal hunting** : selección automática de terminales PBX

peak envelope power : potencia de la cresta del envolvente

—— **hour** (teleph). : hora cargada (telef.)

—— **limiting** : limitación de cresta

—— **programme meter (PPM)** : medidor de intensidad acústica; volúmetro

—— **to peak** : de cresta a cresta

pellets : gránulos

percentage, earthing : índice de frenado

——, **marketing** : índice de "trabajo"

——, **modulation** : índice de modulación

—— **to effective to booked calls** : porcentaje de llamadas servidas (telf.)

perforation, chadless (teletype) : perforación cubierta (teletipo)

perforator, keyboard (teletype) : perforador con teclado (teletipo)

——, **printing keyboard** : perforador impresor con teclado (teletipo)

——, **receiving** : reperforador

performance characteristics : características de desempeño (o de calidad)

—— **quality** : calidad de la transmisión

——, **transmission** : calidad de la transmisión

periastrom : periastro

periods, charge : periodos de tasación

peripheral : periférico (a)

permeability tuning : selección por permeabilidad

permissible interference : interferencia admisible

permutation code switching system (telegr.) : marcar con teclado (telegr.)

phantom circuit : circuito fantasma (o ficticio
—— **circuit, double balanced** : circuito telegráfico superfantasma
—— **circuit, earth return** : circuito fantasma con vuelta por tierra
—— **group** : grupo combinable

phase change coefficient (constant) : constante de fase
—— **distortion** : constante de fase
—— **equalizer** : compensador de fase
—— **jitter** : fluctuaciones de fase
—— **shift** : desfasaje
—— **splitter** : desfasador
—— **time delay** : tiempo de propagación de fase
—— **velocity** : velocidad de fase
—— **white** : puesta en fase con blanco

phased array antenna : antena de elementos múltiples desfasados
—— **satellites** : satélites en fase

phasing signal : señal puesta en fase

phonogram service : telegramas telefoneados (o pasados por teléfono)

photoelectric cell : célula fotoeléctrica
—— **emission** : emisió fotoeléctrica

photo-emitter : fotoemisor

photograph facsimile telegraphy : telefotografía facsímil

photographic routine (comp.) : rutina fotográfica (comp.)
—— **sound recording** : registro fotográfico del sonido

photopolarimeter-radiometer : fotopolarímetro radiómetro

photoresponsive : fotosensible

phototelegram : fototelegrama

phototelegraph station : estación telefotográfica

phototelegraph : fototelegrafía

physical extension (circuit) : sección local (circuito)
—— **optics (PO)** : óptica física

pick-up tube (TV) : tubo captador de imágenes (TV)

picture elements (facs.) : elementos de la imagen (facs.)
—— **tone** : frecuencia(portadora)de imagen
—— **transmission** : fototelegrafía (facs.)

piezoelectric crystal : cristal piezoeléctrico

piggy back connector : conector en cascada; conexión en cascada

pilot, group (reference) : onda piloto de grupo primario
——**, reference** : onda piloto de referencia
——**, regulating** : onda piloto de regulación
——**, supergroup (reference)** : onda piloto de grupo secundario
——**, switching** : onda piloto de conmutación
——**, synchronizing** : onda piloto de sincronización
——**, wire regulator** : regulador por hilo piloto

pit shielding : protección mediante excavaciones

pitch (mech.) : cabeceo (sat.); inclinación

plan, numbering (telef.) : plan de numeración (nacional) (telef.)

plane waves : onadas planas

planetary radio astronomy (PRA) : radioastronomía planetaria

plasma wave science (PWS) : estudio de la onda del plasma

plug : clavija; enchufe

plug-in (to) : enchufar, conectar
—— : enchufable

plunger line switch : conmutador de succión de línea

point, signal transfer : punto de transferencia de las señales
—— **source neon lamp** : lámpara puntiforme de neon
—— **to point transmission** : transmisión de punto a punto

pointing antenna: apuntamiento de la antena

polar direct-current system : transmisión con dos polaridades

polarization decoupling : descoplamiento de la polarización
—— **discrimination** : discriminación de la polarización
——**, dual** : polarización doble
—— **isolation** : aislamiento de la polarización (por discriminación de la polarización)

polychrome transmission (TV) : transmisión en colores (TV) (o policroma)

pore geometry : geometría de huecos (rejillas)

port isolators : aisladores de acceso

position keeping (sat.) : control de posición, mantenimiento en posición (sat.)

——, **nominal orbital** : posición nominal orbital

——, **operating** : posición de operación (o de la operadora)

——, **telegraph** : estación (o posición) telegráfica

post, mount (sat.) : vástago de soporte (sat.)

potential, structure/soil : potencial entre la estructura y el medio ambiente

potentiometer : potenciómetro

——, **step-type** : potenciómetro de variación por pasos

potted : encapsulado(a)

power, apparent : potencia aparente

——, **available** : potencia máxima disponible

—— **density ratio** : relación potencia/energía

—— **driven system** : sistema automático de arrastre mecánico

——, **effective radiated (e.r.p.)** : potencia radiada aparente

——, **equivalent isotropically radiated (e.i.r.p.)** : potencia isotrópica radiada equivalente (p.i.r.e.)

—— **feeding station** : estación de alimentación; estación alimentadora

—— **induction** : potencia de salida

—— **mean** : potencia media (de un transmisor)

——, **peak envelope** : potencia de la cresta de la envoltura

——, **psophometric** : potencia sofométrica

——, **reference telephone** : volumen de referencia (telef.)

——, **refer to 1 mW** : nivel absoluto de potencia

—— **source** : fuentes de alimentación

—— **supply hum** : zumbido de alimentación

—— **systems** : redes de energía

—— **transfer** : transferencia de potencia

—— **transformer** : transformador de potencia (o de energía)

practice factor : coeficiente experimental (o de operadora)

preamble burst : ráfaga de preámbulo (o en posición de reserva)

preamp : preamplificador

——, **mixer** : mezclador-preamplificador

precipitation atenuation : atenuación debida a la precipitación

—— **scatter propagation** : propagación por dispersión debida a la precipitación

pre-correction : precorrección

pre-emphasis : preacentuación

pre-launch test : prueba previa al lanzamiento

preparation, advance (teleph.) : servicio internacional con preparación (telef.)

—— **operating** : explotación con preparación

preparatory period : periodo preparatorio

pressurant : presurizante

pressure burst strength (battery) : resistencia al incremento repentino de tensión

—— **sensivity** : rendimiento de un micrófono en función de la presión.

preventive maintenance : mantenimiento periódico (o preventivo)

primary route : vía (ruta) primaria

—— **satellite** : satélite Primario

printed circuit : circuito impreso

—— **circuit board (PBC)** : tarjeta de circuito impreso

printer, cable code direct : receptor-traductor-impresor por código Morse y derivados

——, **five unit** : traductor-impresor

——, **perforator** : perforador-impresor

printegram : retransmisor de cinta perforada

printing circuit : circuito impreso

—— **telegraphy** : telegrafía con aparatos impresores

printout (comp.) : impresión (comp.)

privacy : comunicación secreta; intimidad

private branch exchange (PBX) : centralita privada con enlace de servicio públ.

—— **calls, ordinary** : conferencias privadas ordinarias

—— **calls, urgent** : conferencias privadas urgentes

—— **exchange (PX)** : central privada (centralita)

—— **operating agency** : explotación privada

—— **telegram** : telegrama privado

—— **telegraph network** : red telegráfica privada

—— **telephone network** : red telefónica privada

—— **telephone operating agency** : empresa privada de explotación telefónica

probe : sonda

——, **space** : sonda espacial

——, **waveguide to coaxial** : dispositivo explorador de guiaonda a coaxial

procedural symbol : símbolo de procedimiento

proceed-to-select signal : señal de invitación a marcar
—— **to-transmit signal** : señal de invitación a transmitir

products, intermodulation : productos de intermodulación

programme : programa
—— **booking centre (PBC)** : servicio centralizador
—— **channel (sound)** : canal radiofónico (o de sonido)
—— **register** (comp.) : registro de programas (comp.)
—— **weighting network** : red de ponderación de programas

programmer (comp.) : programador (comp.)

programming (comp.) : programación (comp.)

progressive plane waves : ondas planas progresivas

propagation coefficient : degradación por propagación

degradation : degradción por propagación
—— **delay** : tiempo de propagación
——**, ionospheric** : propagación ionsoférica
——**, precipitation scatter** : propagación por dispersión debida a la precipitación
——**, transhorizon** : propagación transhorizonte
——**, tropospheric** : propagación troposférica

propellant : propulsante

propulsor, low-thrust : propulsor de baja impulsión

protection, cathodic : protección catódica
—— **ratio** : relación de protección
—— **switching** : conmutación de protección

protector (main) frame : bastidor de protección principal

pseudo-random noise : ruido seudoaleatorio

psophometer : sofómetro

psophometric e.m.f. : fuerza electromotriz sofométrica
—— **noise level** : nivel de ruido ponderado sofométriciamente
—— **power** : potencia sofométrica
—— **voltage** : tensión sofométrica
—— **weight** : peso sofométrico
—— **weighting factor** : índice de ponderación (de una tensión)

public address system : sistema para megafonía
—— **call station (or office) (teleph.)** : teléfono público; estación de telef. público
—— **data net work** : red pública de datos
—— **telegraph service** : servicio público de telegramas
—— **telegraph network** : red de telegrafía pública
—— **telegraph station (or office)** : oficina telegráfica pública
—— **telephone network** : red telefónica

pulsating stars : estrellas pulsátiles

pulse-amplitude modulation (PAM) : modulación de impulsos en amplitud
——**, break** : impulsos de apertura
—— **code** : código de impulsos
—— **code modulation (PCM)** : modulación por impulsos codificados (MIC)
—— **deletion** : borrado de impulsos
—— **duration** : duración de un impulso
—— **duration modulation (PDM)** : modulación de impulsos en duración
—— **echo attenuation** : atenuación del eco del impulso
—— **position modulation (PPM)** : modulación de impulsos en posición
——**, reconstructed** : impulso reconstruido (o reestablecido)
—— **regenerator** : regenerador de impulsos
—— **repeater** : repetidor de impulsos
—— **repetition frequency** : frecuencia de repetición de impulsos
——**, signaling (or signal)** : impulsos de señalización
—— **stuffing** : relleno (o adición) de impulsos
—— **time modulation (PTM)** : modulación de impulsos en tiempo
—— **train** : tren de impulsos
—— **width** : duración de un impulso
—— —— **modulation** : modulación de impulsos en duración

push-button telephone set : aparato telefónico de teclado

push-pull amplifier : amplificador de montaje simétrico
—— **circuit** : circuito simétrico

pyroelectric Vidicon tube : tubo Vidicón piroeléctrico

pyrotechnic cutting cord : cordón pirotécnico de separación

Q

Q factor : factor "Q" (o de sobretensión); índice de calidad

quad : cuadrete
—— **, multiple-twin** : cuadrete D.M. (Diselhorst-Martin)
—— **pair cable** : cable en estrella
—— **, star** : cuadrete estrella

quadrant beams : haces cuadrantes

quadrature addition : adición por cuadratura (de fase)

quadruplex : cuádruplex

qualification test : prueba de calificación (o cualitativa)

quality index (telegr.) : índice de calidad
—— **of transmission** : calidad de la transmisión

quantized amplitude : cuantificación de amplitud
—— **system** : sistema cuantificado
—— **time** : cuantificación de tiempo (o temporal)

quantizing distortion : distorsión de cuantificación
—— **interval** : intervalo de cuantificación

quasi-associated signaling : señalización cuasiasociada

queueing delay : demora de espera

quiescent (or idle) circuit : circuito en reposo

NOTES

R

rack : bastidor

radar, airborne : radar aeroportado

—— **beacon** : baliza de radar

——, **ground-based** : radar terrestre

——, **shipborne** : radar de a bordo (buques)

——, **shore-based** : radar instalado en la costa; radar costero

radial jets (sat.) : impulsores (cohetes) radiales

radiation pattern (ant.) : diagrama de radiación (o irradiación) (ant.)

radio altimeter : radioaltímetro

—— **astronomy** : radioastronomía

—— **bearing** : radiomarcación

—— **circuit** : circuito radiotelefónico

—— **communication** : radiocomunicación

—— **determination** : radiodeterminación

—— **direction finder** : radiogoniómetro

—— **link** : enlace radioeléctrico

—— **paging** : radiobusca; megafonía

—— **star** : radioestrella; fuente radioeléctrica estelar

—— **waves** : ondas hercianas; ondas radioeléctricas

radiobeacon : radiobaliza; radiofaro

—— **station** : estación de radiofaro

radiocommunication : radiocomunicación

radiodetermination satellite service : servicio de radiodeterminación por satélite

—— **satation** : estación de radiodeterminación

radioelectric noise : ruido radioeléctrico

radioisotope thermoelectric generator (RTG) : generador termoeléctrico de radioisotopos

radiolocation land station : estación terrestre de radiolocalización

—— **mobile station** : estación móvil de radiolocalización

radionavigation land station : estación terrestre de radionavegación

—— **maritime service** : servicio de radionavegación marítima

—— **mobile station** : estación móvil de radionavegación

—— **satellite service** : servicio de radionavegación por satélite

radiosonde : radiosonda

radiotelegram : radiotelegrama

radiotelemetry : radiotelemetría, radiotelemedida

radiotelex call : comunicación radiotélex

rain attenuation : atenuación por lluvia

random access (comp.) : acceso aleatorio (o arbitrario) (comp.)

—— **access memory** (comp.) : memoria de acceso arbitrario (comp.)

—— **noise** : parásitos erráticos; ruido errático (electrónico o aleatorio)

range : distancia, alcance; margen, gama; campo

——, **antenna** : campo de pruebas de antenas; alcance de la antena

——, **frequency** : gama de frecuencias

——, **orientation** : margen de orientación

——, **radio-orientation** : radiofaro direccional

——, **tonal** : margen tonal

——, **dynamic volume** : margen diámico del volumen

ranging : medición de distancias

rate, bit error (BER) : tasa (o proporción) de error en los bitios

——, **error (of keying)** : índice de error en una manipulación

——, **error (of a telegraph communication)** : índice de error en una comunicación telegr.

—— **field (TV)** : frecuencia de trama (TV)

—— **gyro** : girómetro

——, **modulation** : velocidad de modulación

—— **of decay of sound energy density** : regimen de disminución de densidad de la frecuencia sonora

rated output : nivel normal de salida

rating : calificación; potencial nominal

—— **curve** : curva de correlación

——, **transmission performance** : índice de la calidad de la transmisión

——, **volt-ampere** : régimen en voltamperios

ratio aspect (facs.) : formato (facs.)

—— **break-make** : razón de impulsos

——, **carrier to noise (C/N)** : relación portadora/ruido

—— **feed-back** : índice de reacción

——, **paid tune** : fidelidad (de un amplificador)

——, **reproduction** (facs.) : índice de reproducción (facs.)

—— , **signal to crosstalk** : relación señal/diafonía
—— , **total (harmonic)** : atenuación de distorsión armónica

Rayleigh disc : disco de Rayleigh

reactance coupling : acoplamiento de reactancia

reactive anode : ánodo reactivo

reader, tape : lector de cinta

reanswer signal : señal de repetición de respuesta

reasonableness check tables : cuadros de prueba de racionalidad

recall signal : señal de nueva llamada

receive horn : bocina de recepción (ant.)
—— **loss** : atenuación en la recepción

receiver front-end : sección frontal del receptor
—— **noise factor** : factor de ruido del receptor
—— **response time** : tiempo de funcionamiento del receptor
—— , **signal** : receptor de señales
—— , **telephone** : receptor telefónico
—— **transfer time** : tiempo de transferencia del receptor

receiving office : centro (oficina) receptor(a)

rechargeable fuel cells : células energéticas recargables

recognized private operating agency : empresa (explotación) privada reconocida

reconstructed pulses : impulsos reestablecidos

record circuit : circuito de registro; línea de anotaciones
—— , **local** : control local
—— **traffic** : tráfico de registros

recorder, tape : magnetófono; grabadora de cinta magnetofónica
—— , **syphon** : sifón registrador

recording (telegr.) : registro (almacenaje) de señales telegráficas
—— **completing circuit (trunk)** : línea de aviso y comunicación
—— , **direct** (facs.) : registro directo (facs.)
—— **trunk** : circuito de registro

recovering circuit : circuito de recuperación

rectifier, cathodic protection : rectificador para protección catódica

recursion (comp.) : recurrencia; repetición (comp.)

recursive (comp.) : recurrente (comp.)

redundant code : código redundante
—— **equipment** : equipo redundante
—— **n-ary signal** : señal n-aria redundante

reference clock : reloj de referencia
—— **electrode, non polarizable** : electrodo impolarizable de referencia
—— **equivalent** : equivalente de referencia
—— **equivalent of side tone** : equivalente de referencia de efecto local
—— **frequency** : frecuencia de referencia
—— **noise** : ruido de referencia
—— **pilot** : piloto(onda o señal) de referencia
—— **station** : estación de referencia
—— **telephone power** : volumen de referencia del CCIF
—— **volume, American** : volumen de referencia americano

refit (to) : reacondicionar; modificar

reflecting satellite : satélite reflector

reflection coefficient : coeficiente de reflexión
—— **factor loss** : coeficiente de pérdida por reflexión
—— **from a conductor** : reflexión en un conductor
—— **gain** : ganancia por reflexión
—— **loss** : pérdida por reflexión
—— **measuring set** : reflectómetro

reflex klystron : klystrón reflex

refractive index : índice de refracción

reframing time : tiempo de recuperación

refurbishment : reacondicionamiento

refused call : comunicación renunciada (telef.)

regenerative repeater : repetidor de regeneración

regenerator, pulse : regenerador de impulsos

region (comp.) : región (o grupo de registro) (comp.)

regional address (comp.) : dirección regional

register (comp.) : registrador
—— **index** (comp.) : registrador de índice
—— **length** (comp.) : extensión del registro (comp.)
—— , **memory storage** (comp.) : registro; memoria (comp.)

—— , **sequence** (comp.) : registrador de secuencias (comp.)
—— , **shift** (comp.) : registrador de corrimiento (comp.)

regularly recurring : periódico(a)

regularity return coefficient : coeficiente de regularidad
—— **return loss** : atenuación de regularidad

regulated line section : sección de regulación de línea
—— **station** : estación regulada (o telerregulada)

regulating, automatic volume range : regulador automático de volumen
—— **network** : red reguladora
—— **pilot** : onda piloto de regulación

regulator, backward acting : regulador a reacción
—— , **forward acting** : regulador de efecto
—— , **pilot wire** : regulador por hilo piloto

rejection of amplitude modulation : eliminación de la modulación por amplitud

relation (telegr.) : relación (telegr.)
—— , **direct** : relación directa

relative address (comp.) : dirección relativa (comp.)
—— **equivalent** : equivalente relativo (o de referencia)
—— **level** : nivel relativo (de potencia)

relay, automatic system : sistema automático de relés (o relevadores)
—— , **calling** : relé de línea
—— , **coil** : bobina
—— , **cross-tie** : relé de conexión cruzada
—— , **cut-off** : relé de corte
—— , **polarized** : relé polarizado
—— , **rectifier** (telegr.) : relé con rectificadores secos (telegr.)
—— , **shunt-field** : relé con derivación de campo magnético
—— , **side stable** : relé indiferente (o biestable)
—— , **static** : relé estático
—— , **supervisory** : relé de supervisión
—— , **tape** : tránsito por cienta perforada
—— , **telegraph** : relé telegráfico
—— , **thermoionic** : relé termoiónico
—— , **torn tape** : tránsito manual con cinta perforada
—— , **vibrating** : relé vibrador
—— , **sensing** : relé detector

release-guard signal : señal de liberación de guarda

reliability : confiabilidad, fiabilidad
—— **prediction** : predicción de la confiabilidad
—— **test** : prueba de confiabilidad (o de funcionalidad)

relief operation : operación de socorro

relocate (to) (comp.) : relocalizar (comp.)

remote control : telemando; mando a distancia; control remoto
—— **controlled station** : estación telerregulada
—— **feed repeater** : repetidor telealimentado

repeater : repetidor
—— , **broadcast** (telegr.) : translación (telegráfica) para difusión
—— , **conference (telegr.)** : translación (telegráfica) para conferencia
—— , **regenerative** (telegr.) : translación regeneradora
—— , **ringing** : repetidor para señalización
—— **section** : sección de amplificación
—— **section main** : sección principal de amplificación
—— **spacing** : separación entre repetidores
—— , **telegraph** : translador (telegrafía)
—— , **telephone** : repetidor telefónico

repeating coil : bobina repetidora
—— **networks** : redes de repetición

reperforator, automatic : reperforador automático
—— **coupled with tape reader** : retransmisor de cinta perforada con lectura total
—— , **printing** : reperforador-impresor
—— **switching** : conmutación por reperforación
—— , **transmitter distributor** : retransmisor de cinta perforada con lectura total

repetition, automatic : repetición automática
—— **frequency, pulse** : frecuencia de repetición de impulsos
—— **rate** : frecuencia de repetición

replacement assignment : asignación sustitutiva

reproducer (record-player) : reproductor (tocadiscos)

reproduction ratio (facs.) : relación(o índice) de reproducción (facs.)

R.Q. automatic system : sistema R.Q. (corrector de errores automático)

request data transfer : petición de transferencia de datos
—— **repeat system** : sistema detector de errores con pedido de repetición

rerouting : reconstitución de ruta, reencaminamiento (de tráfico)

reserve capacity : capacidad de reserva
—— **circuit** : circuito de reserva

residual current : corriente residual
—— **voltage** : tensión residual

request for information : petición de información
—— **for proposals (RFP)** : solicitud de propuestas; licitación

resistance, anode : resistencia interna (de un tubo electrónico)
—— **coupling** : acoplamiento de resistencia

resistivity, surface : resistividad de superficie
——, **volume** : resistividad de volumen

resistors, card type : resistores tipo ficha (o planos)
——, **flat type** : resistores tipo ficha (o planos)
——, **spool type** : resistores tipo carrete

resolution (TV) : definición resolución (TV)
—— **and flicker (TV)** : definición (resolución) y centelleo (TV)

resolver : dispositivo de resolución

resonators, cavity : resonadores de cavidad

response curve (amplif.) : curva de respuesta (amplif.)
——, **low frequency** : respuesta en baja frecuencia
—— **time, receiver** : tiempo de funcionamiento (del receptor)

re-start, hot (motors) : encendido en caliente

restitution delay : retraso (o tiempo) de restitución
—— **element** : elemento de restitución
——, **incorrect** : restitución (o modulación) incorrecta
——, **start-stop** : restitución (o modulación) arrítmica

restoring networks : redes restauradoras

retransmitter (telegr.) : retransmisor (telegr.)
——, **perforated tape** (telegr.) : retransmisor de cinta perforada

retransmission : retransmisión; tránsito, escala (telegr.)
——, **automatic** (telegr.) : retransmisión automática (telegr.)

retrofit (to) : reacondicionar; modificar

return current coefficient : coeficiente de adaptación (o de equilibrio)
—— **current coefficient regularity** : coeficiente de regularidad
—— **loss** : atenuación de adaptación; pérdida de retorno
—— **loss, active** : atenuación activa de equilibrio
—— **loss, active balance** : atenuación de las corrientes de eco
—— **loss measuring set** : equilibrómetro; reflectómetro
—— **loss, passive** : atenuación pasiva
—— **loss, structural** : atenuación de regularidad

reuse, frequency : reutilización de frecuencias

reverberation : reverberación; reflexión

reverse breakdown test : prueba inversa de condiciones de carga
—— **leakage test** : prueba inversa de dispersión (o fuga)

rework (to) : modificar; reacondicionar

ring counter (comp.) : contador anular (comp.)

rings, gimbal (mech.) : anillos de balancín; anillos de cardán (mec.)

ringer (teleph.) : timbre (telf.)
—— **harmonic** (teleph.) : timbre selectivo (telef.)

ringing : llamada
—— **circuit** : circuito de llamada
——, **keyless** : llamada automática
——, **machine** : llamada semiautomática
——, **manual** : llamada manual
——, **repeater** : repetidor para señalización; rep. de señales de baja frecuencia
——, **selective** : llamada selectiva
—— **signal** : señal de llamada
—— **tone** : tono (señal) de llamada
—— **undershot (TV)** : inframodulación (TV)

ring-down : llamada; conexión establecia (telef.)

ripple : fluctuación (o variación) pequeña de tensión
—— **gain** : variación (o fluctuación) de granancia

roll angle (sat.) : ángulo de balanceo (sat.)
—— **angle variation** (sat.) : variación del ángulo de balanceo (sat.)
—— **off circuit** : circuito eliminador

—— **off factor** : factor de eliminación

roof(ing) filter : filtro de altas frecuencias

room noise : ruido de sala

—— **temperature** : temperatura ambiente

rotary dials : discos de llamada (telef.)

—— **power transfer device** (sat.) : dispositivo rotatorio de transferencia de energía

rotations : rotaciones

route : encauzamiento; ruta; vía

——, **alternate** : vía secundaria

——, **auxiliar** : vía de encaminamiento auxiliar

——, **emergency** : vía de socorro

——, **first choice** : vía normal

——, **primary** (normal) : vía normal (o primaria)

——, **second choice** (secondary) : vía secundaria

routine (comp.) : rutina (comp.)

—— **maintenance** : mantenimiento regular (o periódico)

—— **test, overall circuit** : pruebas rápidas de circuitos

routing : encauzamiento; encaminamiento

—— **code** : indicativo

—— **of messages** : encaminamiento de mensajes

rubber silicone packing : empaquetadura de caucho de silicio

rule, Carson : regla de Carson

—— **of thumb** : regla empírica

rumbling : vibración de baja frecuencia

rupture : ruptura; desconexión, interrupción del circuito (eléctrico)

NOTES

S

sabin : sabinio (acústica)

safety service : servicio de seguridad

saggin : flexión

samarium cobalt : aleación de samario y cobalto

sample (to) : muestrear, discriminar
—— **frequency** : frecuencia de muestra

sampling : muestreo; discriminación
—— **frequency** : frecuencia de muestreo
—— **oscilloscope** : osciloscopio descriminador
——, **selective (TV)** : discriminación selectiva cromática (TV)

satellite, active : satélite activo
—— **-borne facilities** : instalaciones a bordo de satélites
—— **business systems** : sistemas de satélite para gestiones comerciales (o de negocios)
—— **circuit** : circuito por satélite
——, **geostationary** : satélite geoestacionario
——, **geosynchronous** : satélite geosíncrono
—— **link** : enlace por satélite
——, **major path** : satélite de trayecto principal
—— **network** : red por satélite
——, **primary** : satélite primario
—— **receive antenna** : antena receptora del satélite
—— **receiver noise temperature** : temperatura de ruido del receptor del satélite
——, **reflecting** : satélite reflector
—— **transmission impairment program (STRIP)** : efecto de las perturbaciones en las transmisiones por satélite

saw tooth keyboard : teclado de acción directa

scaling law : ley de similitud

scan rate (comp.) : velocidad de exploración (o de análisis)

scanning density (facs.) : finura de trama (facs.)
—— **field** : campo de exploración
—— **line** : línea de exploración
—— **scroll** (facs.) : hélice de impresión (facs.)
—— **speed** : velocidad de exploración
—— **spot** : abertura de exploración
—— **traverse** : translación de exploración
—— **system** : sistema de exploración
—— **range** : límite (o alcance) de exploración

scatter : dispersión
——, **ionospheric** : dispersión ionosférica
——, **tropospheric** : dispersión troposférica

scattering tests : pruebas de dispersión

scheme (plan), **numbering** : plan de numeración nacional (telf.)

scintillation : centelleo, escintilación

scrambled : perturbado(a)

scrambler : perturbador (telf.); dispersor de energía, mezclador de datos.

screen : pantalla, representación visual
—— **by-pass (TV)** : desacoplo de la pantalla (TV)

screening factor (TV) : factor reductor (o de apantallamiento) (TV)

scroll, scanning (facs.) : hélice de impresión (facs.)

search and rescue (SAR) (Nav.) : búsqueda y salvamento (Nav.)

secondary routes : rutas secundarias
—— **storage** (comp.) : memoria secundarias
—— **winding (transformers)** : secundario (de un transformador)

section, carrier line : sección de línea de pares simétricos
——, **group** : sección de grupo primario
——, **main repeater** : sección principal de amplificación
——, **master group** : sección de grupo secundario
——, **regulated line** : sección de regulación de línea
——, **repeater** : sección de amplificación (o del repetidor)
——, **supergroup** : sección de grupo terciario (o de supergrupo)
——, **test** : sección de pruebas
——, **line repeating** : sección de regulación de línea

sector (telegr.) : sector (telegr.)

security arrangement : disposiciones de seguridad

seizing, double : toma simultánea
—— **signal** : señal de toma

seizure : toma

selection, keyboard : selección (o marcación) con teclas

selective calling : llamada selectiva
—— **ringing** : llamada selectiva

selectivity of a receiver : selectividad de un receptor

selector, final (teleph.) : selector final (telef.)
——, **group** : selector de grupo

self-acting : automático(a); de acción automática
—— **oscillation** : autooscilación; oscilaciones espontáneas
—— **propulsion** : autopropulsión

semateme : sematema

semi-automatic system : sistema semiautomático

semiconductor laser : láser de semiconductor

send reference station : estación de referencia para la transmisión

sender : emisor registrador; remitente, expedidor
—— **decoder** : registrador descodificador
—— **transfer time** : tiempo de transferencia del transmisor

sending amplifier : amplificador de emisión
—— **code** : código telegráfico
—— **end** : estremos transmisor

sensation level (teleph.) : nivel de intensidad acústica

sensitivity : sensibilidad; nivel de funcionamiento
—— **coefficient** : coeficiente de sensibilidad
——, **field (microphone)** : rendimiento (de un micrófono) en el campo magnético libre
——, **local (echo suppressor)** : sensibilidad local (de un ecosupresor)
——, **pressure (microphone)** : rendimiento (de un micrófono) en función de la presión

sensor, active : sensor activo
——, **earth** (sat.) : sensor terrestre (sat.)
——, **moon** (sat.) : sensor lunar (sat.)
——, **passive** : sensor pasivo
——, **static IR earth** : sensor terrestre infararrojo estático
——, **sun** : sensor solar

separation between an earth connected point and a line : separación entre una toma de tierra y una línea
—— **equivalent** : separación equivalente (entre líneas)

sequential access (comp.) : acceso de secuencia (comp.)
—— **elements** : elementos sucesivos (o simultáneos)
—— **hunting** : búsqueda secuencial
—— **single frequency code** : sistema secuencial de una sola frecuencia

service, amateur : servicio de aficionados
—— **area** : zona de servicio
—— **bits** : bitios de servicio
——, **broadcasting** : servicio de radiodifusión
—— **call** : conferencia telefónica de servicio
——, **demand (rapid)** : servicio rápido
——, **fixed** : servicio fijo
——, **general telegraph** : servicio telegráfico general
——, **phonogram** : telegramas por teléfono; fonogramas
——, **satellite fixed** : servicio fijo por satélite
——, **space research** : servicio de investigación espacial
——, **telegraph** : servicio telegráfico
——, **telex** : servicio télex

set (telegraph) : centro emisor; oficina emisora (telegr.)

shaped spot beam : haz pincel perfilado

sharing frequency bands : compartición de bandas de frecuencias

sharp cut-off filter : filtro de corte rápido

shear force (mech.) : fuerza de cizallamiento (mec.)
—— **webb** (mech.) (sat.) : panal contra cizallamiento (mec.) (sat.)

shield : pantalla; protección
—— **factor** : factor de pantalla (terreno)

shift, case (teletype) : cambio; inversión (teletipo)
—— **lock key board** (teletype) : teclado con seguridad de cambio (teletipo)
—— **register** (comp.) : registrador de desplazamiento (o corrimiento)

ship earth station : estación terrena de barco
—— **movement service** : servicio de movimiento de barcos
—— **station** : estación de barco

shock acoustic : choque acústico

short-time unit : breve unidad de tiempo

shorting plug : puente cortocircuitante

shot noise : ruido de fondo

shroud (rocket) : carenado; ojiva (cohete)
—— **jettison** : desprendimiento del carenado (o de la ojiva)

shunt : derivación; disyuntor

shuttle, space : transbordador espacial; lanzadera espacial

—— **test flight** : vuelo de prueba del transbordador espacial

sideband : banda lateral

——, **main** : banda lateral principal

——, **vestigial** : banda residual

side circuit : circuito fantasma (o superfantasma o ficticio)

—— **lobe** : lóbulo lateral

—— **tone** (teleph.) : efecto local (telef.)

—— **tone, reference equivalent of** : equivalente de referencia del efecto local

signal, acknowledgement : señal de acuse de recibo

——, **address** : señal de dirección

——, **address complete** : señal de dirección completa

——, **address incomplete** : señal de dirección incompleta

——, **alphabetic** : señal alfabética

——, **answer** : señal de respuesta

——, **audible busy** : señal de ocupado (audible)

——, **audible ringing** : señal de conexión (audible)

——, **backward** : señal hacia atrás (o de retorno)

——, **basic** (semateme) : señal de base (sematema)

——, **black (TV)** : frecuencia de negro (TV)

——, **black artificial (TV)** : frecuencia de negro artificial (TV)

——, **black nominal (TV)** : frecuencia de negro nominal (TV)

——, **blocking** : señal de bloqueo

——, **busy flash** : señal de ocupado

——, **call-confirmation** : señal de confirmación de llamada

——, **call connected** : señal de conexión

——, **calling** : señal de llamada

——, **change-back** : señal de regreso al enlace normal

——, **change-over** : señal de paso al enlace de reserva

——, **character** : señal de carácter

——, **check-ok** : señal de prueba positiva de continuidad

——, **check-no-ok** : señal de prueba negativa de continuidad

——, **clear-back** : señal de colgado

——, **clear-forward** : señal de fin

——, **clearing** : señal de liberación

——, **coin-box** : señal de aparato de pago previo

—— **component** : elemento de señal

——, **compound** : señal compuesta

——, **congestion** : señal de congestión

——, **continuity** : señal de continuidad

—— **conversion equipment** : equipo de conversión de señales

—— **correcting equipment** : equipo de corrección de señales

——, **data,** : señal de datos

——, **disconnect** : señal de fin (telef.)

——, **dismissal** : señal de liberación

—— **distortion** : (grado de) distorsión de una señal

——, **end-of-block** : señal de término de bloque

——, **end of pulsing** : señal de fin de marcar

——, **end of selection** : señal de fin de selección

——, **engaged (GB)** : señal de ocupado

——, **forward** : señal hacia adelante

——, **forward-transfer** : señal de intervención

——, **imitation** : señalización intempestiva por falsas señales

—— **load transfer** : señal de transferencia de trãfico

——, **management** : señales de gestión

——, **number received** : señal de fin de selección

——, **off-hook** : señal de respuesta

——, **on-hook** : señal de colgado (por el solicitado)

——, **proceed to select** : señal de invitación a marcar

——, **proceed to transmit** : señal de invitación a transmitir

—— **pulsing** : señal de marcar

——, **reanswer** : señal de repetición de respuesta

—— **receiver** : repetidor de señales

—— **recovery** : rescate (recuperación) de la señal

——, **release guard** : señal de liberación de seguridad (o de guarda)

—— **recording telegraphy** : telegrafía con registro de señales

——, **ringing tone** : señal de confirmación de llamada

——, **seizing** : señal de captura (o toma)

——, **simple** : señal simple

——, **stand-by ready** : señal de reserva preparado

——, **start** : señal de arranque

——, **start dialing** : señal de invitación a marcar

——, **start of block** : señal de principio de bloque

——, **stop** : señal de parada

——, **supervisory** : señal de supervisión

——, **telegraph** : señal telegráfica

—— **to-noise ratio (S/N)** : relación señal/ruido

—— **to-crosstalk ratio** : relación señal/diafonía
—— **train** : tren de señales (o de impulsos)
——, **unblocking** : señal de desbloqueo
——, **vacant-national number** : señal de número nacional vacante

signaling, amplitude change : modulación de amplitud
—— **common channel** : canal común de señalización
——, **frequency-change** : modulación de frecuencia
——, **frequency-exchange** : modulación por cambio de frecuencias
——, **frequency-shift** : modulación por desplazamiento de frecuencias
—— **link** : enlace de señalización
——, **"in block"** : señalización "en bloque"
——, **overlap** : señalización con supresión
—— **rate, data** : régimen binario
—— **system, A.C.** : sistema de señalización por corriente alterna
—— **system control signals** : señales de control en el sistema de señalización
—— **time slot** : intervalo de tiempo de señalización
—— **unit** : unidad de señalización

silicon wafer : disco (pastilla) de silicio

simple signal : señal simple
—— **slope filter** : filtro de pendiente sencilla

simplex (circuit) : circuito símplex
—— **two way communications** : comunicaciones conjugadas (o bilaterales)

simultaneous telegraphy and telephony : telegrafía intrabanda (o interbanda)

sine squared pulse : impulso de seno cuadrado
—— **wave** : onda senoidal

singing margin : margen de oscilación (o cebado)
—— **point** : punto de oscilación
—— **point, active** : punto de oscilación activo
—— **point equivalent** : equivalente de oscilación
—— **point, passive** : punto de oscilación pasivo
—— **suppressor** : supresor de reacción

single-channel equipment : equipo de un solo canal, equipo monocanal
—— **-ended system** : sistema uniterminal, sistema de terminación única
—— **error** : error simple
—— **-frequency noise** : ruido de frecuencia única
—— **-pole double throw (SPDT) switch** : interruptor unipolar bidireccional
—— **-pulse amplitude modulation** : modulación de amplitud con un solo impulso
—— **-side band (SSB)** : banda lateral única (BLU)
—— **-side band suppressed carrier (SSBSC)** : banda lateral única con portadora suprimida

siphon, recorder : sifón registrador

sink data : colector de datos

sinter plaque : placa sinterizada
—— **plate** : placa sinterizada

site diversity (ant.) : diversidad de ubicación (geográfica) (ant.)

site-shielding factor : factor de pantalla del terreno (ant.)

sizing : conformación; conformar

skew : oblicuidad

skip effect : efecto de salto

sky noise : ruido ionosférico (o celeste)
—— **wave** : onda espacial

slack hours : horas de poco tráfico (telef.)

slant path (sat.) : trayecto oblicuo (o inclinador) (sat.)
—— **range** : distancia real (en declive); en línea recta inclinada
—— **range visibility** : visibilidad en línea recta inclinada

sleeve dipole : dipolo de tubo coaxial (ant.)
—— **wire** : tercer hilo

slip ring : anillo colector

slope : curva; pendiente

slosh, fuel (sat.) : chapoteo del combustible (sat.)

slot, symbol : intervalo de símbolos

slurry plaque : placa de pasta
—— **plaque, wet** : placa de pasta mojada

smearing (TV) : borrosidad

smoothed bar : barra aplanada

smoothing choke : choque de aplanamiento

snapshot routine : rutina instantánea (o fotográfica)

socket (of a value) : zócalo (o base) de una válvula

soft-decision decoder : descodificador de decisión flexible

— detected code symbol : símbolo de código de detección flexible
— limiting amplifier : amplificador no lineal

software (comp.) : elementos de programación; "software" (comp.)

solar array (sat.) : conglomerado de celdillas (células) solares
— drum (sat.) : cilindro (o tambor)solar (sat.)
— flare : fulguración solar
— flux baffle : pantalla de rebote del flujo solar
— panel : panel solar
— power station : central hidroeléctrica solar
— sail : viento solar
— telegraph : heliógrafo
— thermal vaccum test (STV) : prueba térmica solar al vacío

sole source adquisition : adquisición de fuente única (o de una sola fuente)

solid state : estado sólido; transistorizado(a)

sonodetection : sonodetección; detección del sonido

sound channel : canal de sonido; canal de audio (TV)
— energy : energía acústica
— energy density : densidad de la frecuencia sonora
— head : cabeza (o cabezal) de sonido (grabadoras)
— program circuit (TV) : circuito radiofónico (TV)
— recording : registro (grabación) del sonido
— recording, magnetic : registro magnético del sonido
— recording, optical : registro fotográfico del sonido
— track : banda (o pista) del sonido

source, data : fuente de datos
— landing (comp.) : lenguaje original (comp.)
— , interfering : fuente interferente

south earth sensor : sensor terrestre austral (o Sur)

space, deep : espacio lejano
— diversity operation : funcionamiento por diversidad en el espacio (ubicación)
— diversity earth station : estación terrena de diversidad (de ubicación)
— probe : sonda espacial
— shuttle : transbordador espacial; lanzadera espacial
— station : estación espacial
— system : sistema espacial
— telecommand : telemando espacial
— telemetry : telemetría (telemedida) espacial
— tracking : seguimiento espacial

spacecraft : aeronave, ingenio espacial, vehículo espacial; satélite artificial
— technical control center (STCC) : centro de control técnico de satélites

spacing, orbital (sat.) : separación orbital (sat.)
— symbols : símbolos de separación

spare capacity : capacidad de reserva (o excedente)
— capacity satellite : satélite con capacidad de reserva
— in orbit satellite : satélite de reserva en órbita

sparkover voltage : tensión disruptiva

speaker circuit : circuito de servicio

spectometer : espectómetro

spectral line observations : observaciones de rayas espectrales

spectrum spreading : ensanchamiento del espectro

speech crosstalk : diafonía causada por la voz
— currents : corrientes vocales
— impairment (teleph.) : mutilación de los sonidos vocales (telef.)
— interpolation : interpolación de voz (telef.)
— level meter : volúmetro
— path circuit : circuito (línea) de conversación
— power, acoustical : potencia vocal
— power, peak : potencia vocal máxima (o de cresta)
— predictive encoding communications system (SPEC) : sistema de comunicaciones con codificación por predicción de la palabra

speed of answer : demora en contestar; demora de la respuesta
— , scanning : velocidad de exploración; régimen de exploración
— , telegraph : rapidez de modulación (telegr.)
— , writing : velocidad de exploración en recepción

spent electron beam : haz de electrones parcialmente consumido

spherical receiver : receptor esférico

spike : corriente de fuga; impulso de hiperamplitud (TV)

spill - over : desbordamiento; difracción

—— **-over, subreflector** : difracción en el reflector secundario

spin (sat.) : rotación; espín

—— **axis** : eje de rotación

—— **space** : espacio isobárico

—— **stabilized** (sat.) : estabilizado por rotación; rotoestabilizado (sat.)

spin-up : aceleración de la rotación

splice : empalme; unión

splicer : empalmador; conector

split order wire circuit (teleph.) : circuito múltiple de enlace entre operadoras (telef.)

splitting time : tiempo de corte (receptor)

spontaneous shut-offs (SSO) : desactivaciones espontáneas

spool : carrete

spot beam : haz puntual (o pincel)

——**, ion** : mancha iónica

——**, canning** : abertura de exploración

spread, 1-sigma : variación de l a sigma

—— **sidebands and carrier transmission** : transmisión con portadoras y bandas laterales ensanchadas

sputtering : pulverización de partículas

"Squareax" : cable coaxial cuadrado ("Squareax")

square law : ley cuadrática

—— **root** : raíz cuadrada

—— **wave** : onda cuadrada

squeak : chirrido; rechinamiento

squib and solenoid (sat.) : solenoide y detonador (sat.)

stability : estabilidad

stage of amplification : etapa de amplificación

——**, RF** : paso de RF

staggered tuning : sintonía escalonada; sintonización qradual

staging shock : choque fraccionado

stagnation point : punto de remanso

stand-by : de reserva operativa; en posición de funcionamiento

—— **burst** : ráfaga en posición de reserva; ráfaga de preámbulo

——**, hot** : reserva en condiciones de funcionamiento inmediato

——**, lid** : reserva en condiciones de funcionamiento inmediato

stand-off, thermal : distanciador térmico; aislador térmico

standard : estándar; normalizado(a); tipo

—— **atmosphere** : atmósfera tipo

—— **converter** : convertidor de normas

—— **earth station** : estación terrena normalizada

—— **frequencies** : frecuencias patrón

——**, frequency** : patrón de frecuencias

—— **pulse signals** : señales patrón de impulsos

—— **signal** : señal patrón

—— **station** : estación normalizada

—— **time signals** : señales horarias

standardization : estandarización; normalización

standing wave ratio : coeficiente de ondas sostenidas

star-quad : cuadrete estrella

—— **quad cable** : cable de cuadrete en estrella

—— **tracker** : seguidor de estrellas

start frequencies : frecuencias de arranque

—— **of block signal** : señal de principio de bloque; señal de sincronización

start-stop device : dispositivo arrítmico

—— **distortion** : distorsión arrítmica

—— **modulation** : modulación arrítmica

—— **system** : sistema arrítmico

—— **system, stepped** (telgr.) : sistema por descomposición de caracteres (telgr.)

static modulator, relay : relé estático

—— **memory** : memoria estática

station, attended : estación atendida

——**, auxiliary** : estación auxiliar, estación telealimentada

——**, coaxial control** : estación directriz coaxial

——**, control** : estación directriz

——**, controlling testing** : estación directora (en un circuito)

——**, correspondent** : estación correspondiente; estación subordinada

——**, earth** : estación terrena

——**, experimental** : estación experimental

——**, fixed** : estación fija

——**, group control** : estación directriz de grupo

——**, group subcontrol** : estación subdirectriz de grupo

—— **keeping** (sat.) : mantenimiento en posición

——**, land** : estación terrestre

—— , **mobile land** : estación móvil terrestre
—— **line** : línea local
—— , **mobile** : estación móvil
—— , **non power feed** : estación autoalimentada
—— , **public telephone** : estación (teléfono) de abonado
—— , **regulated** : estación regulada
—— , **remote-controlled** : estación telerregulada
—— , **subcontrol** : estación subdirectriz
—— , **subscriber's** : estación (teléfono) de abonado
—— , **subscriber's extension** : estación (teléfono) supletorio
—— , **subscriber's main** : estación (teléfono) principal de abonado
—— , **system control** (telgr.) : estación de control (telegr.)
—— , **telegraph** : estación (posición) de telegrafía
—— , **unattended** : estación no atendida; estación automática

steady cavitation test : prueba de cavitación laminar
—— **noise** : ruido permanente; ruido constante
—— **satate** : régimen permanente
—— **state voltage** : tensión constante

steerable antenna : antena orientable

steering : orientación
—— **characteristics** : características de directividad (u orientación)

stellar scintillation : escintilación estelar

step attenuation : atenuación por pasos; atenuación gradual
—— **by step switch** : conmutador paso a paso; uniselector
—— **by step system** : sistema automático paso a paso
—— **track** : seguimiento escalonado

stepped start-stop system (telegr.) : sistema por descomposición de caracteres

stepper motor : motor (eléctrico) de velocidad gradual
—— **switch** : conmutador de paso a paso; uniselector

stepping relay : relé de acción sucesiva; relé temporizado

stereophonic pair : par estereofónico
—— **sound** : sonido estereofónico
—— **transmission** : transmisión estereofónica

stiffness (mech) : rigidez (mec.)

stop band : banda atenuante
—— **band attenuation** : atenuación de banda detenida
—— **band filter** : filtro de eliminación de banda
—— **frequencies** : frecuencias de parada
—— **signal** : señal de parada

storage (telegr.) (comp.) : registro, almacenaje; memoria (comp.)
—— **keyboard** (telegr.) : teclado de acción indirecta (telegr.)
—— **register** (comp.) : memoria (comp.)

stored program control (SPC) : control por programas almacenados (comp.)

stray capacitance : capacitancia parásita
—— **currents** : corrientes vagabundas

streams, traffic (teleph.) : corrientes de tráfico (telef.)

strength, field : intensidad de campo

stress test (mech.) : prueba de tensión (mec.)

stringent objectives : objetivos rigurosos

strip-line waveguide : guiaondas de cinta (o de líneas de estrías)

strobe (to) : seleccionar (impulsos) (radar)

structural return loss : atenuación de ridad

structure/soil potential : potencial entre estructura y medio ambiente

structures, underground : canalizaciones subterráneas

studio, TV : estudio de televisión

stuffing, bit : relleno de bitios
—— **character** : carácter de relleno
—— , **negative pulse** : relleno negativo de impulsos
—— **rate** : régimen de relleno

sub-audio frequency : frecuencia infraacústica
—— **telegraphy** : telegrafía infraacústica

sub-carrier frequency modulation : modulación de una subportadora en frecuencia

sub-centre : subcentro

sub-control station : estación subdirectriz

submarine cable : cable submarino

sub-multiplex bearer : submultiplaje

sub-reflector (ant.) : reflector secundario (ant.)

sub-routine (comp.) : subrutina (comp.)

subscriber-busy signal : señal de abonado ocupado
——, **calling** : abonado que llama; abonado peticionario
——, **called** : abonado llamado; abonado solicitado
—— **line** : línea de abonado
—— **number** : número de abonado
—— **trunk dialing** : selección a distancia

subscription calls : conferencias de abono

subsequent signal unit (SSU) : unidad subsiguiente de señalización

subsatellite point : punto subsatélite

substorm, magnetospheric : perturbación magnetosférica

sub-telephone frequency : frecuencia infraacústica (telef.)

sum channel : canal de suma

sun sensor : sensor solar; detector solar
—— **wind** : viento solar

sunshield : parasol; pantalla

super audio frequency : frecuencia supraacústica
—— —— **telegraphy** : telegrafía supraacústica

supergroup allocation : distribución de grupos secundarios
—— **link** : enlace en grupos secundarios
—— **reference pilot** : onda piloto de grupos secundarios
—— **section** : sección de grupos secundarios
—— **transfer point** : punto de transferencia de grupos secundarios

superimposed circuit : circuito superpuesto
—— **current** : corriente portadora

super telephone frequency : frecuencia supraacústica

supply leads : conductores de alimentación
—— **section** : sector de alimentación

suppressor, singing : supresor a reacción

surface passivation : pasivación de superficie

surface wave : onda de superficie; onda superficial

surges voltage : valor máximo de tensión

susceptiveness, inductive : susceptibilidad inductiva

sweep velocity : velocidad de barrido

swinging choke : choque variable

switch : conmutador; interruptor
—— **click** : ruido de conmutación
——, **cross-bar** : conmutador de barras cruzadas
——, **double-pole double-throw** : interruptor bipolar bidireccional
—— **hook** : gancho conmutador
——, **rotary** : conmutador rotatorio
——, **single-pole single-throw** : interruptor unipolar undireccional
——, **step-by-step** : conmutador de paso a paso

switchboard : conmutador manual (centralita)
—— **trunk** : cuadro interurbano

switched connection : comunicación por conmutación
—— **transit country** : país de tránsito con conmutación

switching, automatic : conmutación automática
—— **by means of equal length code** : selección por señales de código de igual duración
—— **control pilot** : onda piloto de conmutación
—— **equipment congestion signal** : señal de congestión en el equipo de conmutación
—— **network** : red de conmutación
—— **noise** : ruido de conmutación
—— **push-button** : conmutación semiautomática con retransmisión por cintas perforades

syllabic voice carrier activation : activación silábica de la portadora de voz

symbol rate : velocidad de símbolos

symbolic address (comp.) : dirección simbólica (comp.)

symmetrical channel : canal simétrico

synchronization burst : ráfaga de sincronización
—— **pilot** : onda piloto de sincronización
—— **scheme** : régimen de sincronización
—— **signal** : señnal de cincronización
—— **signal unit (SSU)** : unidad de señal de sincronización

synchronous orbit : órbita síncrona (o sincrónica)
—— **satellite** : satélite síncrono
—— **start-stop distortion** : distorsión arrítmica de sincronismo
—— **system** : sistema síncrono

system, ARQ : sistema detector de errores (automático)
—— **control signal unit (SCSU)** : unidad de señalización para control del sistema

—— control station : estación de control
——, decision feedback (ARQ) : sistema detector de errores con pedido de repetición; sistema RQ automático
——, error correcting : sistema corrector de errores
——, error detecting : sistema detector de errores (sin repetición)
——, information feedback : sistema corrector de errores con retorno de la información
——, Verdan : Sistema Verdán

NOTES

T

t antenna : antena en T

table lookup (comp.) : busca en tabla (comp.)

tabulator : tabulador

tail : sección local

tailing (TV) : degradación (TV); arrastre

tape feeder : alimentador de cinta
— **reader** : lector de cinta
— **reading head** : lector de cinta
— **relay** : tránsitor por cinta perforada
—, **manual** (torn tape) : tránsito manual por cinta perforada

tapping losses : pérdidas por (hacer) una derivación

tandem exchange : central nodal
— **mounted** : montado(a) en serie

task : tarea

telecommand : telemando
—, **space** : telecomando espacial

telecommunication : telecomunicación
— **satellite** : satélite de telecomunicaciones

teleconference : teleconferencia

teleconferencing service : servicio de teleconferencias

telegram, alphabetic : telegrama alfabético
—, **direct transit** : telegrama de tránsito directo
—, **facsimile** : telegrama facsímil
—, **forwarding a** : emisión de un telegrama
—, **government** : telegrama de estado
—, **private** : telegrama privado
—, **reception of a** : recepción de un telegrama
—, **service** : telegrama de servicio
—, **transit** : oficina de origen (telegr.)

telegraph, alphabet : alfabeto telegráfico
—, **call** : conversación telegráfica
— **circuit** : circuito telegráfico
— **code** : código telegráfico
— **distortion** : distorsión telegráfica
— **local end** : terminal local (telegr.)
— **magnifier** : amplificador telegráfico
— **modulation** : modulación telegráfica
— **network, private** : red telegráfica privada
— **network, public** : red telegráfica púlica
— **noise** : ruido telegráfico
— **repeater** : repetidor (translador) telegráfico
— **service** : servicio telegráfico
— **service, general** : servicio telegráfico general
— **signal** : señal telegráfica
— **signal element** : elemento de la señal telegráfica
— **speed** : rapidez de modulación (telegrafía)
— **word (conventional)** : elemento unitario de telegrafía

telegraphy, automatic : telegrafía automática
—, **carrier current** : telegrafía por corriente portadora
—, **mosaic** : telegrafía compuesta (o mosaico)
—, **printing** : telegrafía con aparatos impresores
—, **sub-audio** : telegrafía infraacústica
—, **super-audio** : telegrafía supraacústica
— **and telephony, simultaneous** : telegrafía telefonía intrabanda

telematic : telemática; transmisión de datos y texto (TV)

telemetry : telemetría, telemedida
— **measurements** : mediciones de distancias

telephone call, government : llamada (conferencia) de estado
— **circuit** : circuito telefónico
— **circuit international** : circuito telefónico internacional
— **coordinating circuit (TCC)** : circuito de coordinación telefónica
— **frequency** : frecuencia telefónica (o vocal)
— **influence factor (TIF)** : factor TIF
— **message** : conferencia telefónica
— **network, private** : red telefónica privada
— **network, public** : red telefónica pública
— **receiver** : receptor telefónico; aparato telefónico
— **set** : aparato telefónico
— **set, automatic** : aparato telefónico automático
— **set, dial** : aparato telefónico (estación subdirectriz)
— **set, local battery** : aparato telefónico de batería local
— **set, magnet** : aparato telefónico de llamada magnética
— **set, operator** : aparato telefónico de operador(a)

telephony : telefonía

telephotography : telefotografía

teleprinter : teleimpresor, teletipo

teletypewriter : teleimpresor, teletipo

television (TV) : televisión (TV)
—— **broadcasting** : tadiodifusión de televisiónn
—— **circuit** : circuito de televisión
——, **educational** : televisión educativa
——, **live** : televisión en directo
—— **operation center (TOC)** : centro de operaciones de televisión
—— **programme circuit** : circuito radiofónico de TV

telewriter : teleautógrafo

telewriting : teleautografía

telex destination code : código télex de destino
—— **telex** : servicio télex

temperature compensated oscillator : oscilador de temperatura compensada
——, **equivalent satellite link noise** : temperatura de ruido equivalente en un enlace por satélite

terminal countdown demonstration (launch) : demonstración de la cuenta regresiva final (lanzamiento)
—— **country** : país terminal, país de destino
—— **installation for data transmission** : instalación terminal para transmisión de datos
—— **level** : nivel compuesto adaptado
—— **national center** : centro terminal nacional
—— **national section** : sección terminal nacional

ternary (comp) : ternario(a) (comp.)

terrestrial broadcasting stations : estaciones "terrenales" de radiodifusión
—— **radio-relay systems** : sistemas "terrenales" de radiorrelevadores
—— **station** : estación terrenal (no de servicio por satélite)

test board : mesa de pruebas y medidas
—— **call** : llamada de prueba
—— **channel** : canal de prueba

testing limit : pruebas límite
—— **point** : punto de pruebas
—— **site** : polígono (campo) de pruebas

tetrad (comp.) : tetrada (comp.)

theoretical cut-off frequency : frecuencia de corte teórica

theory, ray : teoría de la radiación

thermal agitation noise : ruido de agitación térmica; ruido térmico
—— **blanket** : cubierta térmica; protección térmica
—— **control** : control (o regulación) térmico(a)
—— **control coating** : revestimiento de control térmico
—— **expansion** : dilatación térmica
—— **noise** : ruido térmico
—— **stand-off** : distanciador(aislador) térmico
—— **vacuum test** : prueba vacoutérmica; prueba térmica al vacío

thermionic tube : tubo (válvula) termoiónico(a)

thermistors : termistores

thermophone : termófono

thread (mec.) : rosca (mec.)

threshold : umbral; tope
—— **extension demodulator (TED)** : desmodulador de umbral mejorado

through : tránsito; escala (transmisión)
—— **level** : nivel absoluto

throughout grain : granancia total

thrust : impulso; impulsión; empuje

thruster : impulsor, propulsor; cohete
——, **mercury ion** : impulsor de iones de mercurio

thumb wheel : perilla moleteada

thump : ruido telegráfico; ruido de baja frecuencia

thyratron tube : tubo (válvula) tiratrón

tie line (trunk) : línea privada

time, answering : demora en la contestación
——, **chargeable** : duración tasable de la conferencia
——, **changeover** : tiempo de tránsito
——, **circuit operating** : duración de la operación
——, **conversation** : duración de una conferencia
—— **delay circuit** (comp.) : circuito retardador (comp.)
—— **derived channel** : canal derivado en tiempo
—— **division multiple access (TDMA)** : acceso múltiple por división en el tiempo (AMDT)
—— **division multiplex (TDM)** : múltiple por división en el tiempo (MDT)
—— **out** (teleph.) : periodo de espera (telef.); temporización
——, **percentage occupied** : coeficiente de ocupación

—— **pre-assigned** : con preasignación variable en el tiempo
—— **quantized** : cuantificación temporal
——, **receiver response** : tiempo de funcionamiento del receptor
—— **sharing** : compartición en el tiempo
——, **sidereal** : tiempo sidéreo
—— **slot** : intervalo de tiempo
——, **solar** : tiempo solar
——, **splitting** : tiempo de corte
—— **standard** : patrón de tiempo
——, **star** : tiempo sidéreo
——, **universal (UT)** : tiempo universal

timing : sincronización, regulación, temporización
—— **signal** : señal de temporización

toggle (to) : activar

tolerance, frequency : tolerancia de frecuencia

toll board (telph.) : cuadro interurbano (telef.)
—— **call** : conferencia interurbana
—— **circuit** : circuito interurbano
—— **office** : central interurbana
—— **switch train** : tren de conmutación interurbana
—— **switching trunk** : enlace de central interurbana
—— **ticketing** : facturación automática

tone, busy : señal (tono) de ocupado
——, **check** : tono de prueba de continuidad (telef.)
—— **control aperture** : diafragma de tonos
——, **picture** (TV) : frecuencia (portadora) de imagen (TV)
—— **reversal, partial** : inversion parcial de tonos
——, **ringing** (teleph.) : señal de conexión, tono de llamada (telef.)
—— **wedge** : escala de tonos

tonlar : tonlar (dispositivo estabilizador)

top frequency (ftop) : frecuencia superior

torn tape relay : tránsito manual con cinta perforada

torque : par motor; par de torsión; potencia (maquinas)
—— **converter** : convertidor de par

toroidal antenna : antena toroidal

torus antenna : antena toriodal

track : registro, pista, surco (grabación)
——, **sound** : registro de sonido; pista de sonido

tracking, space : seguimiento espacial (sat.)
—— **station** : estación de seguimiento

traffic average (per working day) (teleph.) : tráfico medio (en día laboral) (telef.)
—— **capacity** : capacidad de curso de tráfico
—— **flow** : flujo medio de tráfico; intensidad de tráfico
—— **overflow** : desborde de tráfico
——, **transit** : tráfico de tránsito (telef.)
——, **via-routing** : tráfico en tránsito

train, pulse : tren de impulsos

trajectory correction maneuvers (TCM) : maniobras de corrección de trayectoria (sat.)

transceiver : transceptor; transmisor/receptor

transconductance : transconductancia

transcriptor (comp.) : transcriptor (comp.)

transducer, active : transductor activo
—— **gain** : ganancia de transducción
——, **ideal** : transductor ideal
——, **linear** : transductor lineal
—— **loss** : pérdida de transducción
——, **passive** : transductor pasivo

transfer (to) : transferir; transportar; transmitir
—— **allowed signal** : señal de autorización de transferencia
—— **channel** : canal de transferencia
—— **impedance** : impedancia de transferencia
—— **link** : enlace de transferencia
—— **orbit** : órbita de transferencia
—— **point, group** : punto de transferencia de grupo primario
—— **point, supergroup** : punto de transferencia de grupo secundario
—— **prohibited signal** : señal de prohibición de transferencia
—— **rate, data** : velocidad de transferencia de datos

transform (to) : transformar; convertir

transformer, booster : transformador regulador
—— **core** : núcleo del transformador
——, **ideal** : transformador ideal

transhorizont system : sistema transhorizonte

transients : peturbaciones transitorias; ruidos parásitos

transit call : comunicación en tránsito
—— **circuit direct** : circuito directo en tránsito
—— **country** : país de tránsito
——, **direct** (telegram) : tránsito directo (telegramas)

—— **exchange, international** : centro internacional de tránsito
—— **telegram** : telegrama de tránsito
—— **telegram with automatic retransmission** : telegerama de tránsito con retransmisión automática
—— **telegram with manual retransmission** : telegrama de tránsito con distribución
—— **telegram with switching** : telegrama de tránsito con conmutación

transmission, asymetric sideband : transmisión con bandas laterales asimétricas
——, **asynchronous** : transmisión asíncrona
—— **bandwidth** : ancho de banda de transmisión
—— **channel** : canal de transmisión
—— **delay** : tiempo de programación; retardo de transmisión
——, **direct-current** : transmisión en corriente continua
——, **double current** : transmisión con dos polaridades
—— **gain** : ganancia de transmisión
—— **level** : nivel relativo de potencia
—— **loss** : pérdida de transmisión
——, **manual** : transmisión manual
—— **measuring set (TMS)** : medidor de transmisiones
——, **parallel** : transmisión en paralelo
—— **performance** : calidad de la transmisión
——, **serial** : transmisión de serie
——, **synchronous** : transmisión síncrona
——, **two sidebands and carrier** : transmisión de portadora y dos bandas laterales
—— **units** : unidades de transmisión
——, **vestigial sideband** : transmisión con banda lateral residual

transmissions, air-to-ground : transmisiones aire-tierra
——, **Earth-to-space** : transmisiones Tierra-espacio
——, **space-to-space** : transmisiones espacio-espacio

transmit flow control : control del flujo de transmisión

transmitter, automatic : transmisor automático
——, **automatic numbering** : numerador automático
——, **automatic tape feed controlled** : transmisor automático mandado por impulsos
—— **distortion** : distorsión de emisión
——, **ground based** : transmisor instalado en tierra
—— **noise** : ruido de micrófono

transmultiplexer : transmultiplexor

transparency : transparencia

transponder : transpondedor; transmisor/repetidor
—— **lease** : arriendo (alquiler) de transpondedores
——, **leased** : transpondedor arrendado (alquilado)

transpositions, coordinated (teleph.) : transposiciones coordinadas (telef.)
—— **by crossing** : transposiciones por cambio (telef.)
—— **of signal elements** : transposiciones de elementos de la señal
——, **twist** : rotaciones

transverse judder : desalineación transversal
—— **voltage** : tensión transversal

traverse scanning : translación de exploración
—— **sweeping** : translación de barrido

triangular noise : ruido triangular

trigger circuit (comp.) : circuito disparador; circuito excitador

tropospheric propagation : propagación troposférica
—— **scatter** : dispersión troposférica

truncation error : error de redondeo

trunk (teleph.) : circuito interurbano; conexión de enlace; troncal (telef.)
—— **call** : conferencia interurbana
—— **circuit** : circuito interurbano; repetidor
—— **circuit connected to a radio-telephone** : circuito de prolongación
—— **code** : distintivo urbano (telef.)
——, **common** : circuito (línea) común
—— **exchange** : central interurbana
——, **individual** : línea (circuito) individual
—— **junction** : enlace de central urbana
—— **operator dialing** : selección a distancia (serv. internacional)
——, **partial common** : enlace semicomún
—— **prefix** : prefijo interurbano (telef.)
——, **recording** : línea de anotatriz
—— **recording, complete (CTR)** : línea de aviso y comunicción
—— **switchboard** : cuadro (centralita) interurbano(a)
—— **tie** : línea (circuito) privada(o)
——, **toll switching** : enlace de central interurbana

truss tower (sat.) : torre de celosía (sat.)

tube, electron : tubo (válvula) electrónico(a)
——, **travelling wave (TWT)** : tubo de ondas progresivas (TOP)
——, **vaccum** : tubo válvula) al vacío

tone (to) : sintonizar; ajustar

tuned filter : filtro de resonancia

tuning : sintonización; ajuste
—— **fork** : diapasón

tunnel diode amplifider (TDA) : amplificador a diodo túnel

twist transpositions : rotaciones

two-hop transmissions (sat.) : transmisiones de doble salto (sat.)

two-tone telegraph system : sistema de transmisión con dos frecuencias (telegr.)

two-way circuit : circuito bilateral; circuito bidireccional

two-way simplex communications : comunicaciones semidúplex

two-way circuit : circuito bifilar; circuito a dos hilos

NOTES

U

UHF antenna : antena para hiperfrecuencias
ultra audio frequency : frecuencia ultraaudible
ultrasonoscope : ultrasonoscopio
ultraviolet induced : inducido(a) por rayos ultravioleta
unaffected level : nivel invariable
unattended station : estación no atendida (o telerregulada)
unbalance : disimetría (en una instalación)
—— **measuring set** : equilibrómetro
unbalanced network : red desequilibrada
unblocking signal : señal de desbloqueo
uncertainty : incertidumbre
underground conduit : conductor subterráneo
—— **metallic lines** : líneas metálicas terrestres
—— **structures** : estructuras subterráneas
underlap : desligamiento
undershoot (TV) : distorsión por sobremodulación (intramodulación) (TV)
underthrow (TV) : distorsión por submodulación (TV)
undulator : ondulador
unequalized repeater : repetidor descompensado
unfurlable antenna : antena desplegable (o desenrrollable)
unidirectional : undireccional; unilateral
unilateral control : control unilateral
unintelligible crosstalk : diafonía ininteligible
unique word (UW) : palabra única
uniselector : uniselector; conmutador rotatorio
unit, answer-back : unidad de contestación automática
—— **charge** : unidad de tasa
——**, control** : telemando
—— **element** : elemento unitario
—— **interval** : intervalo unitario
——**, transmission** : unidad de transmisión
units, code : unidades (o elementos) de código
universal data transfer service (UDTS) : servicio universal de transferencia de datos
universal time (UT) : tiempo universal
unmanned earth station : estación terrena telerregulada (est. terrena automática)
unscreened diode : diodo no ensayado; diodo no probado
unreasonable message : mensaje incoherente
unsound contacts : contactos defectuosos
unsuccessful call : llamada infructuosa
unsymetrical sections : secciones asimétricas
unwanted carrier : portadora no deseada
—— **emissions** : emisiones no deseadas
up-converter : convertidor elevador (de IF a RF)
up-down working : funcionamiento en alternativa
up-link : enlace ascendente (estación-satélite)
up-path : trayecto ascendente
usable scanning line length : longitud útil de la línea de explotación
usage, circuit : coeficiente de ocupación de un circuito
user : usuario
—— **community** : comunidad de usuarios

NOTES

V

vacant-national number signal : señal de número nacional vacante

vacuum, thermal : vacoutérmico(a)
— **tube** : válvula electrónica; tubo al vacío

vagabond current : corriente vagabunda

vagrant atmospheric wave : onda atmosférica vagabunda

valance : valencia
— **band** : banda de valencia

validity (comp.) : corrección de un resultado (comp.)

value, nominal : valor nominal

valve : válvula; lámpara termoiónica (radio)
— **holder** : zócalo de válvula; portalámpara

variable inductor : inductor variable; variómetro

variance : fluctuación; variancia

variolosser : atenuador automático

varioplex (telegr.) : varioplex (telegr.)

vector plot diagram : diagrama vectorial

velocity, envelope (or group) : velocidad de grupo
— **, phase** : velocidad de fase

verdan system : sistema verdán (de repetición automática)

verifier (comp.) : verificadora (comp.)

vertebral assembly (waveguide) : conjunto vertebrado (guíaondas)

vertical radiation pattern : diagrama de radiación vertical

vestigial sideband : banda lateral residiual; banda lateral parcialmente suprimida

VHF radio waves : radioondas de hiperfrecuencia

vibration damper : amortiguador de vibraciones
— **tests** : pruebas de vibración

video circuit (TV) : circuito video (TV)
— **frequency** : frecuencia de imagen, videofrecuencia (TV)
— **tape** : registro de programa de TV en cinta

videoconference : videoconferencia

videophone : videófono; visófono

videotex : videotexto; transmisión de datos y texto (TV)

viewer : visor

viscous damping : amortiguador de líquido viscoso

visual data unit (VDU) : unidad de presentación visual

vogad (voice-operated gain adjusting device) : regulador de ajuste de granancia accionado por voz

void : vacío, vacuo; anulado, sin valor

voice communication : comunicación telefónica
— **frequency (VF)** : frecuencia vocal; frecuencia telefónica
— **frequency multichannel system** : sistema armónico; telegrafía armónica
— **frequency signaling** : señalización en frecuencia vocal
— **frequency telegraphy (VTF)** : telegrafía armónica
— **link quality** : calidad del enlace de voz
— **operation** : radiotelefonía
— **spurt** : intensificación de la voz; aumento repentino de la voz
— **spurt interpolation** : interpolación por aumento repentino de la voz

volt-ammeter : voltiamperímetro; vatímetro

voltage : tensión; voltaje
— **axial ratio** : elipticidad de tensión
— **factor** : factor de amplificación
— **level** : level : nivel absoluto de tensión
— **level difference** : nivel relativo de tensión
— **, psophometric** : tensión sofométrica
— **, residual** : tensión residual
— **, service** : tensión de servicio
— **, sparkover** : tensión de chispa; tensión disruptiva
— **, transverse** : tensión transversal

voltameter : coulombímetro

volume, American reference : volumen de referencia americano
— **equivalent** : equivalente de referencia; volumen relativo
— **, sound** : potencia sonora; volumen
— **unit (vu)** : unidad de volumen

vu : volumen medio de sonido (de voz o música)
— **meter** : volúmetro

W

wafer (transistors) : disco; pastilla (transistores)
—— **, silicon** : disco de sicilio

waiting time : tiempo de espera

walkie-lookie (TV) : transmisor portátil de TV
—— **talkie** : radioteléfono (o transceptor) portátil

warbling carrier : portador de frecuencia vibrada

warning tone : tono de aviso

warnings, metereological : boletines metereológicos
—— **, navigational** : aviso a los navegantes

wave, anti-clockwise polarized : onda de polarización levógira (sinestrorsa)
—— **, clockwise polarized** : onda de polarización dextrógira (dextrorsa)
—— **, continous (CW)** : onda continua; onda sostenida
—— **dust** : guiaondas cilíndrico
—— **meter** : ondómetro

waveform monitor mask : patrón monitor de formas de onda
—— **response** : respuesta transitoria
—— **, triangular** : forma de onda triangular

waveguide (WG) : guiaondas
—— **runs** : recorridos de microondas

wavelength : longitud de onda
—— **constant** : constante de fase

way-circuits : (sistema de) estaciones en serie

weather radar, airborne : radar metereológico de aeronaves

wedge, shaped slot : ranura cuneiforme
—— **, tone** : ecala de tonos (acus.)

weight (to) : pesar; medir; ponderar; sopesar
—— **psophometric** : peso (ponderación) sofométrico(a)

weighted current value : valor ponderado de una corriente
—— **noise** : ruido ponderado
—— **value** : valor ponderado

weighting factor : índice de ponderación
—— **network** : red de ponderación; red variante

weightless : ingrávido(a)

weld : soldadura

welding : soldeo

West spot beam : haz pincel Oeste

wetting currents : corrientes de humectación

wheel attitude control (sat.) : control de la actitud por volante (sat.)
—— **, gimballed momentum** (sat.) : volante de inercia de cardán (o cardánico)

white, artificial (signal) (TV) : señal de blanco artificial (TV)
—— **flat** (TV) : bandera blanca (TV)
—— **noise** : ruido blanco
—— **, nominal** (signal) (TV) : señal de blanco nominal (TV)

wide band : danda ancha

wind, solar : viento solar
—— **, stellar** : viento estelar

winding : devanado, embobinado

wiper : escobilla

wire : hilo; cable; conductor
—— **, line** : línea de conductores
—— **, open** : hilo desnudo
—— **broadcasting** : teledifusión

wiring : cableado
—— **harness** : soporte del cableado

word : palabra
—— **, conventional telegraph** : palabra telegráfica convencional
—— **processing (WP)** (comp.) : tratamiento de textos (comp.)
—— **, unique (UW)** : palabra única

working, closed cirucit : transmisión en circuito cerrado
—— **, open circuit** : transmisión en circuito abierto
—— **standard** : sistema patrón de trabajo
—— **, up and down** : funcionamiento en alternativa

World Plan Committee (WPC) : Comisión Mundial del Plan (UIT)

Y

yaw (sat.) : guiñada (sat.)
—— **attitude sensor** : sensor de guiñada (sat.)
—— **axis** : eje de guiñada (sat.)
—— **-rate gyro** : giroscopio para amortiguar la guiñada

"yes or no" test : prueba de viabilidad

yoke, carbon fibre composite : brida de fibra de carbono

Z

zero (relative) point : punto cero
—— **relative level** : nivel relativo cero
—— **suppression** (comp.) : supresión de ceros (comp.)

zero-access memory (comp.) : memoria de acceso inmediato (comp.)

zeroing : cero automático

zone beam : haz de zona
—— **coverage** : cobertura de zona
—— **, coverd** :zona cubierta
—— **sharing** : compartición de zona
—— **time** : hora del huso horario

NOTES

NOTES

INTERCONVERSIONS
INTERCONVERSIONES

abampere : 10 amperios.

abcoulomb : 10 culombios.

abfarad : 1 gigafaradio.

abhenry : 1 nanohenrio.

abmho : 1 gigamho.

abmho/inch : 0,3937 gigamho/centímetro.

abohm : 1 nanoohmio.

abohm-inch : 0,002540005 microohmio-centímetro.

abvolt : 0,01 microvoltio.

abvolt/° F : 0,018 microvoltios/°C.

abvolt/inch : 0,3937 microvoltios/metro.

acre : 0,4046872 hactáreas.

acre-foot : 1233,49 metros³.

acre-foot/day : 1233,49 metros³/día.

acre-foot/hour : 342,626 litros/segundo.

acre-foot/mile² : 476,23 metros³/kilómetro².

acre-foot/minute : 20,5576 metros³/segundo.

acre-inch : 102,79 metros³.

acre-inch/hour : 38,55 litros/segundo.

ampere/circular mil : 197,3519 kiloamperios/centímetro².

ampere/foot : 0,0328 amperio/centímetro.

ampere/foot² : 0,10763 amperio/decímetro².

ampere/inch² : 0,155 amperio/centímetro².

ampere/mil² : 1.550 amperio/milímetro².

ampere-turn/inch : 0,3937 amperio-espira/centímetro.

assay ton (England) **:** 32,666 gramos.

assay ton (USA) **:** 29,167 gramos.

---

bag (England) **:** 109,103 litros.

bag of cement : 42,53 kilogramos.

barrel (brewer's) : 117,3452 litros.

barrel (England) **:** 163,654 litros.

barrel (dry, USA) **:** 115,6246 litros.

barrel (liquid, USA) **:** 119,2379 litros.

barrel-bulk : 0,4645 metro³.

barrel of cement : 170,55 kilogramos.

barrel of oil (USA) **:** 158,9838 litros.

barrel of oil/hour : 3,8155 metros³/día.

base box (tinplate) : 20,2322 metros².

board-foot : 0,00235975 metros³.

Board of Trade unit : 8.600 kilocalorías.

bolt of cloth : 36,5761 metros.

Btu : 1054,35 julios.

Btu (60° F)/° F : 1,89828 julios/°C.

Btu/day : 252 calorías/día.

Btu/(day × foot²) : 0,011301 caloría/(hora × centímentro²).

Btu/(day × foot² × ° F) : 0,02034 caloría/(hora × cm² × °C.

Btu/foot² : 0,271245 caloría/centímentro².

Btu/(foot² × minute) : 2,7124 kilocaloría/metro² × minuto).

Btu/foot³ : 0,0372589 julio/centímetro³ : 8,89915 kilocaloría/metro³.

Btu/foot³ (60 °F, 30 inch. Hg, saturado con vapor de agua a la temperatura ambiente) : 9,547 kilocaloría/metro³ (0 °C. 760 mm Hg. seco) : 9,49 kilocaloría/metro³ (0 °C, 760 mm Hg, saturado) : 9,05 kilocaloría/metro³ (15 °C, 760 milímetros Hg, seco) : 8,898 kilocaloría/metro³ (60 °F, 30 inch Hg, saturado).

Btu/(foot³ × ° F) : 0,0670661 julio/(centímetro³ × °C) : 16,0185 kilocaloría/(metro³ × °C).

Btu/hour : 0,069998 caloría/segundo : 0,293071 vatio.

Btu/(hour × foot²) : 0,31524 milivatio/centímetro² : 0,27124 caloría/(hora × centímetro¹).

Btu/(hour × foot² × ° F) : 0,13562 milicaloría/segundo × centímetro² × °C) : 0,56782 milivatio/(centímetro² × °C).

Btu/(hour × foot³) : 0,013497 milivatio/centímetro³ : 2,47199 microcaloría/(segundo × centímetro³) : 8,8991 kilocalorías/(hora × metro³).

Btu-foot/(hour × foot² × ° F) : 14,8816 caloría-centímetro/(hora × centímetro² × °C) : 0,0172957 vatio-centímetro/(centímetro² × °C).

Btu-inch/foot² : 0,68896 caloría-centímetro/centímetro².

Btu-inch/day × foot² × ° F) : 0,0516723 caloría-centímetro/(hora × centímetro² × °C.

Btu-inch/(hour × foot² × ° F) : 1,24013 caloría-centímetro/(hora × centímetro × °C).

Btu-inch/second × foot² × °F) : 5,1877/julios-centímetro/(segundo × centímetro² × °C).

Btu-inch/hour × inch² × °F : 0,1785 kilocaloría-centímetro/(hora × centímetro² × °C).

Btu/inch² : 39,06 caloría/centímetro¹.

Btu/inch³ : 15,376 caloría/centímetro³.

Btu/minute : 0,0238919 caballo : 17,5725 vatios.

Btu/(mol × °F) : 0,45358 kilocaloría/(mol × °C).

Btu/pound : 2,326 julios/gramo : 0,55556 kilocaloría/kilogramo.

Btu/(pound × °F) : 4,186 julios/(gramo × °C) : 1 caloría/(gramo × °C) : 426,93 kilogramo-metros/(kilogramo × °C).

Btu/second : 1,43351 caballos : 1,05435 kilovatios.

Btu/ton (long) : 248,008 caloría/tonelada.

Btu/ton (short) : 277,76 caloría/tonelada.

bucket (England) : 18,18383 litros.

bushel (England) : 36,367667 litros : 36,3687 decímetros³.

bushel (USA) : 35,23829 litros : 35,2393 decímetros³.

bushel (England)/**acre** : 0,8986 hectolitros/hectárea.

bushel (USA)/**acre** : 0,870754 hectolitros/hectárea.

butt (England) : 572,7907 litros.

cable : 219,456 metros.

candela/foot² : 3,38157 mililambertios.

candela/inch² : 486,945 mililambertios.

cental : 45,35924 kilos.

chain (Gunter's) : 20,11684 metros.

chain (Ramden's) : 30,48006 metros.

chain² (Gunter's) : 404,6873 metros².

chain² (Ramden's) : 929,0341 metros².

chaldron (England) : 1,1638 metros³.

chaldron (USA) : 1,26861 metros³.

circular inch : 5,06709 centímetro.

circular mil : 0,000506709 milímetros².

circular mil-foot : 0,15444 milímetros³.

circular mil-inch : 0,01287 milímetros³.

clove (England) : 3,62873 kilogramos.

coomb (England) : 145,4707 litros.

cord : 3,62458 metros³.

cord-foot : 0,45307 metros².

cusec : 28,3162 litros/segundo.

cusec/mile² : 11 litros/segundo/kilómetro².

cusec/year : 892784 metros³.

cylindrical foot : 0,022241 metros³.

cylindrical inch : 12,8729 centímetros³.

degree (English-hydrometry) : 14,3 partes/millón : 14,3 milligramos/litro.

degree : 60 minutos : 3.600 segundos : 0,0174533 radian.

degree/foot : 0,000572614 radianes/centímetro.

degree/inch : 0,00687137 radianes/centímetro.

douzieme : 0,188 milímetros.

drachm (fluid, England) : 3,55153 mililitros.

dram (Apothecary, Troy) : 3,887935 gramos.

dram (Avoirdupois) : 1,771845 gramos.

dram (fluid, USA) : 3,69661 mililitros.

ell : 1,143002 metros.

fathom : 1,828804 metros.

fathom³ of timber : 6,116 metros³.

firkin (England) : 40,91364 litros.

firkin (USA) : 34,06796 litros.

foot : 0,3048006 metros.

foot-candle : 10,7639 lux.

foot-lambert : 0,000342624 candela/centímetro².

foot/°F : 54,86411 centímetros/°C.

foot/hour : 0,3048006 metros/hora.

foot × hour × °F/Btu : 57,7789 centímetro × °C/vatio : 241,909 centímetro × segundo × °C/caloría : 0,671969 metro × hora × °C/kilocaloría.

foot/pound : 0,6719 metro/kilogramo.

foot/minute : 0,3048 metro/hora.

foot of air : 0,3725 kilogramo/metro².

foot of mercury : 0,4143 kilogramo/centímetro².

foot of water : 0,030479 kilogramo/centímetro².

foot-ounce : 0,084738 julios.

foot-pound : 1,35582 julios.

foot-pound/foot : 0,453 kilográmetro/metre.

foot-pound/pound : 0,00298907 julio/gramo.

foot-pound/slug : 0,092902 julio/kilogramo.

foot-poundal : 0,0421403 julios.

foot-ton (long) : 3,03703 kilojulios.

foot-ton (short) : 2,7114 kilojulios.

foot^2 : 0,09290341 metros^2.

foot^2/gallon (England) : 0,02043 metros^3/litro.

foot^2/gallon (USA) : 0,02454 metros^2/litro.

foot^2/horsepower : 0,091632 metros^2/caballo.

foot^2/hour : 0,258064 estokios : 0,092903 metro^2/hora.

foot^2 × hour × °F/Btu × inch : 693,347 centímetro × °C/vatio : 2902,91 centímetro × segundo × °C/caloría : 8,06363 metro × hora × °C/kilocaloría.

foot^2/pount : 0,2481 metros^2/kilogramo.

foot^2/second : 929,03 estokios : 334,451 metros^2/hora.

foot^2-ton (long) : 0,09439 tonelámetro-metro^2.

foot^2-ton (short) : 0,08428 tonelámetro-metro^2.

foot^3 : 28,316223 litros.

foot^3 (Modulus of section) : 28,31701 decímetros^3.

foot^3/acre : 0,06995 metros^3/hectárea.

foot^3/gallon (England) : 0,006227 metros^3/litro.

foot^3/gallon (USA) : 0,007478 metros^3/litro.

foot^3/hour : 28,316 litros/hora.

foot^3/megawatt : 0,02831 metros^3/megavatio.

foot^3/minute : 0,471937 litros/segundo.

foot^3/second : 101,941 metros^3/hora : 28,3162 litros/segundo.

foot^3/pound : 62,426 mililitros/gramo.

foot^3/therm : 0,0011237 metro^3/megacaloría.

foot^3/ton (long) : 27,8688 mililitros/kilogramo : 0,027869 metro^3/tonelada.

foot^3/ton (short) : 0,031209 metro^3/tonelada.

foot-kip : 1,3558 kilojulios.

foot-pound/hour : 0,376617 milivatios.

foot-pound/minute : 0,022597 vatios.

foot-pound/(pound × °F) : 0,00538032 julio/(gramo × °C) : 0,54864 kilogramo-metro/(kilogramo × °C).

foot-pound/second : 1,35582 vatios : 1,35582 julios/segundo

foot^3-atmosphere : 2,8692 julios.

foot^3-atmosphere/pound : 6,3255 julios/gramo.

foot^3-(pound/inch^2) : 195,238 julios.

foot^3-(pound/inch^2)/pound : 0,430426 julios/gramo.

foot^4 : 86,3097 decímetro^4.

foot^5 : 0,00263328 metro^5.

forty : 16,18748 hectáreas.

furlong (USA) : 201,1684 metros.

gallon (England) : 4,5459585 litros.

gallon (dry, USA) : 4,404787 litros.

gallon (liquid, USA) : 3,7853285 litros.

gallon (England)**/acre** : 11,233 litros/hectárea.

gallon (USA)**/acre** : 9,353 litros/hectárea.

gallon (England)**/hour** : 4,54595 litros/hora.

gallon (USA)**/hour** : 3,78532 litros/hora.

gallon (England)**/mile** : 2,82473 litros/kilómetro.

gallon (USA)**/mile** : 2,35209 litros/kilómetro.

gallon (England)**/minute** : 272,758 litros/hora.

gallon (USA)**/minute** : 0,0630888 litros/segundo.

gallon (England)**/pound** : 10,022 litros/kilogramo.

gallon (USA)**/pound** : 8,3452 litros/kilogramo.

gallon (England)**/second** : 16,3659 metros^3/hora.

gallon (USA)/ : 3,785328 litros/segundo.

gallon (England)**/yard^2** : 5,4369 litros/metro^2.

gallon (USA)**/yard^2** : 4,5272 litros/metro^2.

gallon (England)**/yard^3** : 5,946 litros/metro^3.

gallon (USA)**/yard^3** : 4,951 litros/metro^3.

geepound : 14,5939 kilogramos.

General Electric unit : 3,05314 gramos-metro.

gill (England) : 0,14261 litros.

gill (USA) : 0,1182942 litros.

grade : 100 minutos centesimales : 3,240 segundos centesimales : 0,01570796 radian.

grain : 64,798918 miligramos.

grain/foot^3 : 2,2883 gramos/metro^3.

grain/100 foot^3 : 0,0228835 gramos/m^3 : 0,0228842 miligramos/litro.

grain/gallon (England) : 14,25418 gramos/metro^3.

grain/gallon (USA) : 17,11844 gramos/metro^3.

grain/inch : 2,551133 gramos/metro.

grain/pound : 0,1428 gramos/kilogramo.

grain/yard : 0,07086 gramos/metro.

grain/yard^3 : 0,08475 gramos/metro^3.

grain/hour/foot² : 16,7 gramos/hora/metro².

grain/24 hours/100 inch¹ : 15,5 gramos/24 horas/metro².

gram/ton (long) : 0,984206 miligramos/kilogamo.

gram/ton (short) : 1,102311 miligramos/kilogramo.

gram/yard² : 1,19603 gramos/metro².

---

half section : 129,472 hectáreas.

hand : 10,16002 centímetros.

hank : 768,1 metros.

hasp : 3291,8 metros.

heer : 548,64 metros.

hide of land : 40,467 hectáreas.

hogshead (England) : 286,3877 litros.

hogshead (USA) : 238,4757 litros.

horsepower (boiler) : 9809,5 julios/segundo.

horsepower (electrical) : 746 julios/segundo.

horsepower (mechanical) : 745,702 julios/segundo.

horsepower-hour : 2,68453 megajulios.

horsepower-hour/pound : 5,91837 kilojulios/gramo.

horsepower-year : 23516,5 megajulios.

hundredweight (long) : 50,80235 kilogramos.

hundredweight (short) : 45,35924 kilogramos.

hundredweight (long)/15 fathoms : 1,8519 kilogramo/metro.

hundredweight (short)/15 fathoms : 1,6535 kilogramos/metro.

hundredweight (long)/90 fathoms : 30,865 kilogramos/100 metros.

hundredweight (short)/90 fathoms : 27,558 kilogramos/100 metros.

hundredweight (long)/acre : 125,53 kilogramos/hectárea.

hundredweight (short)/acre : 112,08 kilogramos/hectárea.

hundredweight (long)/nautical mile : 27,419 kilogramos/kilómetro.

---

inch : 25,4 milímetros.

inch/°F : 4,572 centímetro/°C.

inch/foot : 8,333 centímetros/metro.

inch/inch/hour : 24 centímetros/centímetro/día.

inch/inch/°F : 1,8 centímetro/centímetro/°C.

inch of air : 0,031052 kilogramos/metro¹.

inch of mercury : 0,0345316 kilogramo/centímetro².

inch of water : 0,0025373 kilogramos/centímetro².

inch of rainfall/acre : 102,7902 metros³.

inch-ounce : 7,0615 milijulios.

inch-pound : 0,112985 julios.

inch-pound/inch³ : 0,0068947 julios/centímetro³.

inch-ton (long) : 253,086 julios.

inch-ton (short) : 225,95 julios.

inch-ton (long)/inch³ : 15,445 julios/centímetro³.

inch-ton (short)/inch³ : 13,8126 julios/centímetro³.

inch²-foot : 196,649 centímetros³.

inch²-foot² : 5993,29centímetros⁴.

inch² : 6,451625centímetros².

inch²/hour : 1,79211 miliestokios : 0,00064516 metro²/hora.

inch²/second : 6,4516 estokios : 2,32258 metro²/hora.

inch²/inch³ : 0,3937 centímetro²/centímetro³.

inch²/pound : 1,45038 centímetro²/newtonio.

inch²/ton (long) : 6,47492 × 10^{-9} centímetros²/dina.

inch²/ton (short) : 7,25191 × 10^{-9} centímetros²/dina.

inch³ : 16,3871 centímetros.

inch³/horsepower : 16,1629 centímetro³/caballo.

inch³/pound : 36,1263 milímetros³/kilogramo.

inch²-inch² : 41,623 centímetro²-centímetro².

inch⁴ : 41,6231 centímetros⁴.

inch⁵ : 105,731 centímetros⁵.

iron : 0,5283 milímetros.

---

joule/(pound × °F) : 0,003067 julios/(gramo °C).

joule/(foot² × inch × second × °F) : 0,004921 julios/(centímetro² × centímetros × segundo × °C).

joule/abcoulomb : 0,1 julio/culombio.

joule/(abcoulomb × °F) : 0,18 julio/(culombio × °C).

joule (coulomb × °F) : 1,8 julio/culombio × °C).

joule/statcoulomb : 2,99793 gigajulio/coulombio.

joule/statcoulomb × °F) : 4,39627 gigajulio/culombio × °C).

keel : 21,54 toneladas.

kilderkin (England) : 81,82728 litros.

kiloton (long) : 1016,047 toneladas.

kiloton (short) : 907,184 toneladas.

kilowatt-hour/pound/°F : 14,2866 kilojulios/gramo/°C.

kilowatt-hour/ton (long) : 0,9842 kilovatio-hora/tonelada.

kilowatt-hour/ton (short) : 1,1023 kilovatio-hora/tonelada.

kilowatt-hour/foot²/inch/hour/°F : 4,9212 julios/centímetro²/centímetro/segundo/°C.

kilowatt/mile : 0,621369 kilovatio/kilómetro.

kip : 453,592 kilogramos.

kip-foot : 1355,7 julios.

kitt : 0,08728 metro³.

knot (England) : 1,85318 kilómetros/hora.

knot (USA) : 1,853248 kilómetros/hora.

last (England) : 2,90949 metros³.

league (nautical) : 5,55974 kilómetros.

league (statute) : 4,82804 kilómetros.

line : 2,1166 milímetros.

line : 1 maxvellio.

line/inch² : 0,155 gaussios.

link (Gunter's) : 0,201168 metros.

link (Ramden's) : 0,30848 metros.

liter-atmosphere : 101,328 julios.

load (England) : 114,305 kilogramos.

load (England-capacity) : 1454,707 litros.

lumen/foot² × steradian) : 3,38157 mililamertios.

man-hour/10 foot : 3,28 hombres-hora/10 metros.

man-hour/10 foot² : 10,76 hombres-hora/10 metros².

man-hour/ton (long)-mile : 0,61156 hombres-hora/tonelada-kilómetro.

man-hour/ton (short)-mile : 0,68494 hombres-hora/tonelada-kilómetro.

man-hour/1000 yard² : 1,1559 hombres-hora/1.000 metros².

megaton (long) : 1,01604 megatonelada.

megaton (short) : 0,90718 megatonelada.

megohm/inch2 : 0,3937 megamho/centímetro².

megohm/mile : 0,621369 megaohmnio/kilómetro.

mho (mile, pound) : 5.709,97 mho (metro, gramo).

mho/circular mil-foot : 6,01529 megamhos/centímetro.

microfarad/mile : 0,62136 microfaradio/kilómetro.

microinch : 25,4 milimicrómetro.

microinch/inch : 0,01 micrómetro/centímetro.

microvolt/°F : 1,8 microvoltio/°C.

mill : 25,4 micrómetros.

mil² : 645,1628 micrómetros².

mile (geographical) : 1,85324 kilómetros.

mile (nautical, England) : 1,853181 kilómetros.

mile (nautical, USA) : 1,853248 kilómetros.

mile (statute, England) : 1609,3425 metros.

mile (statute, USA) : 1609,3472 metros.

mile/gallon (England) : 0,354016 kilómetros/litro.

mile/gallon (USA) : 0,425153 kilómetro/litro.

mile/(hour × second) : 0,4470408 metros/segundo².

mile/minute : 26,82245 metros/segundo.

mile of land : 259 hectáreas.

mile of standard cable (England) : 0,925 decibelios.

mile of standard cable (USA) : 0,946 decibelios.

mile² (England) : 258,99880 hectáreas.

mile² (USA) : 258,9998 hectáareas.

mile³ : 4,1682068 kilómetros³.

mille : 2,359 metros³.

milliampere/foot² : 0,10763 miliamperio/decímetro².

milligram/assay ton (England) : 30,612 miligramos/kilogramo.

milligram/assay ton (USA) : 34,2857 miligramos/kilogram.

milligram/foot² : 10,763 miligramos/metro².

milligram/inch : 0,03937 gramos/metro.

milliinch : 25,4 micrómetros.

milliliter/gallon (England) : 0,2199 mililitros/litro.

milliliter/gallon (USA) : 0,2642 mililitros/litro.

million barrels of oil/day : 1,8391 metro³/segundo.

million of foot³ : 28361 metros³.

million of gallons (England)/**day** : 52,6059 litros/segundo.

million of gallons (USA)/**day** : 43,804 litros/segundo.

minim (England) : 0,0591922 mililitros.

minim (USA) : 0,0616102 mililitros.

nail (England) : 57,1499 milímetros.

noggin (England) : 0,142061 litros.

ohm/mile : 0,6213 ohmio/kilómetro.

ohm/pound : 2,2046 ohmio/kilogramo.

ohm-circular mil/foot : 0,166229 microohmio-centímetro.

ounce (Apothecary, Troy) : 31,10348 gramos.

ounce (Avoirdupois) : 28,34952 gramos.

ounce (fluid, England**)** : 28,4122 mililitros.

ounce (fluid, USA**)** : 29,5728 mililitros.

ounce/basis box (tinplate) : 0,701 gramos/metro^2.

ounce/engine-mile : 17,85 gramos/motor-kilómetro.

ounce/foot^2 : 305,1505 gramos/metro^2.

ounce/foot^3 : 1,0017 kilogramo/metro^3.

ounce/gallon (England) : 6,3468 gramos/litro.

ounce/gallon (USA) : 7,4893 gramos/litro.

ounce/inch^2 : 4,39417 gramos/centímetro.^{2}

ounce/inch^3 : 1,73 gramos/centímetro.^{3}

ounce/pint (England) : 50 gramos/litro.

ounce/pint (USA) : 59,922 gramos/litro.

ounce/pound : 62,5 gramos/kilogramo.

ounce/ton (long) : 27,9018 miligramos/kilogramo.

ounce/ton (short) : 31,25 miligramos/kilogramo.

ounce/yard : 31 gramos/metro.

ounce/yard^2 : 33,9056 gramos/metro^2.

ounce (Troy)/1000 ampere-hour : 30,7 miligramos/amperio-hora.

ounce (Troy)/day : 1,2959 gramos/hora.

ounce (Troy)/gallon (England) : 6,842 gramos/litro.

ounce (Troy)/gallon (USA) : 8,216 gramos/litro.

ounce (Troy)/ton (long) : 30,6124 miligramos/kilogramo.

ounce (Troy)/ton (short) : 34,2857 miligramos/kilogramo.

ounce (Troy)/year : 0,003548 gramos/hora.

ounce-inch : 7,06155 milijulios.

ounce-inch^2 : 0,1829 kilogramo/centímetro.

pace : 0,762 metro.

palm : 76,20015 milímetros.

peck (England) : 9,09192 litros.

peck (USA) : 8,80957 litros.

pennyweight : 1,555174 gramos.

pennyweight/gallon (England) : 0,34209 gramos/litro.

pennyweight/gallon (USA) : 0,41083 gramos/litro.

perch : 5,0292 metros.

perch (masonry) : 0,7 metro^3.

pica (printers) : 4,21753 milímetros.

pint (England) : 0,568244 litros.

pint (Dry, USA**)** : 0,550598 litros.

pint (Liquid, USA**)** : 0,473166 litros.

pint (England)/**horsepower** : 0,5605 litros/caballo.

pint (liquid, USA**)/horsepower** : 0,4667 litros/caballo.

point (paper) : 25,4 micrómetros.

point (printers) : 0,3514605 milímetros.

poise-inch^3/gramo : 16,38716 centímetro^2/segundo.

poise-foot^3/pound : 62,428 centímetro^2/segundo.

pole : 5,0292 metros.

post : 0,007077 metro^3.

pottle (England) : 2,27298 litros.

pound (Apothecary, Troy) : 0,3732417 kilogramo.

pound (Avoirdupois) : 0,4535923 kilogramo.

pound of water (39,2° F)/second : 0,45363 litros/segundo.

pound/(foot × second) : 14,8816 poises.

pound/(fot × second) : 14,881 poises.

pound/1000 ampere-hour : 0,454 gramos/amperio-hora.

pound/basis box (tinplate) : 11,2 gramos/metro^2.

pound/bushel (England) : 1,2472 kilogramos/hectolitro.

pound/bushel (USA) : 1,28722 kilogramos/hectolitro.

pound/fathom : 0,248 kilogramo/metro.

pound/foot : 1,48816 kilogramo/metro.

pound/100 feet : 14,881 gramos/metro.

pound/foot² : 4,88241 milogramos/metro².

pound/1000 feet² : 4,8824 gramos/metro².

pound/foot² × year) : 133,8 miligramos/(decímetro² × d⅝a.

pound/foot³ : 16,01882 gramos/litro.

pound/gallon (England) : 99,7792 gramos/litro.

pound/gallon (USA) : 119,8291 gramos/litro.

pound/horsepower : 0,4474 kilogramos/caballo.

pound/inch : 17,8579 kilogramos/metro.

pound/inch² : 70,3067 gramos/centímetro².

pound/inch³ : 27,6799 gramos/centímetro³ : 27,6807 gramos/milímetro³.

pound/mile : 0,28184 kilogramo/kilómetro.

pound/million of gallons (England) : 99,776 miligramos/metro³.

pound/million of gallons (USA) : 119,826 miligramos/metro³.

pound/minute : 27,21555 kilogramos/hora.

pound/second : 1632,933 kilogramos/hora.

pound/ton (long) : 0,4464 kilogramo/tonelada.

pount/ton (short) : 0,5 kilogramos/tonelada.

pound/ton (long)-mile : 0,2775 kilogramos/tonelada-kilómetro.

pound/ton (short)-mile : 0,3106 kilotramos/tonelada-kilómetro.

pound/yard : 0,496053 kilogramo/metro.

pound/yard² : 0,5425 kilogramo/metro².

pound/yard³ : 0,593273 kilogramo/metro³.

pound-foot : 1,35582 newtonio-metro : 1,35582 julios.

pound-foot/second : 1,35582 vatios : 1,35582 julios/segundo.

pound-foot² : 421,401 kilogramos-centímetro².

pound-foot²/second : 0,0421401 kilogramo-metro²/segundo.

pound-hour/foot² : 1,72369 megapoises : 17576,7 kilogramos-scgundo/metro².

pound-inch : 0,112985 newtonio-metro : 0,112985 julios.

pound-inch² : 2,926408 kilogramos-centímetros².

pound-second/foot² : 478,803 poises : 4,88243 kilogramo-segundo/metro².

pound-second/inch² : 68,94731 kilopoises.

poundal : 14,0981 gramos : 13825,5 dinas.

poundal/foot² : 0,15175 kilogramo/metro².

poundal/inch : 5,55042 gramos/centímetro.

poundal/inch² : 2,1854 gramos/centímetro².

poundal/inch³ : 0,860319 gramos/centímetro³.

poundal-foot : 0,0421401 newtonio-metro.

poundal-second/foot² : 14,8816 poises : 0,15175 kilogramos-segundo/metro².

puncheon (England) : 318,217 litros.

quart (England) : 1,13649 litros.

quart (dry, USA) : 1,101197 litros.

quart (liquid, USA) : 0,946332 litros.

quarter (linear, England) : 22,86 centímetros.

quarter (dry, England) : 290,9413 litros.

quarter (long, England) : 12,7006 kilogramos.

quarter (long, USA) : 254,012 kilogramos.

quarter (short, England) : 11,3398 kilogramos.

quarter (short, USA) : 226,796 kilogramos.

quarter-quarter section : 1,6187 hectáreas.

quarter section : 64,784 hectáreas.

quartern (dry, England) : 2,27298 litros.

quartern (liquid, England) : 0,142061 litros.

quintal (long, England) : 50,802 kilogramos.

quintal (short, USA) : 45,359 kilogramos.

rod (volume) : 28,3167 metros³.

rod (linear) : 5,0292 metros.

rood (England) : 1011,711 metros².

rope (England) : 6,095991 metros.

sack : 109,103 litros.

sack of cement : 42,63 kilogramos.

sack of cement/yard³ : 55,77 kilogramos/metro³.

sackle of cable (England) : 22,86 metros.

sackle of cable (USA) : 27,432 metros.

scruple (Apothecary) : 1,2959784 gramos.

sea-mile/candle : 0,29 microlux.

seam (England) : 290,9413.

second-foot : 1,69902 metro³/minuto.

second-foot/year : 892784 metros^3.

section : 258,99 hectáreas.

shot of cable (England) : 22,86 metros.

shot of cable (USA) : 27,432 metros.

skein : 109,728 metros.

slug : 14,5939 kilogramos.

slug/foot^3 : 0,515375 gramos/centímetro^3.

slug/foot-second : 478,803 poises : 4,88242 kilogramo-segundo/metro.

span : 22,86 centímetros.

square of flooring : 9,29 metros^2.

standard of battens : 4,6015 metros^3.

standard of wood (Christiania) : 2,92019 metros^3.

standard of wood (Drammen) : 3,44405 metros^3.

standard of wood (Gothemburg) : 3,398 metros^3.

standard of wood (London) : 7,6437 metros^3.

standard of wood (Scandinavian, Petersbourg) : 4,6711 metros^3.

standard of wood (long, Quebec) : 7,7871 metros^3.

standard of wood (short, Quebec) : 6,4891 metros^3.

standard of wood (USA) : 4,7164 metros^3.

statampere : 0,333563 nanoamperio.

statcoulomb : 0,333563 nanoculombio.

statfarad : 1,11265 picofaradios.

stathenry : 0,898758 terahenrios.

statmho : 1,11265 picomohs.

statoersted : 0,333563 picooerstedios.

statohm : 0,898758 teraohmios.

statvolt : 299,793 voltios.

statvolt/°F : 539,627 voltios/°C.

statvolt/inch : 118,029 voltios/centímetro.

statweber : 299,793 weberios.

stone (legal, England) : 6,35029 kilogramos.

stone (customary, England) : 3,62873 kilogramos.

strike (England) : 72,735 litros.

tablespoonful : 15 mililitros.

teaspoonful : 5 mililitros.

therm : 0,001 kilocaloría.

therm/gallon (England) : 23,208 kilojulios/centímetro^3 : 5,54314 gigacaloría/metro^3 : 5,54501 thermie/litro.

thermie : 4,1855 megajulios : 999,69 kilocalorías : 1,16264 kilovatio/hora.

thermie/liter : 4,18538 kilojulios/centímetro^3 : 0,999662 gigacaloría/metro^3.

tierce : 158,982 litros.

ton (assay, England) : 32,666 gramos.

ton (assay, USA) : 29,16667 gramos.

ton (displacement) : 0,9911 metros^3.

ton (register) : 2,83167 metros^3.

ton (shipping, England) : 1,189 metros^3.

ton (shipping, USA) : 1,132 metros^3.

ton (long, England) : 1,01604 tonelada.

ton (short, USA) : 0,907184 tonelada.

ton (long)/acre : 2,5107 tonelada/hectárea.

ton (short)/acre : 2,2421 tonelada/hectárea.

ton (long)/circular inch : 2 kilogramos/milímetro^2.

ton (long)/foot : 3,3333 tonelada/metro.

ton (short)/foot : 2,976 tonelada/metro.

ton (long)/foot^2 : 1,09366 kilogramo/centímetro^2.

ton (short)/foot^2 : 0,97648 kilogramo/centímetro^2.

ton (long)/foot^3 : 35,881 toneladas/metro^3.

ton (short)/foot^3 : 32,0367 toneladas/metro^3.

ton (long)/hour : 0,28223 kilogramos/segundo.

ton (long)/inch of immersion : 0,4 tonelada/centímetro de inmersión.

ton (long)/inch^2 : 1,57487 kilogramos/milímetro^2.

ton (short)/inch^2 : 1,4063 kilogramos/milímetro^2.

ton (long)/mile : 0,63134 tonelada/kilómetro.

ton (short)/mile : 0,56369 tonelada/kilómetro.

ton (long)/mile^2 : 3,9229 kilogramo/hectárea.

ton (short)-mile : 1,46 tonelada-kilómetro.

ton (long)-mile/gallon (England) : 0,359697 tonelada-kilómetro/litro.

ton (short)-mile/gallon (USA) : 0,3857 tonelada-kilómetro/litro.

ton (long)-mile/mile : 1,016 tonelada-kilómetro/kilómetro.

ton (short)-mile/mile : 0,90718 tonelada-kilómetro/kilómetro.

ton (long)/yard : 1,111 tonelada/metro.

ton (short)/yard : 0,992 tonelada/metro.

ton (long)/yard² : 1,215 tonelada/metro².

ton (short)/yard² : 1,084 tonelada/metro².

ton (long)/yard³ : 1,32893 tonelada/metro³.

ton (short)/yard³ : 1,18654 tonelada/metro³.

ton of refrigeration (commercial, England) : 0,93692 kilocalorías/segundo.

ton of refrigeration (commercial, USA) : 0,83999 kilocalorías/segundo.

ton (long)-foot : 3037,03 newtonio-metro : 0,309691 tonelada-metro.

ton (short)-foot : 0,2765 tonelada-metro.

ton (long)-foot² : 0,094394 tonelada-metro².

ton (short)-foot² : 84,2807 kilogramo-metro².

ton (long)-inch : 253,086 newtonio-metro : 25,807 kilogramos-metro.

ton (short)-inch : 225,956 newtonio-metro : 23,042 kilogramos-metro.

ton (long)-inch² : 0,6556 kilogramo/metro².

ton (short)-inch² : 0,5853 kilogramo/metro².

township : 9,323994 hectáreas.

tun : 0,9538 metro³.

volt/inch : 0,3937 voltios/metro.

volt/mil : 39,37 voltios/milímetro.

water carat : 0,2 mililitros.

watt/inch² : 0,370459 caloría/(segundo × centímetro²).

watt-hour/ton (long)-mile : 0,6116 vatio-hora/tonelada-kilómetro.

watt-hour/ton (short)-mile : 0,685 vatio-hora/tonelada-kilómetro.

wey (capacity, England) : 1454,707 litros.

wey (mass, England) : 114,305 kilogramos.

yard : 0,9144 metros.

yard/hundredweight (long) : 17,99 metros/tonelada.

yard/hundredweight (short) : 20,17 metros/tonelada.

yard of land : 12,14 hectáreas.

yard² : 0,8361307 metros².

yard²/pound : 1,8436 metros²/kilogramo.

yard³ : 0,764559 metros³.

yard³/foot : 2,508 metros³/metro.

yard³/horsepower : 0,7541 metro³/caballo.

NAMES, SYMBOLS AND DEFINITIONS OF SI UNITS

SI Base Units

length **meter (m)**

The *meter* is the length equal to 1 650 763.73 wavelengths in vacuum of the radiation corresponding to the transition between the levels $2p_{10}$ and $5d_5$ of the krypton-86 atom.

mass **kilogram (kg)**

The *kilogram* is the unit of mass; it is equal to the mass of the international prototype of the kilogram. (The international prototype of the kilogram is a particular cylinder of platinum-iridium alloy which is preserved in a vault at Sèvres, France, by the International Bureau of Weights and Measures.)

time **second (s)**

The *second* is the duration of 9 192 631 770 periods of the radiation corresponding to the transition between the two hyperfine levels of the ground state of the cesium-133 atom.

electric current **ampere (A)**

The *ampere* is that constant current which, if maintained in two straight parallel conductors of infinite length, of negligible circular cross section, and placed 1 meter apart in vacuum, would produce between these conductors a force equal to $2 \cdot 10^{-7}$ newton per meter of length.

thermodynamic temperature **kelvin (K)**

The *kelvin*, unit of thermodynamic temperature, is the fraction 1/273.16 of the thermodynamic temperature of the triple point of water.

luminous intensity **candela (cd)**

The *candela* is the luminous intensity, in the perpendicular direction, of a surface of 1/600 000 square meter of a blackbody at the temperature of freezing platinum under a pressure of 101 325 newtons per square meter.

NOMBRES, SIMBOLOS Y DEFINICIONES DE UNIDADES IS

Unidades fundamentales

longitud **metro (m)**

El *metro* es la longitud igual a 1 650 763,73 longitudes de onda en el vacío de la radiación correspondiente a la transición entre los niveles $2p_{10}$ y el $5d_5$ del átomo de criptón 86.

masa **kilogramo (kg)**

El *kilogramo-masa* del prototipo de platino iridiado, sancionado por la III Conferencia General de Pesas y Medidas en 1901 y depositado en al Pabellón de Breteuil, de Sèvres.

tiempo **segundo (s)**

El *segundo* es la duración de 9 192 631 770 periodos de la radiación correspondiente a la transmisión de dos niveles hiperfinos del estado fundamental del átomo de cesio 133.

corriente eléctrica **amperio (A)**

El *amperio* es la intensidad de la corriente eléctrica constante que, mantenida en dos conductores paralelos, rectilíneos, de longitud infinita, de sección circular despreciable y colocados en el vacío uno a 1 metro del otro, produce entre estos dos conductores una fuerza igual a $2 \cdot 10^{-7}$ newton por metro de longitud.

termperatura termodinámica **grado Kelvin (K)**

El *grado Kelvin* es el grado de la escala termodinámica de la temperatura absoluta, en la cual la temperatura del punto triple del agua es 273,16 grados. Se puede emplear la escala Celsius, cuyo grado es igual al grado Kelvin y su punto cero corresponde a 273,15 grados de la escala termodinámica Kelvin.

intensidad luminosa **candela (cd)**

La *candela* es la intensida luminosa, en una dirección determinada, de una abertura perpendicular a esta dirección que tenga una superficie de 1/0 1/60 centímetros cuadrados y radie como un radiador integral (cuerpo negro) a la temperatura de solidificación del platino.

amount of substance **mole (mol)**

The *mole* is the amount of substance of a system which contains as many elementary entities as there are carbon atoms in 0.012 kg of carbon 12. The elementary entities must be specified and may be atoms, molecules, ions, electrons, other particles, or specified groups of such particles.

cantidad de materia **mole (mol)**

El *mole* es la cantidad de materia de un sistema que contenga tantas unidades elementales como átomos hay en 0,012 kilogramos de carbono 12. Las cantidades elementales deben ser especificadas, y pueden ser átomos, moléculas, iones, etc., o grupos especificados de tales partículas.

SI Supplementary Units

Unidades suplementarias IS

plane angle **radian (rad)**

The *radian* is the plane angle between two radii of a circle which cut off on the circumference an arc equal in length to the radius.

ángulo plano **radián (rd)**

Es el ángulo plano cuyos lados interceptan, en una circumferencia con centro en el vértice, un arco de longitud igual a su radio.

solid angle **steradian (sr)**

The *steradian* is the solid angle which, having its vertex in the center of a sphere, cuts off an area of the surface of the sphere equal to that of a square with sides of length equal to the radius of the sphere.

ángulo sólido **estereo-radián (sr)**

Es el ángulo sólido que intercepta, en una esfera con centro en su vértice, una superficie de área igual a la de un cuadrado cuyo lado fuese igual al radio.

force **newton (n)**

The *newton* is that force which gives to a mass of 1 kilogram an acceleration of 1 meter per second per second.

fuerza **newton (N)**

El *newton* es la fuerza que comunica a una masa de 1 kilogramo la aceleración de 1 metro por segundo por segundo.

work, energy, quantity of heat **joule (J)**

The *joule* is the work done when the point of application of 1 newton is displaced a distance of 1 meter in the direction of the force.

trabajo, energía, cantidad de calor **julio (J)**

El *julio* es el trabajo efectuado cuando el punto de aplicación de 1 newton de fuerza se desplaza una distancia igual a 1 metro en dirección a la fuerza.

power **watt (W)**

The *watt* is the power which gives rise to the production of energy at the rate of 1 joule per second.

potencia **vatio (W)**

El *vatio* es la potencia que da lugar a la producción de energía igual a un julio por segundo.

potential difference, electromotive force **volt (V)**

The *volt* is the difference of electric potential between two points of a conducting wire carrying a constant current of 1 ampere, when the power dissipated between these points is equal to 1 watt.

Tensión eléctrica, diferencia de potencial, fuerza electromotriz **voltio(V)**

El *voltio* es la diferencia del potencial eléctrico que existe entre dos puntos de un hilo conductor que transporta una corriente constante de 1 amperio, cuando la potencia disipada entre estos dos puntos es igual a 1 vatio.

electrical resistance **ohm (Ω)**

The *ohm* is the electric resistance between two points of a conductor when a constant difference of potential of 1 volt, applied between these two points, produces in this conductor a current of 1 ampere, this conductor not being the source of any electromotive force.

resistencia eléctrica **ohmio (Ω)**

El ohmio es la resistencia eléctrica que existe entre dos puntos de un conductor cuando una diferencia de potencial constante de 1 voltio aplicada entre estos dos puntos, produce, en este conductor, una corriente de 1 amperio, no estando este conductor sometido a ninguna fuerza electromotriz.

quantity of electricity **coulomb (C)**

The *coulomb* is the quantity of electricity transported in 1 second by a current of 1 ampere.

capacitance **farad (F)**

The *farad* is the capacitance of a capacitor between the plates of which there appears a difference of potential of 1 volt when it is charged by a quantity of electricity equal to 1 coulomb.

inductance **henry (H)**

The *henry* is the inductance of a closed circuit in which an electromotive force of 1 volt is produced when the electric current in the circuit varies uniformly at a rate of 1 ampere per second.

magnetic flux **weber (Wb)**

The *weber* is the magnetic flux which, linking a circuit of one turn, produces in it an electromotive force of 1 volt as it is reduced to zero at a uniform rate in 1 second.

luminous flux **lumen (lm)**

The *lumen* is the luminous flux emitted in a solid angle of 1 steradian by a uniform point source having an intensity of 1 candela.

cantidad de electricidad **culombio (C)**

El *culombio* es la cantidad de electricidad transportada en 1 segundo por una corriente de 1 amperio.

capacidad eléctrica **faradio (F)**

El *faradio* es la capacitancia de un capacitor entre las placas del cual aparece una diferencia de potencial de 1 voltio cuando se carga por una cantidad de electricidad igual a 1 culombio.

inductancia **henrio (H)**

El *henrio* es la inductancia eléctrica de un circuito cerrado en el que se produce una fuerza elecromagnética de 1 voltio cuando la corriente eléctrica que recorre el circuito varía uniformemente a razón de 1 amperio por segundo.

flujo de indución magnética **weberio (Wb)**

El *weberio* es el flujo magnético que, al atravesar el circuito de una sola espiral produce una fuerza magnética de 1 voltio al reducirlo a cero a una tasa uniforme en 1 segundo.

flujo luminoso **lumen (lm)**

El *lumen* es el flujo luminoso emitido en la unidad de ángulo sólido (estereoradián) por una fuente puntual uniforme con una intensidad luminosa de 1 candela.

area	square meter	m^2
volume	cubic meter	m^3
frequency	hertz	Hz
mass density (density)	kilogram per cubic meter	kg/m^3
speed, velocity	meter per second	m/s
angular velocity	radian per second	rad/s
acceleration	meter per second squared	m/s^2
angular acceleration	radian per second squared	rad/s^2
pressure (mechanical stress)	pascal	Pa
kinematic viscosity	square meter per second	m^2/s
dynamic viscosity	newton-second per square meter	$N{\cdot}s/m^2$
electric field strength	volt per meter	V/m
magnetic flux density	tesla	T
magnetic field strength	ampere per meter	A/m
magnetomotive force	ampere	A
luminance	candela per square meter	cd/m^2
illuminance	lux	lx

superficie	metro cuadrado	m^2
volumen	metro cúbico	m^3
frecuencia	hertzio	Hz
densidad	kilogramo por metro cúbico	kg/m^3
velocidad	metro por segundo	m/seg^2
velocidad angular	radián por segundo	rd/seg^2
aceleración	metro por segundo por seg	m/seg
aceleración angular	radián por segundo por seg	rd/seg
presión tensión mecánica)	newton por metro cuadrado	N/m^2
viscosidad cinemática	metro cuadrado por segundo	m^2/seg
viscosidad dinámica	newton por segundo por m^2	$N{\cdot}seg/m^2$
intensidad de campo eléctrico	voltio por metro	V/m
inducción magnética	tesla (T)	Wb/m^2
intensidad de campo magnético	amperio por metro	A/m
Fuerza magnetomotriz	amperio (A)	
luminancia	candela por metro cuadrado	cd/m^2
iluminación	lux (lx)	lm/m^2

RADIO-RELAY SYSTEMS
SISTEMAS DE RELEVADORES RADIOELECTRICOS

LIST OF SYMBOLS

Symbol	Specification
A	**Actual area of the antenna :** Superficie real de la antena
A_a	**Additional loss :** Atenuación suplementaria
A_d	**Diffraction loss :** Atenuación por difracción
A_F	**Fading loss :** Atenuación por desvanecimiento
ΔA_F	**Fading margin of one section of the link :** Margen contra los desvanecimientos para una sección del enlace
ΔA_{Fm}	**Average fading margin :** Margen medio contra los desvanecimientos
A_{fT}, A_{fR}	**Transmitting and receiving feeder and channelling network loss :** Atenuación de la línea de alimentación y de la red de separación de los canales en la transmisión y en la recepción, respectivamente
A_m	**Passive repeaters loss :** Atenuación debida a los repetidores pasivos
A_0	**Free-space transmission loss between refrence isotropic antennae :** Atenuación de transmisión en el espacio libre entre antenas isótropas
A_r	**Ground reflection loss :** Atenuación por reflexiones en al suelo
A_t	**Transmission loss :** Pérdida de transmisión
A_{th}	**Threshold loss :** Atenuación de umbral
ΔA_{th}	**Threshold margin :** Margen de umbral
β	**Frequency-modulation index :** Indice de modulación de frecuencia
b	**Weighted bandwidth of a voice channel :** Anchura de banda ponderada de un canal telefónico
B_b	**Baseband :** Banda de base
B_c	**Radio-frequency channel band :** Banda del canal radioeléctrico
C	**Velocity of light :** Velocidad de la luz
C_{Gr}	**Envelope and signal velocity :** Velocidad de propagación de grupo
C_{Ph}	**Phase velocity :** Velocidad de propagación de fase
D	**Parabolic antenna true cross-sectional area diameter :** Diámetro de la sección real una antena parabólica
η	**Antenna aperture efficiency :** Eficacia de la apertura de antena
e	**Baseband signal weighting by emphasis :** Ponderación de la señal de la banda de base por acentuación
E	**Field strength :** Campo eléctrico
$\Delta\phi$	**Phase deviation :** Desviación de fase
Δf_0	**Test tone 0dBm0 peak frequency deviation :** Desviación máxima de frecuencia causada por un tono de 0 dBm0
FI	Frecuencia intermedia
G	**Power gain :** Ganancia de potencia
G_T, G_R	**Transmitter and receiver antennae gains :** Ganancia de las antenas de transmisión de recepción
h	**Free space of the beam above the obstacle :** Altura libre del haz por encima del obstáculo
H	Diferencia de altitud real de la antena o del obstáculo
K	Indice troposférico
L	Longitud del enlace
M	**Figure of merit of the system :** Factor de calidad del sistema
n	**Number of radio-relay hops :** Número de saltos el enlace
N	**Total noise power :** Potencia total de ruido
N_R	**Thermal noise power at receiver input :** Potencia del ruido térmico a la entrada de un receptor
N_t	**Thermal noise power :** Potencia del ruido térmico
N_{t_a}	**Attenuation-dependent thermal noise power :** Potencia del ruido térmico dependiente de la atenuación
N_{t_h}	**Thermal noise power at threshold of the receiver :** Potencia del ruido térmico en el umbral del receptor
N_{t_0}	**Thermal noise power without fading :** Potencia del ruido térmico en ausencia de desvanecimientos

N_x **Intermodulation noise power :** Potencia del ruido de intermodulación

Ω **Baseband angular frequency :** Frecuencia angular en la banda de base

$\Delta\omega$ **Angular frequency deviation :** Desviación angular de frecuencia

p **Probability of interruption due to fading :** Probabilidad de interrupción debida a los desvanecimientos

p(R) **Probability of interruption due to Rayleigh-fading :** Probabilidad de interrupción con desvanecimientos que siguen la ley Rayleigh

P_m **White noise power level :** Nivel de potencia ruido blanco

P_R **Radio-frequency power at input to the receiver :** Potencia R.F. a la entrada del receptor

P_T **Radio-frequency transmitting power :** Potencia R.F. transmitida

q **Elevation on the topographical map :** Altitud en el mapa

ρ **Reflection coefficient of a feeder :** Coeficiente de reflexión de una línea de alimentación

r **Ratio of the levels of the wanted and unwanted carriers :** Diferencia entre los niveles de las ondas portadoras deseada y no deseada

r_1 **Radius of the cross-sectional area of the first Fresnel's ellipsoid :** Radio de la sección del primer elipsoide de Fresnel

RF **Radio-frequency :** Frecuencia radioeléctrica

R_o **Real radius of the earth (6375 km) :** Radio real de la Tierra (6375 km)

S_n, S **Effective and geometrical surface of the electromagnetic mirror :** Superficies (eficaz y geométrica) del espejo electromagnético

S/N_t **Signal-to-thermal-noise ratio at the demodulator output :** Relación señal/ruido térmico a la salida del desmodulador

θn **Beam-width between first null points of the directivity diagram of parabolic antennae :** Anchura del haz entre los primeros puntos de potencia nula del diagrama de directividad de una antena parabólica

θu **Beam-width between half-power points, idem. :** Anchura del haz entre puntos de potnecia media, idem.

$VSWR$ **Voltage standing wave ratio :** Relación de tensión de ondas estacionarias

χ **Improvement introduced by the modulation system :** Mejora debida al sistema de modulación

Z **Noise figure :** Factor de ruido

SIGNOS Y SIMBOLOS

'|| minuto de arco| minuto de tiempo| pies
"|| segundo de arco| segundo de tiempo| pulgadas
≠|| antes de un numeral significa número ordinal. ≠ 23 = 3 N.° 23 || después de un numeral significa (libras de peso. 3 ≠ = 3 libras), o también (libras/pie^2 23 ≠ = 23 libras/pie^2).

NUMERACION ESCRITA

En inglés se emplea el punto para separar la parte decimal y la coma para marcar los periodos de tres cifras, (millares, millones, etc.) En español es lo contrario; se debe tener sumo cuidado en las traducciones para no cometer graves errores.

English	Inglés	0.35	12.66	1,465	1,466.09
Spanish	Español	0,35	12,66	1.465	1.466,09

SIGNIFICADO DE LAS UNIDADES DE MILLON, BILLON, ETC.

Ref 9.ª Conferencia General de Pesos y Medidas-París, 1948

English Inglés	**Value in U.S.A. Valor en los EE.UU. (Varían de mil en mil)**	**Value in the rest of the world Valor en los demás países del mundo (Varían de millón en millón)**
Million	10^{6} millón)	10^{6} (millón)
Billion	10^{9} (mil millones)	10^{12} (billón)
Trillion	10^{12} (billón)	10^{18} trillón)
Cuadrillion	10^{15} (mil billones)	10^{24} (cuatrillón)
Quintillion	10^{18} (trillón)	10^{30} (quintillón)
Sextillion	10^{21} (mil trillones)	10^{36} (sextillón)
Septillion	10^{24} (cuatrillón)	10^{42} (septillón)
Octillion	10^{27} (mil cuatrillones)	10^{48} (octillón)
Nonillion	10^{30} (quintillón)	10^{54} (nonillón)
Decillion	10^{33} (mil quintillones)	10^{60} (decillón)
Undecilion	10^{36} (sextillón)	10^{66} (undecillón)
Duodecillion	10^{39} (mil sextillones)	10^{72} (duodecillón)
Tredicillion	10^{42} (septillón)	10^{78} (tredecillón)
Quattuordecillion	10^{45} (mil septillones)	10^{84} (cuatordecillón)
Quindecillion	10^{48} (octillón)	10^{90} (quindecillón)
Sexdecillion	10^{51} (mil octillones)	10^{96} (sexdecillón)
Septendecillion	10^{54} (nonillón)	10^{102} (septendecillón)
Octodecillion	10^{57} (mil nonillones)	10^{108} (octodecillón)
Novemdecillion	10^{60} (decillón)	10^{114} (novendecillón)
Vigintillion	10^{63} (mil deciliones)	10^{120} (vigintillón)

CUADRO I

Equivalencia entre grados FAHRENHEIT y grados CELSIUS

°F	°C	°F	°C	°F	°C
-459,69	-273,16	0	-17,78	600	315,56
-400	-240	1	-17,22	700	371,11
-300	-184,44	2	-16,67	800	426,67
-273,16	-169,53	3	-16,11	900	482,22
-200	-128,89	4	-15,56	1000	537,78
-100	- 73,33	5	-15	2000	1.093.33
- 90	- 67,78	6	-14,44	3000	1.648,89
- 80	- 62,22	7	-13,89	4000	2.204,44
- 70	- 56,67	8	-13,33	5000	2.760
- 60	- 51,11	9	-12,78	6000	3.315,56
- 50	- 45,56	10	-12,22	7000	3.871,11
- 40	- 40	20	- 6,67	8000	4,426,67
- 30	- 34,44	30	- 1,11	9000	4.982,23
- 20	- 28,89	40	+ 4,44	10000	5.537,79
- 10	- 23,33	50	10	11000	6.093,35
- 9	- 22,78	60	15,56	12000	6.648,91
- 8	- 22,22	70	21,11	13000	7.204,47
- 7	- 21,67	80	26,67	14000	7.760,02
- 6	- 21,11	90	32,22	15000	8.315,58
- 5	- 20,56	100	37,78	16000	9.871,13
- 4	- 20	200	93,33	17000	10.426,69
- 3	- 19,44	300	148,89	18000	10.982,24
- 2	- 18,89	400	204,44	19000	11.537,80
- 1	- 18,33	500	260	20000	12.093,35

CUADRO II

Tabla de interpolación en grados absolutos

°F	°C	°F	°C
0,5	0,277	100	55,56
1	0,555	200	111,11
2	1,110	300	166,67
3	1,665	400	322,22
4	2,220	500	277,78
5	2,776	600	333,33
6	3,330	700	388,89
7	3,886	800	444,44
8	4,444	900	500
9	4,999	1000	555,56
10	5,555	2000	1.111,11
20	11,11	3000	1.666,67
30	16,67	4000	2.222,22
40	22,22	5000	2.777,78
50	27,78	6000	3.333,33
60	33,33	7000	3.888,89
70	38,89	8000	4.444,44
80	44,44	9000	5.000
90	50	10000	5.555,56

EJEMPLOS

Equivalencia de -68° F

Por el cuadro I	-60° F = -55,11°C
Por el cuadro II	- 8° F = - 4,44°C
	-68° F = -59,55°C

Equivalencia de 3.465,3° F

Por el cuadro I	3000 °F = 1.648,49°C
	400 °F = 322,22°C
Por el cuadro II	60 °F = 33,33°C
	5 °F = 2,78°C
	0,3° F = 1,67°C
	3465,3° F = 2.008,49° C

TABLE III - English abbreviations for units

CUADRO III - Abreviaturas inglesas para nombres de unidades

Å	**Ångstrom** : Ångstrom (10^{-8})	
a	**year** : año	
amu	**atomic mass unit** : unidad de masa atómica (uma)	
A amp	**ampere** : amperio	
asb	**TV unit** : unidad de televisión : 10^{-4} lambertios : $1/\pi$ bujías/m^2	
At	**ampere turn** : amperios vuelta	
atm	**atmosphere** : atmósfera	
b	**bar** : bario (unidad de presión del sistema cegesimal)	
B	**bel** : belio	
barn	**barnio** (10^{-24} cm^2) : sección transversal geométrica de un núcleo atómico	
bit	**bit,** unidad de la información	
Btu	**British thermal unit** : unidad térmica británica	
c	**curie** : curio	
C	**coulomb** : culombio	
cal	**calorie** : caloría	
cd	**candle** : bujía, unidad de intensidad luminosa	
c/s	**cycles per second** : ciclos por segundo (cps)	
°C	grados Celsius (desde un punto en la escala de temperatura)	
cwt	**hundredweight** : quintal (100 libras)	
d	**day** : día	
dB	**decibel** : decibelio (db)	
degC	**degree Celsius**	Grado de
degK	**degree Kelvin**	intervalo de
degF	**degree Fahrenheit**	temperatura
degR	**degree Rankine**	
dyn	**dyne** : dina	
emu	**electromagnetic unit** : unidad electromagnética (uem)	
esu	**electrostatic unit** : unidad electrostática	
eV	**electronvolt** : electrón voltio ($1{,}60 . 10^{-12}$ erg)	
F	**farad** : faradio	
°F	**degree Fahrenheit** : grado Fahrenheit (1°F : -17,22°C)	
ft	**foot** : pie	
ft.lb	**foot pound (force)** : libra de fuerza por pie (0,138 kgm)	
fth	**fathom** : braza (1,83 m)	
g	**gram** : gramo	
G	**giga** : giga (10^9)	
Gs	**gauss** : gauss (10^{-8} V/seg/cm^2)	
Gb	**gilbert** : gilbert (1,25 amperios/vuelta)	
gal	**gallon** : galón (EE.UU., 3,79 litros; G.B., 4,55 litros)	
GeV	**gigaelectron-volts** : gigaelectrón voltios	
gr	**grain** : grano	
GWh	**gigawatt-hour** : gigavatios hora	
hr	**hour** : hora	
H	**henry** : henrio (10^9 uem)	
HP	**horse power** : caballo de fuerza (1,02 Cv	
Hz	**hertz** : hertzio (1 cps)	
in	**inch** : pulgada (2,54 cm)	
in Hg	**conventional inch of mercury** : pulgada convencional de mercurio	
J	**joule** : julio (0,102 kgm)	
kcal	**kilocalorie** : kilocaloría	
kg	**kilogram** : kilogramo	
kgf	**kilogram-force** : kilogramo fuerza	
kn	**knot** : nudo (1 milla/hora)	
°K	**degree Kelvin** : grado Kelvin (0°K : -273,15°C)	
kp	**kilopond** : kilopondio : kilogramo-masa	
kd.hr	**kilowatt-hour** : kilovatio hora	
l	**litre** : litro	
lb	**pound** : libra (0,454 kg)	
lb.f	**pound-force** : libra de fuerza	
lm	**lumen** : lumen, unidad de flujo luminoso	
lo	**logon** : logonio	
lx	**lus** : lux, unidad de iluminación	
m	**metre** : metro	
mach	**mach** : unidad de velocidad (1 mach : 345 m/seg)	
mb	**milibar** : unidad de presión atmosférica (1 mb : 1000 barios : 0,750 mm Hg : 1,02 g/cm^2	
min	**minute** : minuto	
ml	**millilitre** : mililitro	
mm Hg	**conventional millimetre of mercury** : milímetro convencional de mercurio	
M	**mega** : 10^6	
mph	**miles per hour** : millas por hora	
Mx	**maxwell** : maxwell (10^{-8} Wb)	
n, mμ	**nano, millimicro** : nano, milimicro (10^{-9}	
nt	**nit** : punto pequeño	
N	**newton** : newton, unidad de fuerza (100.000 dinas : 0,102 kg)	
oz	**ounce** : onza (28,35 gramos)	
n.m.	**nautical mile** : milla náutica (1,8532 kilómetros)	
Np	**neper** : néper, unidad de amortiguamiento (8,69 decibelios)	
Oe	**oersted** : oersted, unidad de fuerza magnetomotriz (4π 10^{-3} amperios-vuelta por metro)	
P	**pascal** : pascal, unidad de presión sistema Giorgi (1 N/cm^2 : 0,102 kg/m^2)	
p,$\mu\mu$	**pico, micromicro** : pico, micromicro (10^{-12})	
Po	**poise** : poise, unidad de viscosidad	
pdl	**poundal** : poundal, unidad de fuerza en el sistema pie/libra/segundo (1/32 de libra : 14,09 g)	
pH	**hydrogen ion exponent** : exponente de ion de hidrógno (*p*H)	

phon	**phon :** fonio
psec	**peak-second :** pico segundo
psi	**pounds per square inch :** libras por pulgada cuadrada (1 psi : 0,070 kg/cm^2)
r	**roentgen :** roentgenio, unidad de exposición de radiación X o gamma
rad	**rad :** rad, unidad de dosis de radiación absorbida (100 erg/g)
rd	**radian :** radián, unidad de medida angular (1 rd : 57,3°
rd-sec	**radian per second :** radián por segundo
rev-min r.p.m.	**revolutions per minute :** revoluciones por minuto
°Rk	**degree Rankin :** grado Rankin (1°R : +460°F)
S	**siemens :** siemens, unidad de conductancia (mho)
S	**stokes :** stokes, unidad de fluorescencia
sec	**second (time) :** segundo de tiempo
T	**tesla :** tesla, unidad de inducción magnética (1 Wb/m^2
Te	**tera :** 10^{12}

t	**tonne :** tonelada (1.000 kg : 2.240 lb)
tn	**ton :** tonelada *short ton* (E.E.U.U.) : 2.000 lb : 907 kg *long ton* (G.B.) : 2.240 lb : 1.016 kg
torr	**torr :** torr (1 mm Hg), unidad de presión en desuso
V	**volt :** voltio
VA	**volt-ampere :** voltio amperio
VC	**volt-coulomb :** voltio culombio
W	**watt :** vatio
Wb	**weber :** weber, unidad práctica de flujo magnético; también se llama voltio por segundo (10^8 Mx)
Wh	**watthour :** vatio/hour
yd	**yard :** yarda, unidad inglesa de longitud (0,9144 m)
yr	**year :** año
Ω	**ohm :** ohmio, unidad práctica de resistencia
μ	**micrometre :** micrón (micra), unidad decimal de longitud ($\mu \simeq 10^{-3}$ mm)

TABLE IV - Abbreviations of English technical words

CUADRO IV - Abreviaturas de palabras técnicas inglesas sin carácter de unidades

abs	**absolute** : absoluto
a.c.	**alternating current** : corriente alterna
anhyd	**anhydrous** : anhidro
aq	**aqueous** : acuoso
atm	**atmospheric** : atmosférico(a)
at.wt.	**atomic weight** : peso atómico
b.p.	**boiling point** : punto de ebullicón
calc	**calculated** : calculado
c.g.	**centre of gravity** : centro de gravedad
c.m.	**circular mil** : mil circular
coeff	**coefficient** : coeficiente
cpd	**compound** : compuesto
conc	**concentrated** : concentrado
concn	**concentration** : concentración
const	**constant** : constante
corr	**corrected** : corregido
crit	**critical** : crítico
cryst	**crystalline, crystallized** : cristalino, cristalizado
c.d.	**current density** : densidad de corriente
decomp	**decomposition** : decomposición
deg	**degree** : grado
dil	**dilute** : diluido
d.c.	**direct current** : corriente continua
dist	**distilled** : destilado
e.m.f.	**electromotive force** : fuerza electro-motriz
eqn	**equation** : equivalente
expt	**experiment(al)** : experimento (experimental)
f.p.	**freezing point** : punto de congelación; punto de solidificaión
b.h.p.	**brake-horse-power** : caballo de fuerza al freno
e.h.p.	**horse-power effective** : caballo de fuerza efectivo
i.h.p.	**horse power, indicated** : caballo de fuerza indicado
n.h.p.	**horse power, nominal** : caballo de fuerza nominal
s.h.p.	**horse power, shaft** : caballo de fuerza al árbol o eje
ir.	**infra-red** : infrarrojo
insol	**insoluble** : insoluble
lat. ht.	**latent heat** : calor latente
liq	**liquid** : líquido
m.m.f	**magnetomotive force** : fuerza magneto motriz
max	**maximum** : máximo
m.p.	**melting point** : punto de fusión, temperatura de fusión
min	**minimum** : mínimo
mol	**molecule, molecular** : molécula, molecular
mol. wt.	**molecular weight** : peso molecular
mole	**gramme-molecule** : molécula-gramo
obs	**observed** : observado
p.d.	**potential difference** : diferencia de potencial
ppt	**precipitate** (noun) : precipitado
prep	**preparation** : preparado, preparación química
recryst	**recrystallized** : recristalizado
r.h.	**relative humidity** : humedad relativa
r.m.s.	**root mean square** : raíz cuadrada media
sol	**soluble** : soluble
soln	**solution** : solución
sp	**specific** : específico
sp. gr.	**specific gravity** : gravedad específica
sp. ht.	**specific heat** : calor específico
sp. vol.	**specific volume** : volumen específico
s.t.p.	**standard temperature and pressure** : presión y temperatura normales
temp	**temperature** : temperatura
u.v.	**ultra-violet** : ultravioleta
vac	**vacuum** : vacío
v.d.	**vapour density** : densidad del vapor
v.p.	**vapour pressure** : presión del vapor
vol	**volume** : volumen
wt	**weight** : peso

TABLE V - Natural and artificial chemical elements by atomic number order

CUADRO V - Elementos químicos naturales y artificiales por orden de número atómico

Núm. atómico	Símbolo	Nombre inglés	Nombre español	Peso atómico	Peso específico
1	H	Hydrogen	Hidrógno	1,0080	0,08985
2	He	Helium	Helio	4,003	1,784
3	Li	Litium	Litio	6.940	0,534
4	Be	Beryllium	Berilio	9,013	1,84
5	B	Boron	Boro	10,82	1,73
6	C	Carbon	Carbono	12,011	—
7	N	Nitrogen	Nitrógeno	14,008	1,2505
8	O	Oxygen	Oxígeno	16	—
9	F	Fluorine	Flúor	19	1,14
10	Ne	Neon	Neón	20,183	0,891
11	Na	Sodium	Sodio	22,991	—
12	Mg	Magnesium	Magnesio	24,32	1,74
13	Al	Aluminium	Aluminio	26,98	2,7
14	Si	Silicon	Silicio	28,09	—
15	P	Phosphorous	Fósforo	30,975	1,83
16	S	Sulphur	Azufre	32,066	—
17	Cl	Chlorine	Cloro	35,457	3,214
18	Ar	Argon	Argón	39,944	1,7816
19	K	Potassium	Potasio	39,100	0,8621
20	Ca	Calcium	Calcio	40,08	1,55
21	Sc	Scandium	Escandio	44,96	—
22	Ti	Titanium	Titanio	47,90	—
23	V	Vanadium	Vanadio	50,95	—
24	Cr	Chromium	Cromo	52,01	6,5 a 6,9
25	Mn	Manganese	Manganeso	54,94	7,39
26	Fe	Iron	Hierro	55,85	—
27	Co	Cobalt	Cobalto	58,94	8,756
28	Ni	Nickel	Níquel	58,71	8,63
29	Cu	Copper	Cobre	63,54	—
30	Zn	Zinc	Cinc	65,38	7,142
31	Ga	Gallium	Galio	69,72	5,9
32	Ge	Germanium	Germanio	72,60	5,459
33	As	Arsenic	Arsénico	74,91	5,72
34	Se	Selenium	Selenio	78,96	—
35	Br	Bromine	Bromo	79,916	3,187
36	Kr	Krypton	Criptón	83,80	3,644
37	Rb	Rubidium	Rubidio	85,48	—
38	Sr	Strontium	Estroncio	87,63	—
39	Y	Yttrium	Itrio	88,92	3,8
40	Zr	Zirconium	Circonio	91,22	6,4
41	Nb	Niobium	Niobio	92,91	12,07
42	Mo	Molybdenum	Molibdeno	95,95	10,02
43	Tc	Technetium	Tecnecio	—	—
44	Ru	Ruthenium	Rutenio	101,1	—
45	Rh	Rhodium	Rodio	102,91	—
46	Pd	Palladium	Paladio	106,4	—
47	Ag	Silver	Plata	107,880	~10-11
48	Cd	Cadmium	Cadmio	112,41	8,64
49	In	Indium	Indio	114,82	7,25
50	Sn	Tin	Estaño	118,70	7,3
51	Sb	Antimony	Antimonio	121,76	6,688

52	Te	Tellurium	Telurio	127,61	—
53	I	Iodine	Yodo	126,91	—
54	Xe	Xenon	Xenón	131,30	5,851
55	Cs	Caesium	Cesio	132,91	—
56	Ba	Barium	Bario	137,36	3,6
57	La	Lanthanum	Lantano	138,92	—
58	Ce	Cerium	Cerio	140,13	6,92
59	Pr	Praseodymium	Praseodimio	140,92	—
60	Nd	Neodymium	Neodimio	144,27	—
61	Pm	Promethium	Promecio	147	—
62	Sm	Samarium	Samario	150,35	—
63	Eu	Europium	Europio	152	—
64	Gd	Gadolinium	Gadolinio	157,26	—
65	Tb	Terbium	Terbio	158,93	—
66	Dy	Dysprosium	Disprosio	162,51	—
67	Ho	Holmium	Holmio	164,94	—
68	Er	Erbium	Erbio	167,27	4,77
69	Tm	Thulium	Tulio	168,94	—
70	Yb	Ytterbium	Iterbio	173,04	—
71	Lu	Lutetium	Lutecio	174,99	—
72	Hf	Hafnium	Hafnio	178,50	—
73	Ta	Tantalum	Tantalio	180,95	—
74	W	Tungsten (Wolfram)	Volframio	183,86	—
75	Re	Rhenium	Renio	186,22	—
76	Os	Osmium	Osmio	190,2	22,48
77	Ir	Iridium	Iridio	192,2	22,42
78	Pt	Platinum	Platino	159,09	21,05
79	Au	Gold	Oro	197	—
80	Hg	Mercury	Mercurio	200,61	13,596
81	Tl	Thallium	Talio	204,39	—
82	Pb	Lead	Plomo	207,21	—
83	Bi	Bismuth	Bismuto	209	9,822
84	Po	Polonium	Polonio	210	—
85	At	Astatine	Astato	221	—
86	Rn	Radon	Radón	222	—
87	Fr	Francium	Francio	—	—
88	Ra	Radium	Radio	225,97	—
89	Ac	Actinium	Actinio	227	—
90	Th	Thorium	Torio	232,05	—
91	Pa	Potactinium	Protactinio	231	—
92	U	Uranium	Uranio	238,07	16,68

ELEMENTOS OBTENIDOS ARTIFICIALMENTE

93	Np	Neptunium	Neptunio	239	—
94	Pu	Plutonium	Plutonio	239	—
95	Am	Americium	Americio	—	—
96	Cm	Curium	Curio	—	—
97	Bk	Berkelium	Berkelio	—	—
98	Cf	Californium	Californio	—	—
99	Es	Einsteinium	Einstenio	—	—
100	Fm	Fermium	Fermio	—	—
101	Md	Mendelevium	Mendelevio	—	—
102	No	Nobelium	Nobelio	—	—
103	Lr	Lawrentium	Laurencio	—	—
104	—	Kurchatovium	Curchatovio	—	—
105	—	Hahnium	Hahnio	—	—

TABLE VI

CUADRO VI

SI PREFIXES

Multiples and submultiples of SI units

PREFIJOS IS

Múltiplos y submúltiplos de unidades IS

Symbol / Símbolo	Prefix / Prefijo	Factor by which unit is multiplied / Factor multiplicativo de la unidad		Significance / Significado
T	tera	10^{12} :	1 000 000 000 000	billón
G	giga	10^{9} :	1 000 000 000	mil millones
M	mega	10^{6} :	1 000 000	millón
hK	hectokilo	10^{5} :	100 000	cien mil
Mi	miria	10^{4} :	10 000	diez mil
k	kilo	10^{3} :	1 000	mil
h	hecto	10^{2} :	100	ciento
da	deca	10^{1} :	10	diez
d	deci	10^{-1} :	0,1	décima
c	centi	10^{-2} :	0,01	centésima
m	mili	10^{-3} :	0,001	milésima
dc	decimili	10^{-4} :	0,000 1	diezmilésmia
c	centimili	10^{-5} :	0,000 01	cienmilésima
μ	micro	10^{-6} :	0,000 001	millonésima
n	nano *	10^{-9} :	0,000 000 001	milmillonésima
p	pico **	10^{-12} :	0,000 000 000 001	billonésima
f	fento	10^{-15} :	0,000 000 000 000 001	milbillonésima
a	atto	10^{-18} :	0,000 000 000 000 000 001	trillonésima

* Igual a «milimicro».

** Igual a «micromicro».

NOTES

ESPAÑOL - INGLES

VOCABULARIO Y TERMINOLOGIA

A

abertura : gate; aperture
—— **angular entre dos puntos de potencia mitad del haz** : half-power beamwidth
—— **de exploración** : scanning spot
—— **efectiva** : effective aperture

abonado llamado : called subscriber
—— **peticionario** : calling subscriber
—— **que llama** : calling subscriber
—— **solicitado** : called subscriber
—— **solicitante** : calling party (or subscriber)

absorbancia (o factor de absorción) : absortance

absorción máxima : absorption peak

accesibilidad : availability

acceso aleatorio (comp.) : random access (comp.)
—— **arbitrario** : random access
—— **de secuencia** (comp.) : sequential access (comp.)
—— **múltiple de asignación por demanda** (o a petición) **(DAMA)** : demand assignment multiple access (DAMA)
—— **múltiple por distribución de frecuencias (AMDF)** : frequency division multiple access (FDMA)
—— **múltiple por distribución en el tiempo (AMDT)** : time division multiple access (TDMA)
—— **secuencial** (comp.) : sequential access (comp.)

acelerar : spin-up (to); accelerate

acentuación del contorno (TV) : crispening (TV)

acimut magnético (marcación) : magnetic bearing

acoplador de doble mando : dual-mode coupling
—— **de guíaondas** : magic "T" (tee)
—— **de modos** : mode coupler
—— **electrónico** : clamper

acoplamiento : coupling
—— **a resistencia** : resistance coupling
—— **de reactancia** : reactance coupling
—— **perturbador** : unwanted coupling

activación silábica de la portadora de voz : syllabic voice carrier activation

activar : toggle (to)

acumulador de índice (comp.) : index accumulator (comp.)

acuse de recibo : acknowledgement

adaptación de impedancias : impedance matching

adaptador de la cámara de ignición : igniter chamber adapter

adaptar : match (to)

adición de bitios : bit filling
—— **por cuadratura de fase** : quadrature addition

adjudicación de frecuencias (a países) : frequency allotment (to areas or countries)

admitancia de transferencia : transfer admittance

adquisición : acquisition

adulteración : doping

adulterado : doped

aisladores de acceso : port isolators

aislamiento por discriminación de la polarización : polarization isolation

aeronave : spacecraft

aislamiento : isolation
—— **por discriminación de la polarización** : polarization isolation

ajustar : tune (to); tuning

ajuste : alignment; tuning

alcance : range
—— **de exploración** (radar) : scanning range
—— **dinámico** : dynamic range

alfabeto telegráfico o de datos) : alphabet (telegraph or data)

álgebra booleana (comp.) : boolean algebra

alimentación de cinta : tape feed

alimentador contiguo : close-in feeder
—— **de cinta** : tape feeder
—— **descentrado** : offset feeder

alineación : alignment
—— **de octeto** : octet alignment

alineamiento : line-up

alquiler en masa (de capacidad) : bulk lease of capacity

alta frecuencia (HF) : high frequency (HF)
altavoz : loud-speaker
amortiguación : damping
— **de líquido viscoso** : viscous damping
amortiguador : damper
— **activo de nutación** (sat.) : active nutation damper (sat.)
— **de nutación** (sat.) : nutation damper
amortiguamiento (de un circuito) : decay
amperímetro : ammeter, ampere meter
amperiohorímetro : ampere-hour meter
amplicación (óptica) : magnification, enlargement
amplificador a diodo túnel : tunnel diode amplifier (TDA)
— **con rejilla a tierra** : grounded grid amplifier
— **de alta potencia** : high power amplifier (HPA)
— **de antena** : antenna booster
— **de bajo ruido** : low noise amplifier (LNA)
— **de carga catódica** : cathode follower amplifier
— **de contrafase de potencia** : push-pull power amplifier
— **de disparo** : one-shot amplifier
— **de emisión** : sending amplifier
— **de montaje simétrico** : push-pull amplifier
— **de línea** : line amplifier
— **de potencia** : power amplifier
— **de reacción** : feedback amplifier
— **lineal** : hard-limiting amplifier
— **no lineal** : soft-limiting amplifier
— **operativo** (comp.) : operational amplifier (comp.)
— **paramétrico** (o paramp.) : parametric amplifier; paramp.
— **separador** : buffer amplifier
— **telegráfico** : telegraph magnifier
— **de tubo de ondas progresivas** : travelling wave tube (TWT) amplifier (TWTA)
amplitud cuadrática : mean square amplitude
— **de la modulación** : depth modulaction
— **de valor eficaz** : mean square amplitude
analizador de red térmica : thermal network analyzer (TNA)
ancho de banda : bandwidth
— **de banda de transmisión** : transmission bandwidth
— **de haz** : beamwidth
anchura de banda de la Regla de Carson : Carson Rule bandwidth
— **de banda efectiva** : effective bandwidth
— **de banda ocupada** : occupied bandwidth
ángulo de acimut (o acimutal) : azimuth angle
— **de balanceo** (sat.) : roll angle (sat.)
— **de elevación** : elevation angle
— **de incidencia del haz** : beam clearance angle
— **de pérdida de las dieléctricas** : loss angle (dielectric)
— **rasante** : grazing angle
anillo colector (elect.) : slip ring (elect.)
— **de alimentación** : feed-throng seal
— **de balancín** (mec.) : gimbal ring (mech.)
ánodo de diodo : diode anode
— **reactivo** : reactive anode
antena activa : active antenna
— **bicónica de jaula** : biconical cage antenna
— **Cassegrain** : cassegrain antenna
— **con alimentación de foco primario** : prime focus feed antenna
— **contrarrotada mecánicamente** : mechanically despun antenna (MDA)
— **de baja ganancia** : low gain antenna
— **de banda ancha** : broadband antenna
— **de bocina** : horn antenna
— **de cobertura global** : global antenna
— **de cono invertido** : inverted horn antenna
— **de contrarrotación** : despin antenna
— **de cuadro** : loop antenna
— **de cuerno** : horn antenna
— **de disco** : disc antenna
— **de elementos múltiples desfasados** : phase array antenna
— **de haces perfilados** : shaped beam antenna
— **de haces pincel** : spot beam antenna
— **de haces puntuales** : spot beam antenna
— **de látigo** : whip antenna
— **de media onda** : dipole antenna
— **de microondas** : microwave antenna
— **de rastreo** : tracking antenna
— **de referencia** : marker antenna
— **de reflector** : reflector antenna
— **de reflector decentrado** : off-set reflector antenna
— **de seguimiento** : tracking antenna
— **de telemando y telemedida** : command and telemetry antenna
— **de varilla** : rod antenna
— **desenrollable** : unfurlable antenna
— **desplegable** : unfurlable antenna

—— **dipolo** : dipole antenna
—— **dipolo múltiple** : multiple dipole antenna
—— **dipolo plegada** : folded dipole antenna
—— **direccional** (o directiva) : directional antenna
—— **espiral** : spiral antenna
—— **espiral con cavidad posterior** : cavity backed spiral antenna
—— **excitada** : driven antenna
—— **ficticia** : dummy antenna
—— **helicoidal** : helical antenna
—— **helicoidal cónica** : conical helix antenna
—— **isotrópica** : isotropic antenna
—— **logo en espiral** : log spiral antenna
—— **omnidireccional** : omnidirectional antenna
—— **orientable** : steerable antenna
—— **parabólica (o paraboloide)** : dish antenna
—— **receptora** : receive antenna
—— **receptora del satélite** : satellite receive antenna
—— **romboide** : rhombic antenna
—— **torodial** : torus antenna
—— **yagui** : yagui antenna

anular : cancel (to)

anuncio : display

aparato de control de la proporción de errores : error rate monitor
—— **de operador(a)** : operator telephone set
—— **de sondeo por ultrasonido** : echo sounder
—— **dúplex** : duplex apparatus
—— **telefónico** : telephone receiver; telephone set
—— **telefónico automático** : automatic telephone set
—— **telefónico de batería local** : local battery telephone set
—— **telefónico de llamada magnética** : magnet telephone set
—— **telefónico de pago previo** : coin box set

aparición gradual (TV) : fade-in (TV)

apenas perceptible : neglegible

apoastro : apoastron

aproximación oblicua : oblique exposure

arco de círculo máximo : great circle path

armónica : harmonic

armónicos : harmonic

arrastre : drag
—— **de carga** : load pull

arriendo de transpondedores : transponder lease

arseniuro de galio : gallium arsenide

articulación ideal : ideal articulation
—— **para bandas** : band articulation
—— **para logatomos** : logatom (syllabe) articulation
—— **para palabras** : word articulation; discrete word intelligibility
—— **para sílabas** : syllabe (logatom) articulation

artificial : artificial, man-made

asignación : assignment; allocation
—— **adaptiva** : adaptive allocation
—— **a petición** : demand assignment (DA)
—— **de frecuencias** (a estaciones) : frequency assignment (to stations)
—— **por demanda** : demand assignment (DA)
—— **sustitutiva** : replacement assignment

asignar (véase distribución de frecuencias) : assign (to); allocate (to)

asignatario (de unidad de utilización) : allotee (of unit of utilization)

atenuación (o debilitación) : attenuation; loss
—— **activa de equilibrio** : active balance return loss
—— **compuesta** : composite attenuation
—— **de adaptación** : return loss
—— **de banda detenida** : stop-band attenuation
—— **debida a la precipitación** : precipitation attenuation
—— **de bloqueo** : blocking attenuation
—— **de distorsión armónica del orden enésimo** : nth order harmonic distortion
—— **de distorsión armónica total** : total harmonic distortion
—— **de equilibrio** : balance return loss; return loss.
—— **de imagen** : image attenuation coefficient
—— **de iteración** : iteration loss (or attenuation)
—— **de las corrientes de eco** : active balance return loss
—— **de las corrientes reflejadas** : return loss
—— **de reflexión** : return loss
—— **de regularidad** : structural return loss
—— **de transducción** : transducer loss
—— **diafónica** : crosstalk attenuation
—— **en la recepción** : receive loss
—— **en la transmisión** : transmission loss
—— **entre imágenes** : image attenuation coefficient
—— **equivalente** : net loss; overall loss
—— **equivalente para la nitidez (AEN)** : loss (ref.) equivalent articulation

— **iterativa :** iterative attenuation coefficient
— **paradiafónica :** near-end crosstalk attenuation
— **pasiva :** passive return loss
— **por lluvia :** rain attenuation
— **por pasos :** step attenuation
— **por reflexion :** reflection loss (or attenuation)
— **sobre impedancias conjugadas :** conjugate attenuation coefficient
— **telediafónica :** far-end crosstalk attenuation

atenuador automático : variolosser
— **selectivo :** differential gain control

atmósfera fundamental de referencia : basic reference atmosphere
— **tipo :** standard atmosphere

atribución de frecuencias (a servicios) **:** allocation of frequencies (to services)

audiofrecuencia : acoustic frequency

aumento (óptica) **:** magnification (optics)
— **repentino de voz :** voice spurt

autooscilación : self-oscillation

auxiliar : stand-by; auxiliary

avance (mec.) **:** crowding (mech.)

avería : fault; fail

averiguación del origen de la línea : calling line identification

aviónica : avionics

avisos a los navegantes : navigational warnings
— **de servicios tasados :** paid services advises

az (acimuth) **:** azimuth (Az)

NOTAS

B

baja caída de tensión : low voltage drop
—— **frecuencia** : low frequency

bajo ruido : low noise

baliza de radar : radar beacon

banco : bank
—— **de datos** (comp.) : data bank; basic data (comp.)

banda ancha : wide band; broadband
—— **atenuante** : stop band
—— **característica** : characteristic band
—— **de guarda** : guardband
—— **de paso** (o pasabanda) : pass-band
—— **de valencia** : valence band
—— **estrecha** : narrow band
—— **"L"** (radiobaliza) : L band
—— **lateral** : side-band
—— **lateral residual** : vestigial side-band
—— **lateral única** : single side-band (SSB)
—— **lateral de canal directo** : erect channel side-band
—— **lateral principal** : main side-band; transmitted side-band

bandera blanca (TV) : white flag (TV)

barra aplanada : smoothed bar
—— **cromática (TV)** : color bar

barras cruzadas (TV) : cross-bar (TV)
—— **de color (TV)** : color bars (TV)

barrera aislante : barrier region

barrido : sweep; scanning
—— **por líneas** : line scanning

base de tiempo de bitios (o señales) : bit timing

bastidor : bay; rack; frame
—— **de protección** : protector frame

batería auxiliar : booster battery
—— **local** : local battery
—— **NiCad** (niquel cadmio) : NiCad battery

baudio : baud

belio : bel

bifurcado(a) : forked working

bipolar bidireccional : double pole, double throw (DPDT)
—— **unidireccional** : double pole, single throw (DPST)

bisel de impresión (telet.) : chopper bar (telety)

bit indicador hacia astrás : backward indicator bit (BIB)

bitio (o bit) : bit
—— **de condición** : status bit
—— **de control** : check bit
—— **de enganche de trama** : framing bit
—— **de información** : information bit
—— **de servicio** : service bit
—— **erróneo** : erroneous bit
—— **siguiente transmitido** : next transmitted bit

bitios de servicio : service bits

blanco de letras automático (telegr.) : unshift-on-space (telegr.)

blindado(a) : clad

bloquear : clamp (to); clamping; block (to)

bloque (de bitios) : block
—— **erróneo** (de bitios) : erroneous block

bloqueo : blocking; clamping; locking
—— **de conexión** (telegr.) : freeze-out (telegr.)

bocina : horn

bobina : coil; coil relay
—— **de carga** : loading coil
—— **de extinción** : suppression coil
—— **de indución** : induction coil
—— **de panel** : lattice coil
—— **híbrida** : four-wire terminating set; hybrid coil
—— **relé** : relay coil
—— **repetidora** : repeating coil
—— **térmica** : heat coil

boca artificial (telef.) : artificial mouth (teleph.)

bocina de recepción : receive horn

boletines metereológicos : metereological warnings

boquilla (mec.) : nozzle (mech.)

borde de entrada : lead edge
—— **delantero** : lead edge
—— **del haz** : beam edge

borrosidad (TV) : smearing (TV)

breve unidad de tiempo : short-time unit

brida de fibra de carbón : carbon fiber composite yoke

brillo (TV) : brightness (TV)

bucle : loop

—— **de enganche de fase** : phase locked loop (PLL)

—— **de pruebas de continuidad** : check loop (circuit)

buque del Océano Atlántico (NASCOM) (AOS) : Atlantic Ocean ship (AOS) (NASCOM)

busca de línea libre (telef.) : hunting (teleph.)

—— **de línea que llama** (telef.) : finding (teleph.)

—— **en tabla** (comp.) : table look-up (comp.)

buscador (telef.) : call finder (teleph.)

búsqueda secuencial : sequential search; sequential hunting

NOTAS

C

cabeceo (mec. sat.) : pitch (mech. sat.)

cabeza(l) de sonido : sound head

cable : wire; cable
—— **coaxial (o coaxil)** : coaxial cable
—— **de cuadrete de estrella** : star-quad cable
—— **de tierra** : ground conductor
—— **en estrella** : quad-paid cable
—— **guiador magnético submarino** : magnetic leader submarine cable
—— **submarino** : submarine cable

cableado : wiring

caida (o desprendimiento) de la portadora : carrier drop-out

caja de fusibles : fuse (or fuze) box

calculadora analógica : analog computer (or calculator)

cálculo de ruido : noise budget
—— **del trayecto** : path budget
—— **térmico** : thermal budget

calibrado(a) : calibrated

calidad de transmisión (telef.) : transmission performance; transmission quality
—— **del enlace radiofónico** : voice link quality

calificación : rating

cámara anecoica : anechoic chamber

cambio (telegr.) : shift case (telegr.)
—— **a letras** (telet.) : letter shift (telety.)
—— **de renglón** (telet.) : line feed (telety.)

campo de enchufes (jacks) : jack field
—— **de información** : field
—— **de pruebas de antenas** : antenna range (test)
—— **dipolar** : dipole field
—— **explorado** : scanning field
—— **magnético** : magnetic field

CAMR (Conferencia Administrativa Mundial de Radiocomunicaciones) : W.A.R.C. (World Administrative Radio Conference)

CAMTE (Conferencia Administrativa Mundial de Telecomunicaciones Espaciales : World Administrative Radio Conference-Space Telecommunications (WARC-ST)

canal (CH) : channel (CH)
—— **adyacente** : adjacent channel
—— **común** : common channel
—— **común de señalización** : signaling common channel (SCC)
—— **de audio** : audio channel
—— **de comentarios** : cue channel
—— **de frecuencias** : passband channel
—— **de ida** : forward channel
—— **de indicación de condición** : status channel
—— **de indicaciones (TV)** : commentary channel; cue channel (TV)
—— **de prueba** : test channel
—— **de retorno** : backward channel
—— **de sonido** : sound channel
—— **de suma** : sum channel
—— **de transferencia** : transfer channel
—— **de transferencia de información** : information channel
—— **de transmisión telegráfica** : telegraph channel; complete channel
—— **derivado en el tiempo** : time-derived channel
—— **derivado en frecuencia** : frequency-derived channel
—— **piloto** (TV) : cueing channel (TV)
—— **radiofónica** (TV) : programme channel; audio channel (TV)
—— **sencillo** : single channel
—— **simétrico** : symmetric channel
—— **soporte** : bearer channel
—— **único** : single channel
—— **telegráfico** : telegraph channel

canalizaciones subterráneas : underground structures

cancelación de ecos : echo cancellation

cancelador de eco : echo canceller

capa : bed; layer
—— **catalizadora** : catalyst bed
—— **límite de la atmósfera** : boundary layer (atmosphere)
—— **fundente** : melting layer

capacidad de curso de tráfico : traffic capacity
—— **de reserva** : spare capacity
—— **excedente** : spare capacity

capacitancia parásita : stray capacitance

capacitor : capacitor
—— **de desconexión** : decoupling capacitor

cápsula detonante : fuse cap

captación : acquisition (of a signal, etc.)

carácter (escritura) : character
—— **(o símbolo) de idioma** : language digit
—— **de relleno** : filler character; stuffing character
—— **inactivo** : inactive character
—— **no significativo** : idler character

características de calidad : performance characteristics
—— **de desempeño** : performance characteristics
—— **de directibilidad** : steering characteristics
—— **de emisión** : emission characteristics
—— **de placa** : anode characteristics
—— **de rejilla** : grid characteristics
—— **de rejilla-placa** : grid-anode characteristics

cardiode : cardioid

carenado (aerod.) : fairing (aerod.); shroud

carga admisible (de trabajo) : working load
—— **parcial** : light charge

cargo (contab.) : charge (acct.)
—— **de segmento espacial** : space segment charge

cartelas de sensor solar (sat.) : solar sensor brackets (sat.)

carrete : spool; reel

catástrofe natural : natural disaster

cátodo : cathode

cavidad : cavity

cebo : fuse (or fuze)

celdilla solar (sat.) : solar cell

célula : cell
—— **energética** : fuel cell
—— **fotoeléctrica** : photoelectric cell
—— **solar** : solar cell (sat.)
—— **solar simulada** : battery plate solar cell

células energéticas recargables : rechargeable fuel cells

centelleo : scintillation

central de origen : originating exchange
—— **helioeléctrica** : solar power station
—— **interurbana** : trunk exchange
—— **local** : local record
—— **nacional** (telef.) : national exchange (teleph.)
—— **nodal** : tandem exchange; nodal exchange
—— **privada** : private exchange (PX)
—— **tándem** : tandem exchange; nodal exchange
—— **telefónica** : central office (teleph.)
—— **telegráfica** : telegraph office
—— **urbana** : local exchange

centralita privada con enlace de servicio público (PBX) : private branch exchange (PBX)

centro de cambio : handing-over office
—— **de conmutación** : switching center
—— **de control técnico de satélites** : spacecraft technical control center (STCC)
—— **de entrada** : incoming terminal exchange
—— **de explotación de TV** : television operating center (TOC)
—— **de gravedad** : center of gravity
—— **del haz** : beam center
—— **de satélites con dotación de personal** : manned spacecraft center
—— **de tránsito** : gateway center
—— **de vuelos espaciales Goddard** : Goddard Space Flight Center (GSFC)
—— **emisor** (telegr.) : forwarding center; sending office (telegr.)
—— **intermedio** : intermediate center
—— **internacional** : international exchange; international terminal
—— **internacional de origen** : outgoing international exchange
—— **internacional de tránsito** : outgoing transit exchange
—— **nacional de televisión (CNT)** : national television center (NTC)
—— **radiofónico internacional** : international sound program center (ISPC)
—— **radiofónico nacional (CRN)** : national sound program center (NSPC)
—— **receptor** : receiving office
—— **telefónico** : telephone exchange
—— **telegráfico** : telegraph center
—— **terminal** : terminal exchange
—— **terminal nacional** : terminal national center

ciclo de servicio : duty cycle
—— **de trabajo** : duty cycle
—— **de utilización** : duty cycle

cierre : closing down
—— **de la emisión** : good-night time

cifra binaria : binary digit
—— **de idioma** : language digit
—— **de paridad** : parity digit

cifras (telegr.) : figures case (telegr.)

cilindro : drum; cylinder

cinta : tape
—— **de perforación cubierta** (telegr.) : chadless tape
—— **limpia** : blank tape

—— **magnética :** magnetic tape
—— **magnetofónica :** magnetic tape
—— **perforada :** chad tape
—— **sin grabar :** blank tape

circuito : circuit
—— **abierto :** open circuit
—— **a cuatro hilos :** four-wire circuit
—— **a dos hilos :** two-wire circuit
—— **alquilado :** leased circuit
—— **alterno de voz/datos :** alternate voice/data (AVD) circuit
—— **basculador (o basculante) :** flip-flop circuit
—— **bidireccional (o bilateral) :** bilateral circuit; two-way circuit
—— **bifilar :** two-wire circuit
—— **cerrado :** closed circuit (working)
—— **compensador :** flywheel
—— **compuesto :** composite circuit
—— **con vuelta por tierra :** ground return (earth) circuit
—— **de alta tasa de ondulación de fase :** high phase roll rate circuit
—— **de arranque :** kick-off circuit
—— **de ataque :** driving circuit; load circuit
—— **de carga real :** normal load circuit
—— **de comunicación (o bilateral) :** complete circuit
—— **de conversación :** speech path circuit
—— **de coordinación telefónica :** telephone coordinating circuit (TCC)
—— **de efecto local :** side tone circuit
—— **de enlace** (telegr.) **:** outgoing circuit
—— **de entrada :** input circuit
—— **de fijación de fase :** phase lock loop
—— **de guarda :** guard circuit
—— **de indicaciones** (TV) **:** cue circuit
—— **de la memoria** (comp.) **:** memory circuit (comp.)
—— **de llamada :** ringing circuit
—— **de órdenes :** order wire
—— **de prolongación :** extension circuit; land line
—— **de pruebas de continuidad :** check loop
—— **de registro :** recording trunk; record circuit
—— **de reserva :** reserve circuit
—— **de recuperación :** recovering circuit
—— **de retorno :** return path
—— **de salida :** output circuit
—— **de servicio :** speaker circuit; engineering service circ. (ESC)
—— **de sincronización :** phase lock loop (PLL)
—— **de socorro :** reserve circuit; fall back system
—— **de suma :** adder circuit
—— **de televisión :** television circuit
—— **directo en tránsito :** direct transit circuit
—— **director :** controlling circuit
—— **disparador :** trigger circuit
—— **dúplex :** duplex circuit
—— **eliminador :** roll-off circuit
—— **en bucle :** loop circuit; metallic circuit; loopback circuit
—— **en reposo :** idle condition circuit; quiescent circuit
—— **excitador** (comp.) **:** trigger circuit (comp.)
—— **fantasma :** double phantom circuit; side circuit
—— **fantasma con vuelta por tierra :** earth return phantom circuit
—— **ficticio de carga :** artificial load
—— **ficticio de referencia :** nominal maximum circuit; hypothetical ref. cir.
—— **hacia adelante :** forward path
—— **hipotético de referencia :** hypothetical reference circuit
—— **impreso :** printed circuit
—— **integrado :** integrated circuit
—— **integrado de microondas (MIC) :** microwave integrated circuit (MIC)
—— **interurbano :** toll trunk circuit; highway; trunk circuit
—— **libre :** free condition circuit
—— **longitudinal :** longitudinal circuit
—— **metálico :** metallic circuit; loop circuit
—— **nacional :** national circuit
—— **ómnibus :** bus circuit
—— **oscilante :** oscillatory circuit
—— **perturbador :** disturbing circuit
—— **por cable :** cable circuit
—— **por conjunción :** "AND" circuit
—— **por satélite :** satellite circuit
—— **portador :** bearer circuit
—— **privado :** tie trunk
—— **repetidor :** trunk circuit
—— **radiofónico (TV) :** programme circuit (TV)
—— **radiotelefónico :** radio circuit
—— **retardador** (comp.) **:** time-delay circuit
—— **simétrico :** push-pull circuit
—— **símplex :** simplex circuit
—— **sin intervención de satélite :** no-satellite circuit
—— **superfantasma :** double-phantom circuit
—— **telegráfico :** telegraph circuit
—— **telegráfico de enlace :** trunk telegraph circuit
—— **telegráfico directo :** direct circuit (telegraph)
—— **telegráfico internacional :** international telegraph circuit

—— **telegráfico superfantasma** : double balanced phantom circuit
—— **telefónico** : telephone circuit
—— **telefónico internacional** : international telephone circuit
—— **terrestre** : metallic circuit
—— **unidireccional** : one-way circuit; unilateral circuit
—— **unilateral** : one-way circuit; unilateral circuit
—— **video** (TV) : video circuit (TV)
—— **voluble** : flip-flop circuit
—— **"Y"** : AND gate; AND circuit

circuitos de coordinación : coordination circuits
—— **de prolongación nacional** : national extension circuits

círculo máximo : great circle

clavija : plug

click : click

cobertura de zona : zone coverage

cobresoldadura a alta temperatura : high brazed

códec (codificador-decodificador) : codec (coder/decoder)

codificación : encoding; coding
—— **biortogonal** : biorthogonal encoding
—— **convolucional** : convolutional encoding
—— **y descodificación numérica** : digitally coded/decoded

codificador : coder

codificar : code (to); encoding

código binario expandido : binary folded code
—— **binario para cable** : double current cable code; two conditions cable code
—— **con disparidad compensada** : paired-disparity code
—— **corrector de errores** : error correcting code
—— **criptográfico** : cryptic code
—— **de cinco bitios por carácter** : five level code
—— **de cinco elementos** : five unit code
—— **de elementos iguales** : equal length code
—— **de impulsos** : pulse code
—— **del país** : country code
—— **de redundancia** : redundant code
—— **de ruido seudoaleatorio** : pseudo-random noise code
—— **detector de errores** : error detecting code
—— **en línea** : line code
—— **equilibrado** : balanced code
—— **interurbano** : trunk code
—— **Morse** : Morse code
—— **para cable** : cable code
—— **telegráfico** : telegraph code
—— **télex de destino** : telex destination code
—— **ternario para cable** : cable Morse code; three condition cable code

coeficiente de acoplamiento : coupling coefficient
—— **de adaptación** : return current coefficient
—— **de amplificación** : amplification factor
—— **de atenuación** : attenuation coefficient
—— **de calidad** : figure of merit
—— **de equilibrio** : return current coefficient
—— **de frenado** : rag coefficient
—— **de interacción** : interaction
—— **de ocupación (de un circuito)** : circuit usage; occupied time percentage
—— **de ondas sostenidas** : standing wave ratio
—— **de pérdida por reflexión** : mismatch reflection loss;
—— **de reflexión** : return current coefficient; reflection coef.
—— **de regularidad** : regularitiy return current coefficient
—— **de retardo** : rag coefficient
—— **de sensibilidad** : sensitivity coefficient
—— **de supresión** : damping coefficient
—— **experimental (del personal)** : crew factor; practice factor

cohete : thruster; rocket; missile

cojinete : bearing
—— **magnético** : magnetic bearing
—— **neumático** : air bearing

colector : ground bed; manifold
—— **de datos** : data sink

colimado(a) : calibrated, collimated (ant.)

comburente oxidante : oxidizer

comienzo con posterioridad a la hora fijada : late start

Comisión Mundial del Plan (UIT) : World Plan Committee (ITU)

compansor (**compresor-expansor**) : compandor

compartición de bandas de frecuencia : sharing frequency bands
—— **de zona** : zone sharing
—— **en el tiempo** : time sharing

compartimiento contrarrotado (sat.) : despun compartment

—— **de la antena** : antenna housing

compensación : compensation; equilization
—— **de deriva** (sat.) : drift compensation
—— **de la luminancia** : luminance compensation

compensador de fase : delay equilizer

compresor : automatic volume contractor

compresor-expansor (compansor) : compandor

comprobación : check

compuerta : gate
—— **"O"** : "OR" gate
—— **"Y"** : "AND" gate

computadora (calculadora) : computer
—— **analógica** : analog computer
—— **numérica** : digital computer

cómputo de ruido : noise budget

comunicación : call; connection; communication
—— **bilateral** : connection duplex; simplex two-way
—— **colectiva** : conference call
—— **conjugada** : simplex two-way
—— **de aire-tierra** : air-ground communication
—— **de ramal privado** : private branch exchange (PBX)
—— **internacional de tránsito** : international transit call
—— **internacional de tránsito doble** : three link international call
—— **internacional de tránsito simple** : two link international call
—— **internacional directa** : direct international call
—— **por conmutación** : switched connection
—— **renunciada** : refused call
—— **secreta** : privacy
—— **telefónica** : voice communication
—— **unilateral** : one-way connection
—— **urbana** : local call

comunicaciones semidúplex : two-way simplex communications

con preasignación fija : fixed preasigned (basis)

concluido conforme lo ordenado : completed as ordered (CAO)

condensador de capacidad : capacitor

conductancia del ánodo : anode conductance

conductivo(a) : conductive

conductor de mesa : ground conductor
—— **exterior** (cable coax.) : outer conductor
—— **interior** (cable coax.) : inner conductor
—— **subterráneo** : underground conduit

conductores de alimentación : supply leads

conectado(a) a tierra : grounded
—— **en triángulo** : delta connected

conectar : connect (to); branch-off (to)

conectividad : connectivity

conector : junctor

conexión a tierra : grounding
—— **de continuidad** : continuity bond
—— **de enlace** : connection
—— **de sonido y televisión** : sound and TV programme connections
—— **en cascada** : piggy-back connection
—— **ocasional de un circuito** : occasional circuit connection

conferencia abonable en destino : collect call
—— **con aviso previo de llamada** : avis d'apel call
—— **de abono** : subscription call
—— **de bolsa** : "bourse" call
—— **de cobro revertido** : collect call
—— **de estado** : government telephone call
—— **fortuita a hora fija** : occasional fixed time call
—— **interurbana** : trunk (toll) call
—— **privada ordinaria** : ordinary private call
—— **relámpago** : flash; lighting call
—— **telefónica** : telephone message
—— **telefónica de servicio** : service call

confiabilidad : reliability

configuración radial : cartwheel configuration

conformación : shaping; sizing

conformar : sizing; shaping

congestión de tráfico : congestion (busy) conditions

conglomerado de células solares : solar array
—— **de antenas** : antenna array; antenna farm

conjunto de antenas : antenna array; antenna farm
—— **de circuitos** : circuitry
—— **de cojinetes y transferencia de energía (BAPTA)** (sat.) : Bearing and Power Transfer Assembly (BAPTA) (sat.)

—— **de montaje catódico :** cathode gun
—— **de óptica :** optical barre
—— **vertebrado** (guiaondas) **:** vertebral assembly

conmutación : change-over; switching
—— **por reperforación** (telet.) **:** switching reperforator (telety)
—— **por reperforación autom. :** automatic switching reperforator (telety)
—— **semiautomática** (telegr.) **:** push-button switching (telegr.)

conmutador : switch; change-over
—— **automático :** automatic switching equipment
—— **de barras cruzadas :** cross-bar switch
—— **de paso a paso :** step-by-step switch
—— **de succión de línea :** plunger line switch
—— **de telecomunicación :** change-over switch
—— **electrotécnico :** change-over switch
—— **manual :** switchboard
—— **rotatorio :** uniselectoı

conmutar : change-over (to); switch (to)

constante de atenuación : attenuation coefficient
—— **de Boltzmann (K) :** boltzmann constant (K)
—— **de desfasaje** (o de fase) **:** wave-length constant
—— **de propagación :** propagation coefficient
—— **de transferencia de imagen :** image transfer coefficient
—— **de transferencia con impedancias conjugadas :** conjugate transfer coefficient
—— **de transferencia iterativa :** iterative transfer coefficient
—— **localizada :** lumped constant

contacto de barra : bar contact
—— **de cambio :** change-over contact unit
—— **de ruptura :** break-contact unit

contactos defectuosos : unsound contacts

contador : counter; meter
—— **anular** (comp.) **:** ring counter (Comp.)
—— **de instrucciones** (comp.) **:** instruction counter (comp.)
—— **de locales** (comp.) **:** location counter (comp.)
—— **de programas** (comp.) **:** programme counter (comp.)
—— **electrónico :** electronic counter

contorno : contour; profile
—— **isoclinal (TV) :** isoclinal contour (TV)
—— **isocromático (TV) :** isochromatic contour (TV)

contrarreacción : negative feed-back

contrarrotación : despin

contrarrotado(a) : despun

contrarrotar : despin (to)

contraste (TV) : contrast (TV)

control activo de la nutación (sat.) **:** active nutation control (sat.)
—— **analógico lineal :** linear analogue control
—— **automático de desviación :** automatic deviation control (ADC)
—— **automático de frecuencia :** automatic frequency control (AFC)
—— **automático de ganancia :** automatic gain control (AGC)
—— **automático de volumen :** automatic volume control (AVC)
—— **con retorno de la información :** message feed-back control
—— **de imparidad :** odd parity check
—— **de la actitud por volante** (sat.) **:** wheel attitude control (sat.)
—— **del tráfico aéreo :** air-traffic control
—— **de la granancia :** gain control
—— **de paridad :** even parity check
—— **de posición** (sat.) **:** position keeping (sat.)
—— **de retorno de la información :** checking message feedback loop
—— **local :** local record
—— **por bloques :** block check
—— **por caracteres :** character check
—— **por impulsos sucesivos :** notch control
—— **por programas almacenados** (comp.) **:** stored programme control (SPC) (comp.)
—— **térmico :** thermal control
—— **total por programas almacenados :** full stored programme control
—— **transversal :** character control
—— **unilateral :** unilateral control
—— **y retardo del eco :** echo control and delay

consola de control : control console

Convenio internacional sobre la seguridad de la vida humana en el mar : international covenant for safety of life at sea (ICSLS)

conversación : call; conversation
—— **lenta** (telegr.) **:** delay call (telegraph)
—— **telegráfica :** telegraph call

conversión de código : code conversion
— **de modulación** : modulation conversion
convertidor : converter
— **analógico a numérico** : digitizer; A/D converter
— **de frecuencias** : frequency converter
— **de IF a RF** : up converter
— **de línea de duración de una trama** : line-field converter (TV)
— **de normas** : standard converter
— **de RF a IF** : down-converter
— **elevador** : up-converter
— **reductor** : down-converter
cordón : cord; flexible cord
— **de conexión** : cord-circuit
corrección : correction from signals
— **de errores hacia adelante** : forward error correction
— **de sincronismo** : synchronous correction
— **de un resultado** (comp.) : validity (comp.)
corriente alterna (c.a.) : alternating current (AC)
— **continua (c.c.)** : direct current (DC)
— **de ánodo** : anode current
— **de caldeo** : heater current
— **de fuga** : spike
— **de hélice** : helix current
— **de placa** : anode current
— **directa** : forward current
— **errática** : stray current
— **helicoidal** : helix current
— **inversa** : echo current
— **perturbadora equivalente** : equivalent disturbing current
— **portadora** : carrier current
— **reflejada** : echo current
— **residual** : residual current
— **vagabunda** : stray current
corrientes de humectación : wetting currents
— **de tráfico** (telef.) : traffic streams (teleph.)
— **vocales** : speech currents
corrosión : corrosion
— **electrolítica** : electrolytic corrosion
— **electroquímica** : electrochemical corrosion
— **intercristalina** : intercrystalline corrosion
— **intergrandular** : intercrystalline corrosion
— **química** : chemical corrosion
corte : clipping; cut
cresta a cresta : peak to peak
cristal piezoeléctrico : crystal
— **termorresistente** : oven controlled system
crominancia (TV) : chrominance (TV)
croquis : design
cruzado(a) : cross; crossed
cruzamiento (de línea) : crossing
cuadrante : dial
cuadrete : quad
— **D.M.** (Diselhorst-Martin) : multiple twin-guard
— **estrella** : star-quad
cuadro de conmutación (PBX) : PBX switchboard
— **de fusibles** : fuseboard
— **interurbano** : toll board; switchboard trunk
cuadros de prueba de racionalidad : reasonableness check tables
cuádruplex : quadruplex
cuantificación de amplitud : amplitude quantized
— **temporal** : time quantized
cuarto de aparatos (teleg.) : instrument room (telegr.)
cubierta del cable : cable sheat
— **deslizante** : coverslide
— **térmica** : thermal blanket; thermal shield
cubo : hub
cubreobjeto : coverglass
cuenta inversa (lanz.) : countdown (launch)
— **regresiva** (lanz.) : countdown
cuerpo dual de rotación (sat.) : dual spin body (sat.)
curva : curve; slop
— **de correlación** : rating curve
— **de espectro** : spectrum locus
— **de ganancia** : gain slope
— **de nivel** : isoclinal contour (TV)
— **de respuesta** (amplif.) : response curve (amplif.)
— **que relaciona resistencia con la duración en órbita** (sat.) : drag life curve (sat.)
chapoteo del combustible (sat.) : fuel slosh (sat.)
chirrido : squeak
choque acústico : acoustic choke
— **de aplanamiento** : smoothing choke
— **fraccionado** : staging shock
— **variable** : swinging choke
chumacera (mec.) : bearing (mech.)

D

de apoyo : back-up
—— **cresta a cresta** : peak to peak
—— **fuenta única** : sole source
—— **punto a punto** : point to point
—— **reserva en órbita** (sat.) : spare in orbir (sat.)
—— **reserva en tierra** (sat.) : spare in ground (sat.)
—— **reserva operativa** (sat.) : stand-by (sat.)
—— **una sola fuente** : sole source

debilitación de la imagen (TV) : image attenuation (TV)

decibel (dB) (o decibelio) : decibel (dB)

decibelios en relación a 1 milivatio : decibel above a milliwatt (dBW)

decineperio : decineper

decisión rígida : hard decision

decrecimiento : decrement
—— **logarítmico** : logarithmic decrement

defase interativo : interative phase-change coefficient

definición : definition; resolution
—— **y centelleo** (TV) : resolution and flicker (TV)

deformación : distortion
—— **de abertura** : aperture distortion
—— **de diodos** : creep (diodes)

degradación : degradation; tailing (TV)
—— **por propagación** : propagation degradation

delineamiento : mapping

demora : delay
—— **de contestación** : speed of answer
—— **de espera** : queueing delay
—— **de establecimiento de una llamada** : delay on a call
—— **en contestar** : speed of answer
—— **de la contestación** : answering time
—— **media** : average delay

demonstración de la cuenta regresiva (lanz.) : terminal countdown demonstration (launch)

densidad : density
—— **de exploración** : scanning density
—— **de frecuencia sonora** : sound energy density
—— **espectral de la potencia (PSD)** : power spectral density (PSD)
—— **instantánea de energía acústica** : sound energy density
—— **media del flujo de potencia** : medium power flux density

densígrafo : densographer

densímetro : densometer

deriva : drift
—— **del satélite** : satellite (spacecraft) drift

derivación : branch; bridge; derivation; shunt

derivado(a) : derivative

derivar : branching; shunt (to)

desacoplar : decoupling; disconnect

desacoplo de la pantalla (TV) : screen by-pass

desactivaciones espontáneas : spontaneous shut-offs (SSO)

desadaptación : mismatch

desagregación : disintegration
—— **intercristalina** : intercrystalline disintegration

desalineación : judder
—— **longitudinal** : longitudinal judder
—— **transversal** : transversal judder

desamortiguador de nutación (sat.) : nutation damper

desaparición gradual (TV) : fade-out (TV)

desbloqueo : unblocking

desbordamiento : displacement; overflow; spillover

desborde : overflow
—— **de tráfico** : traffic overflow

descentramiento : diversion; off-set

descodificación : decoding
—— **de umbral rígido** : hard decision threshold decoding

descifrador : decoder

decodificador : decoder
—— **de decisión flexible** : soft-decision decoder

desconectar : decoupling; disconnect (to)

descripción básica : baseline description

desechable : disposable

desempaquetado(a) : packet dissasembly

desfasador : phase splitter

desfasaje : phase-shift; phase splitting
— **de imagen** (TV) : image phase-change coefficient
— **entre imágenes** (TV) : phase constant (TV)
— **iterativo** : iterative phase-change coefficient
— **sobre impedancias conjugadas** : conjugate phase-change coefficient

desintegración : disintegration

desligamiento : underlap

desmodulación : demodulation

desmodulador : demodulator
— **a diodo** : diode demodulator
— **de umbral mejorado** : threshold extension demodulator (TED)
— **telegráfico** : telegraph demodulator

desocupación : clearance

desplazamiento : drift; offset
— **de frecuencias** : frequency offset

desprendimiento del carenado (lanz.) : shroud jettison (launch.)

desrotación (sat.) : despin

desvanecimiento gradual (TV) : fade-out (TV)
— **pasivo de equilibrio** : passive (balance) return loss

desviación : deviation; offset; diversion; diverting
— **angular** : angular deviation
— **de cresta** : peak deviation
— **de frecuencia** : frequency deviation (or drift)
— **del centro de la masa** : center of mass offset
— **de valor eficaz (o cuadrática)** : R.M.S. deviation
— **máxima** : peak deviation

detección : detection; sensing
— **cuadrática** : square-law detection
— **del sonido** : sonodetection
— **lineal** : linear detection
— **pasiva** : passive sensing

detector : detector; sensor
— **de interrupción de portadora de datos** : data carrier failure detector
— **solar** : solar sensor

determinación de distancias : ranging

devanado : winding

diafonía : crosstalk
— **causada por la voz** : speech crosstalk
— **cromática** : color crosstalk
— **ininteligible** : unintelligible crosstalk; inverted crosstalk
— **inteligible** : uninverted crosstalk; intelligible crosstalk

diafonómetro : crosstalk meter

diafragma : diaphragm
— **de tonos** : aperture tone-control

diagrama de antena : antenna pattern
— **de circuitos** : circuit diagram
— **de circulación** : flow chart
— **de radiación de la antena** : antenna radiation pattern (diagram)
— **de radiación horizontal** (ant.) : horizontal radiation pattern (ant.)
— **de radiación vertical (ant.)** : vertical radiation pattern (ant.)
— **de trabajo** : functional diagram (of a circuit)
— **patrón** : diagram

diapasón : tuning fork

dieléctrico(a) : dielectric

difracción : diffraction

difusión : broadcast; diffusion; dispersion; dispersal
— **del calor** : heat soak back
— **de TV directa por satélite** : direct broadcast satellite TV (DBS-TV)

dígito binario (cifra dinaria) : binary digit
— **de control** : control digit

dilatación : expansion
— **térmica** : thermal expansion

dinámico(a) : dynamic

dinámica de la señal : dynamic pattern

diodo : diode
— **compacto de esfera aleada** : packaged ball alloy diode
— **laser de arseniuro de galio** : gallium-arsenide laser diode
— **mezclador** : mixer diode
— **no ensayado** : unscreened diode
— **no probado** : untested diode; unscreened diode
— **oscilante por microondas** : microwave oscillating diode
— **planar compacto** : packaged planar diode
— — **de conexiones radiales** : beam lead planar diode

díplex : diplex

diplexaje : diplexing

diplexor : diplexor (diplexer)

dipolo, antena : dipole antenna
— **de tubo coaxil** (ant.) : sleeve dipole (ant.)

dirección : address
— **abreviada** : shortened address
— **absoluta** : absolute address
— **regional** (comp.) : regional address (comp.)
— **relativa** (comp.) : relative address (comp.)
— **simbólica** (comp.) : symbolic address (comp.)

directo(a) : forward

discado : dialing

discar : dial (to)

disco de marcar (telef.) : dial (teleph.)
— **de Rayleigh** : Rayleigh disc
— **de silicio** : silicon wafer

discos de llamada (telef.) : rotary dials

discontinuidad : discontinuity

discordio : circuit double-ended cord

discriminación : discrimination
— **de frecuencia** : frequency discrimination
— **de la polaridad** : polarity discrimination
— **de la polarización** : polarization discrimination

discriminador : discriminator
— **de fijación de fase** : phased-locked discriminator
— **con enganche de fase** : phased-locked discriminator

discriminar : discriminate (to); sample (to)

diseñador : designer

diseño : design
— **saliente** : free standing design

disimetría (en una instalación) : unbalance

disipador de calor : heat sink

disminución de la calidad : impairment
— **de la calidad de transmisión por ruidos** : noise transmission impairment

disparidad : disparity

dispersímetro : dispersion meter

dispersión : dispersion; dispersal; scatter
— **debida a la precipitación** : precipitation scatter
— **de energía** : energy dispersal
— **hacia atrás** : back scattering
— **ionosférica** : ionosphere (or ionospheric)
— **troposférica** : tropospheric scatter

dispersor de energía : scrambler

disposición de frecuencias : frequency arrangement
— **de canales** : channel arrangement

disposiciones de seguridad : security arrangement

dispositivo arrítmico : start-stop device
— **de acoplamiento de carga** : charged coupled device (CCD)
— **de alineación de trama** : frame aligner
— **explorador de guiaondas a coaxial** : waveguide to coaxial probe
— **rotatorio de transferencia de energía** : rotary power transfer device

distancia : range; distance
— **de coordinación** : coordination distance
— **en línea recta** (inclinada) : slant range
— **ortodrómica** : great circle distance
— **real** : slant range

distanciador (aislador) térmico : thermal stand-off

distintivo : answer-back code
— **de llamada** : call sign
— **interurbano** : trunk code

distorsión alineal : non-linear distortion
— **armónica** : harmonic distortion
— **armónica enésima** : nth order harmonic distortion
— **arrítmica** : start-stop distortion
— **arrítmica de sincronismo** : synchronous start-stop distortion
— **asimétrica** : assymetrical (bias) distortion
— **característica** : characteristic distortion
— **cíclica** : cyclic distortion
— **de amplitud** : amplitude distortion
— **de atenuación** : attenuation (frequency) distortion
— **de cuantificación** : quantizing distortion
— **de emisión (o de equivalente)** : transmitter distortion
— **de fase** : phase distortion
— **de fase/frecuencia** : delay frequency distortion
— **de frecuencia** : frequency distortion
— **de intermodulación** : intermodulation distortion
— **de la forma de onda con duración de una trama** : field-time waveform distortion
— **de retardo** : delay frequency distortion

— **de una señal :** signal distortion
— **en la emisión :** transmitter distortion
— **fortuita :** fortuitous distortion
— **global :** gross distortion
— **isócrona :** individual distortion; isochronous distortion
— **lineal :** linear distortion
— **reticular :** lattice distortion
— **telegráfica :** telegraph distortion
— **unilateral :** bias distortion; assymetrical distortion

distribución : division; distribution; allocation
— **de grupos primarios :** group allocation
— **de grupos secundarios :** supergroup allocation
— **en el tiempo :** time distribution
— **gaussiana :** guassian distribution
— **logarítmica normal :** log normal distribution

disyuntor : cut-out

diversidad : diversity,; diverse
— **de encaminamiento** (tráfico) **:** diverse routing (traffic)
— **de ubicación :** site (or space) diversity
— **en el espacio :** space diversity

diversión : diversion; diverting

división : division; distribution

doble banda lateral (DBL) : double side band (DSB)
— **salto** (sat.) **:** double hop (sat.)

drenaje eléctrico : electric drainage
— **electrico directo :** direct electric drainage
— **eléctrico forzado :** forced electric drainage
— **eléctrico polarizado :** polarized electric drainage
— **eléctrico regulador :** controlled electric drainage

dúplex (método combinación) : incremental duplex
— **(método oposición) :** opposition duplex
— **diferencial :** differential duplex
— **por adición :** incremental duplex
— **por oposición :** opposition duplex
— **puente :** bridge duplex

duración de las operaciones : operating time (of a circuit)
— **de una conferencia :** call duration; conversation time
— **de una trama** (TV) **:** field line; field time (TV)
— **de un impulso :** pulse duration; pulse length; pulse width
— **tasable de una conferencia :** chargeable time
— **teórica de un intervalo significativo :** theorical duration of significant interval

NOTAS

E

Eco : echo
—— (facs.) (TV) : ghost (Facs. & TV)
—— **del suelo** (radar) : ground return (radar)

ecocancelador : echo canceller

ecómetro : echo meter
—— **por impulsos** : pulse echo meter

ecuación de dispersión hacia adelante : forward scatter equation

editar (comp.) : edit (to) (comp.)

efecto cohesor : coherer effect
—— **de campo** : field effect
—— **de cohesión** : coherer effect
—— **de enganche** : hang-up effect
—— **de salto** : skip effect
—— **Doppler** : doppler effect
—— **inverso** : back-lash
—— **local** : side tone
—— **microfónico** : microphony

efectos de las perturbaciones en las transmisiones por satélite : satellite transmission impairment programme (STRIP)
—— **del plasma al entrar en la atmósfera** : atmospheric entry plasma effects

electrodo impolarizado de referencia : non-polarizable reference electrode

electroimán telegráfico : telegraph electromagnet

electrodo de contacto óhmico : ohmic source drain contact

electrógrafo : electro-writer

electrón : electron

electrónica : electronics

elemento biestable : bistable element
—— **de batería** : battery cell
—— **de contacto** : contact element
—— **de código** : code element
—— **de imagen** (TV)-(facs.) : picture element (TV) (facs.)
—— **de modulación** : modulation element
—— **de restitución** : modulation element; restitution element
—— **de señal** : signal element
—— **de señal telegráfica** : telegraph signal element

elementos de programación (comp.) : software (comp.)
—— **físicos** (comp.) : hardware
—— **simultáneous** : coincident (signal) elements
—— **unitarios** : unit elements; telegraph word

elevación (EL) : elevation (EL)

eliminación de modulación por amplitud : rejection of amplitude modulation

elepticidad de tensión : voltage axial rate; voltage ellepticity

emisión de un telegrama : forwarding a telegram
—— **fotoeléctrica** : photoelectric emission
—— **fuera de banda** : out-of-band emission

emisiones no deseadas : unwanted emissions

emisor(a) : originator; sender

emitancia (TV) : emittance (TV)

empalmador OSM (miniatura) : OSM connector

empalmar : branch (to) connect (to); patch (to)

empalme : patching; connection; splice
—— **de largos de cable** : factory length allocation

empaquetadura de caucho de silicio : rubber silicone packing

emparejar : match (to)

empresa privada reconocida : recognized private operating agency

empuje (mec.) : crowding (mech.)

en almacén : off-the-shelf

en posición de funcionamiento : stand-by

encabezamiento (comp.) : heading (comp.)

encapsulado : potted

encauzamiento : route; routing

encendido en caliente : hot firing

enchufable : plug-in

enchufar : plug-in (to)

enchufe : plug

endurecimiento criogénico : cryo-anneal

energía : energy; power; force
—— **acústica** : sound energy
—— **máxima disponsible** : available power
—— **perturbadora** : disturbing power

enlace : local line; link; trunk; junction
—— **alineado** : carrier line

—— **ascendente** (est.terrerna/sat.) **:** up link (earth sta./sat.)
—— **auxiliar :** junction
—— **de central interurbana :** trunk junction; toll switching trunk
—— **de conexión :** feeder link
—— **de telecomunicaciones por satélite :** satellite telecommunications link
—— **descendente** (sat./est.terrena) **:** down link (sat./earth station)
—— **de señalización :** signaling link
—— **en grupo primario :** group link
—— **en grupo secundario :** supergroup link
—— **en grupo terciario :** mastergroup link
—— **en línea :** carrier line (or link)
—— **individual :** individual trunk
—— **multisatélite :** multisatellite link
—— **por banda de base :** baseband link
—— **por satélite :** satellite link
—— **radiofónico :** RF link
—— **radoieléctrico :** radio link
—— **radio eléctrico HF :** HF radio link
—— **semicomún :** partial commun trunk

enmascaramiento (de un sonido) : masking of a sound

enmascarar : mask (to); masking

ensanchamiento del espectro : spectrum spreading

ensayos de campo : field tests
—— **de verificación del diseño :** design verification test (DVT)
—— **prácticos :** field tests

entrada al desmodulador : demodulator imput

envolvente de modulación : modulation envelope
—— **enclavador permanentemente :** permanently locked envelope

equidivisor de energía : equal-power splitter

equilibrador(a) : balancing network; offsetting

equilibrio : balance
—— **de impedancias :** impedance matching

equilibrómetro (de impedancias) : impedance and balance measuring set

equiparar : match (to)

equiparación : matching

equipo : equipment; hardware
—— **auxiliar :** intermediate equipment
—— **de control e indicación viasual :** control and display equipment (CDE)
—— **de conversión de señales :** signal conversion equipment
—— **de corrección :** correcting equipment

—— **de modulación de grupos :** group modulating equipment (GME)
—— **de multiplaje numérico :** digital multiplexing equipment
—— **electrónico de la antena de contrarrotación :** despin antenna electronics
—— **electrónico para amortiguador activo de nutación :** active nutation damper electronics (ANDE)
—— **intermedio :** intermediate equiment
—— **monocanal :** single channel equipment
—— **radiotelemétrico :** distance measuring equipment (DME)
—— **redundante :** redundant equipment
—— **terminal de datos :** data terminal equipment
—— **terrestre de telecomunicaciones :** ground communications equipment (GCE)
—— **translador de canales :** channel translating equipment (CTE)
—— **translador de grupo primario :** group translating equipment (GTE)

equivalente (de un circuito) : equivalent (of a circuit); net loss
—— **de oscilación :** equivalent singing point
—— **de referencia :** relative (reference) equivalent
—— **del efecto local :** reference equivalent of side tone
—— **de nitidez :** equivalent articulation loss
—— **relativo :** loudness volume equivalent

erlang (Erlangio) : erlang

error de apuntamiento (ant.) **:** pointing error (ant.)
—— **de redondeo :** truncation error
—— **doble :** double error
—— **fundamental** (telegr.) **:** garble (telegr.)
—— **simple :** single error

escala (telecom.) **:** intermediate handling (telecom.)
—— **de tonos :** tone wedge

escalonamiento : notching

escape : leak

escobilla : brush; wiper

esfuerzo en bucle : loop stress

espacio exterior : outer-space
—— **extraterrestre :** outer-space

— **lejano** : deep space
— **libre del carenado** (sat.) : fairing clearence
— **Morse** (telegr.) : Morse space

espalda con espalda (adosado) : back-to-back

espectrómetro : spectometer

esquema de enganche de trama (TV) : framing pattern

estabilidad : stability

estabilización : stabilization
— **triaxial** (sat.) : body stabilization;

estabilizador de frecuencias : frequency control

establecimiento (de transmisión) hacia adelante : forward set-up
— **(de transmisión) hacia atrás** : backward set-up

estación atendida : attended station
— **autoalimentada** : non-power feed station
— **automática** : unattended station; unmanned station
— **auxiliar** : auxiliary station; dependent station
— **combinada** : balance station
— **con dotación de personal** : manned station
— **correspondiente** : correspondent station
— **corresponsal** : correspondent station
— **costera** : coast station
— **de abonado** : subscriber's station; subscriber's set
— **de alimentación** : power feeding station
— **de barco** : ship station
— **de boya oceanográfica** : oceanographic buoy station
— **de centro de predicción** : forecast centre station (FC)
— **de control** (telegr.) : telegraph station
— **de radiodeterminación** : radiodetermination station
— **de referencia** : reference station
— **de referencia para la transmisióm** : send reference station
— **de telemando y adquisición de datos** : command and data acquisition station
— **de tierra** : ground station
— **de tierra de interrogación directa** : direct request ground station (DRGS)
— **directora** : controlling testing station
— **directriz** : control station
— **directriz coaxial** : coaxial control station
— **directriz de grupo** : group control station
— **escalonada** (telegr.) : echelon telegraphy
— **espacial** : space station
— **experimental** : experimental station
— **fija** : fixed station
— **móvil** : mobil station
— **móvil de radiolocalización** : radiolocation mobile station
— **móvil de radionavegación** : radionavegation mobile station
— **móvil terrestre** : land mobile station; mobile earth station
— **no atendida** : unattended station; unmanned station
— **no normalizada** : non standard station
— **normalizada** : standard station
— **principal** : master station; main station
— **principal de repetidores** : main repeater station
— **radiodifusora** : broadcasting station
— **radiogoniométrica** : direction finding station
— **regulada** : regulated station
— **subdirectriz** : sub-control station
— **subdirectriz de grupo** : group sub-control station
— **subordinada** : auxiliary station; dependent station
— **telealimentada** : auxiliarly station; dependent station
— **telefónica** : public call office (teleph.)
— **telefónica de abonado** : pay station
— **telefónica principal de abonado** : subscriber's main station
— **telefónica pública** : public call office
— **telefotográfica** : phototelegraph station
— **telegráfica** : telegraph position
— **telerregulada** : remote controlled station
— **terrena** : earth station (ES)
— **terrena automática** : unmanned earth station
— **terrena de barco** : ship earth station
— **terrena de diversidad** : space diversity earth station
— **terrena de diversidad de ubicación** : space (site) diversity earth station
— **terrena de diversidad en el espacio** : space diversity earth station
— **terrena de interrogación directa** : direct readout ground station (DRGS)
— **terrena directora** : control earth station
— **terrena no normalizada** : non-standard earth station
— **terrena normalizada** : standard earth station
— **"terrenal" (UIT)** : terrestrial station (not by satellite) (ITU)

—— "terrenal" de radiodifusión : terrestrial broadcasting station
—— terrestre : land station
—— terrestre de radiolocalización : radiolocalization land station
—— terrestre de radionavegación : radionavegation land station

estado sólido : solid state

estados auxiliares de una modulación : auxiliary condition of a modulation
—— **significativos de una modulación** : significant conditions of a modulation

estándar : standard

estandarización : standardization

estrellas pulsátiles : pulsating stars

estructuras subterráneas : underground structures

estudio de televisión : TV studio

estudio de la onda del plasma : plasma wave science (PWS)

etapa de amplificación : amplification stage
—— **de impulsión** (cohetes) : booster stage (rockets)
—— **de inyección al apogeo** (sat.) : apogee injection stage (sat.)
—— **excitadora** : driver stage
—— **preamplificadora** : preamplifier stage

etiqueta : label

excitación múltiple de frecuencias : multiple frequency excitation

excitar : drive (to)

excursión de frecuencia : frequency swing
—— **máxima del negro** (TV) : black peak (TV)

expansor : expander

exploración por puntos sucesivos (TV) : interlacing dot scanning (TV)
—— **reducida** : limited scanning

explorador para mediciones directas : direct measurement explorer (DME)

explorar (radar) (TV) : scan (to) (radar) (TV)

explotación : operation
—— **dúplex** : duplex operation
—— **privada** : private operation agency
—— —— **reconocida** : recognized private operation agency
—— **símplex** : simplex operation

extensión de registro (comp.) : register length
—— **de tonos** (TV) : expansion (TV)

extensor : automatic volume expander

extinción del sonido : null

extremo opuesto : distant end
—— **transmisor** : sending end

NOTAS

F

facsímil : facsimile

factor de amplificación : amplification (MU) factor; magnification factor

—— **de amplificación de 2 electrodos** : voltage factor

—— **de apantallamiento** : screening factor

—— **de calidad** : Q factor

—— **de cilindro** (facs.) : drum factor (facs.)

—— **de diversidad** : diversity factor

—— **de eliminación** : roll-off factor

—— **de forma de los filtros** : filter shape factor

—— **de pantalla del terreno** : site-shield factor

—— **de pérdidas** : loss factor

—— **de ruido del receptor** : receiver noise factor

—— **de sobretensión** : magnification factor

—— **de supresión** : damping coefficient

—— **de utilización** : diversity factor

—— **"Q"** : Q factor; overvoltage factor

—— **reductor** : screening factor

—— **telefónico de la forma de onda** : telephone harmonic form factor

—— **TIF** : telephone influence factor (TIF)

facturación automática : toll ticketing

falla **(o fallo)** : fail; malfunction

fantasma (TV) : ghost (TV)

fase diferencial : differential Phase (DP)

fiabilidad : reliability

ficticio : dummy; simulated

ficha **(microcircuito)** : chip

fidelidad : fidelity

—— **de un amplificador** : paid tune ratio

figura de mérito : figure of merit

fijación del nivel del negro (TV) : black clamping

filtro : filter

—— **de altas frecuencias** : roof(ing) filter

—— **de bloqueo** : blocking filter

—— **de celosía** : lattice filter

—— **de conformación** : shaping filter

—— **de corte rápido** : sharp cut-off filter

—— **de eliminación de banda** : band elimination (or rejection, or stop) filter

—— **de onda superficial acústica superficial** : accoustic wave filter

—— **de paso alto** : high-pass filter (HPF)

—— **de paso bajo** : low-pass filter (LPF)

—— **de paso de banda** : band-pass filter (BPF)

—— **de resistencia/capacitancia** : resistance/capacitance filter (RCF)

—— **de resonancia** : tuned filter

—— **de todo paso** : all-pass filter

—— **direccional** : directional filter

—— **discriminador** : discrimination filter

—— **sencillo de pendiente** : simple slope filter

—— **de trama** : finess of scanning

fisura : cracking

—— **por la línea de fusión** : fusion-line cracking

flexión : sagging

fluctuación (sonido) : flutter; jitter

—— **de baja frecuencia** : wow

—— **de fase** : phase jitter

—— **de granancia** : gain ripple

—— **de impulsos** : pulse jitter

flujo de bitios hacia adelante : forward bit system

—— **medio de tráfico** (telef.) : traffic clow (teleph.)

forma de código : code form

—— **de los mensajes** : message format

formación de un tren de señales : formation of a signal train

formato (facs.) : ratio aspect (facs.)

fórmula de Carson : Carson's rule

fosfuro de indio : indium phosphide (InP)

fotoemisor(a) : photo-emitter

fotopolarímetro : radiómetro : photopolarimeter - radiometer

fotosensible : photoresponsive

fototelegrafía (facs.) : phototelegraphy; picture transmission

fototelegrama : phototelegram

frecuencia acústica : audiofrequency

frecuencia angular : angular frequency

—— **antirresonancia** : anti-resonance frequency

—— **central** : center frequency

—— **de corte** : cut-off (or cross over) frequency

—— **de corte efectiva** : effective cut-off frequency

—— **de corte teórica** : theoretical cut-off (or cross-over) frequency

—— **de batido** : beat frequency

—— **de funcionamiento** : operating frequency (echo canceller)

—— **de guarda** : guard frequency
—— **de modulación** : modulating (or modulation) frequency
—— **de muestreo** : sampling frequency
—— **de negro** (TV) (facs.) : black signals (TV) (Facs.)
—— **de negro artificial** (TV) (Facs.) : artificial black frequency (Facs.)
—— **de puntos** (facs.) : dot frequency (facs.)
—— **de referencia** : reference frequency
—— **de repetición** : repetition rate
—— **de repetición de impulsos** : pulse repetition frequency
—— **de trama** (TV) : rate field (TV)
—— **infraacústica** : sub-audio frequency
—— **infratelefónica** : sub-telephone frequency
—— **interferente** : interference frequency
—— **instantánea** : instantaneous frequency
—— **máxima utilizable** : maximum unable frequency (MUF)
—— **media** : medium frequency
—— **patrón** : standard pulse signal
—— **perturbadora** : interference frequency
—— **portadora** : carrier frequency
—— **portadora de imagen** (TV) : picture tone (TV)
—— **propia** : natural frequency
—— **superior** : top frequency (ftop)
—— **supraacústica** : super-audio (or super-telephone) frequency
—— **supratelefónica** : super-telephone frequency
—— **telefónica** : voice (telephone) frequency (VF)
—— **vocal** : voice (telephone) frequency (TV)

frecuencias de arranque : start-frequencies
—— **de parada** : stop frequencies

frecuenciómetro : frequency meter
—— **discriminador de salida** : discriminator output frequency meter

frente posterior : back porch

fresado químico (mec.) : chemical milling (mech.)

fuente de datos : data source
—— **de energía de emergencia** : emergency power supply
—— **interferente** : interfering source

fuentes de alimentación : feed sources

fuerza de cizallamiento (mec.) : shear stress (mech.)
—— **electromotriz (F.E.)** : electro-motive force (EMF)
—— **electromotriz longitudinal** : longitudinal EMF; longitudinal interference
—— **electromotriz sofométrica** : psophometric EMF
—— **motriz** : driving force

fuga : leak

fulguración solar : solar flare

funcionamiento en alternativa : alternate operation; up and down working
—— **en dúplex** : duplex operation
—— **por diversidad en el espacio (ubicación)** : diversity operation
—— **por impulsos** : pulse mode

fuselaje : fairing

fusible : fuse (or fuze)
—— **de cinta** : fuse strip

fusión : fusion

fusiosoledo : fusion welding

fusor : fuse (or fuze)

NOTAS

G

gama de frecuencias : frequency range

ganancia (G) : gain (G)
— **absoluta** : absolute gain; isotropic gain
— **compuesta** : composite gain
— **de inserción** : insertion gain
— **de la antena** : antenna gain
— **de modulación** : modulatión (or restitution) gain
— **de potencia** : power gain
— **de transducción** : transducer gain
— **de transmisión** : transmission gain
— **diferencial (DG)** : differential gain (DG)
— **direccional** : directive gain
— **directa** : forward gain
— **equivalente** : overall gain
— **isótropa** : isotropic (absolute) gain
— **máxima** : maximum gain
— **por reflexiones** : reflection gain
— **uniforme** : gain flatness

ganancímetro : gain measuring set

gancho conmutador : cradle switch

generador de bases de tiempo : clock
— **de dientes de sierra** : sawtooth generator
— **de dientes de sierra de línea** : sawtooth line generator
— **de dientes de sierra de trama** : sawtooth frame generator
— **de impulsos de índice maestro** : master index pulse generator (MIPG)
— **de ritmo** : clock
— **de señales de sincronismo** : clock
— **termoeléctrico de radioisotopos** : radioisotope thermoelectric generator (RTG)
— **normal** : 1 mW 600 ohms generator
— **adaptador a R Ohmios** : 1 mW RO ohms generator
— **sincronizante** (TV) : synchronizing generator (TV)

Gentex, sistema : Gentex system

geometría de huecos (rejillas) : pore geometry

gestión de la red : network management

girómetro : rate gyro

giroscopio de control de momentos (sat.) : control moment gyro (CMG) (sat.)

grado convencional de distorsión : conventional degree of distortion
— **de distorsión arrítmica global** : degree of gross start-stop distortion
— **de distorsión de una señal** : distortion signal
— **de distorsión en servicio** : degree of distortion in service
— **de distorsión individual** : degree of individual distortion
— **de distorsión inherente** : degree of inherent distortion
— **de distorsión isócrona** : degree of isochronous distortion
— **de distorsión normalizada** : degree of standardized test distortion
— **de distorsión propia** : degree of inherent distortion

gradual : grading

gráfico de niveles : level recorder chart

grano (metal.) : grain (metal.)

gránulos : pellets

grueso(a) (sintonización/ajuste) : coarse (setting)

grupo : group
— **combinable** : phantom group
— **de líneas** : grading group
— **de registros** (comp.) : region (comp.)
— **primario** : 12 channel group
— **primario de base** : basic group
— **secundario** (supergrupo) : supergroup

guiaondas circular : circular waveguide
— **de cinta** : strip-line waveguide
— **de interconexión local** : cross-site waveguide

guiñada (sat.) : yaw (sat.)

H

haces cuadrantes : guadrant beams

haz (de cobertura) global : global beam

— **de electrones parcialmente consumido** : spent electron beam

— **de referencia** : beacon

— **de telegrafía armónica** : voice-frequency multichannel system

— **de zona** : zone beam

— **divergente** : squinted beam

— **dividido** : split beam

— **estrecho** : narrow beam

— **interrumpido** : gated beam

— **perfilado** : shaped beam

— **pincel** : spot beam

— **pincel Oeste** : West spot beam

— **pincel perfilado** : shaped spot beam

— **principal** : major (or main) beam

— **puntual** : spot beam

hélice de impresión (facs.) : helix; scroll scanning (facs.)

heliógrafo : solar telegraph

hexafluorocirconato : hexaflurozirconate

hexafluorosilicato : hexaflurosilicate

hexafluorotitanato : hexaflurotitanate

hilo : wire

— **desnudo** : open wire

hidrodinámica : hydrodynamics

hiperiluminación de la imagen (TV) : blooming (TV.)

hipsógrafo : level recorder (automatic)

hipsograma : diagram level

hora activa : busy hour

— **cargada media** (telef.) : mean busy hour

— **de Greenwich** : standard time (GST)

— **legal** : standard time

horas de poco tráfico (telef.) : slack hours (teleph.)

huelgo (mec.) : clearence (mech.)

NOTAS

I

igualación de retardo : delay equalization

imagen (TV) : display; figure; frame (TV) image

— **fantasma** : echo image

imán : magnet

impedancia acústica : acoustical impedance

— **acústica intrínseca** : characteristic acoustical impedance

— **asimétrica** : unbalanced impedance

— **cinética** : motional impedance

— **de imágenes** : image impedance

— **de transferencia** : transfer impedance

— **imaginaria** : conjugate impedance

— **iterativa** : iterative impedance

— **por unidad de superficie** : unit-area impedance

— **simétrica** : balanced impedance

— **sin carga** : blocked impedance

impedancias conjugadas : conjugate impedances

impresor : printer

impresor-traductor (telegr.) : five-unit printer Morse (telegr.)

impresión (comp.) : printout (comp.)

impulsión : thrust

impulso : thrust (mech.) pulse (electr.)

— **de apertura** : break pulse

— **de cierre** : make pulse

— **de control** : command pulse; control pulse

— **de conmutación** : signaling pulse

— **de hiperamplitud** : spike

— **de información** : information pulse

— **de seno cuadrado** : sine squared pulse

— **de señalización** : signaling pulse

— **de telemando** : command pulse

— **reconstruido** : reconstructed pulse

— **reestablecido** : reconstructed pulse

— **terrestre artificial** : artificial earth pulse (AEP)

impulsor (sat.) : thruster (sat.)

— **a reacción** (cohete) : jet

— **de iones de mercurio** (sat.) : mercury ion thruster (sat.)

incoherencia de fase : phase incoherence

incidencia : grazing; incidence

inclinación de la órbita : orbit inclination (sat.)

incumplimiento : non-compliance; non-observance

indicación de un estado de alarma : alarm reporting system

indicador acústico de llamadas : call announcer

— **de acuse de recibo** : acknowledge indicator

— **de desviación** : diversion indicator

— **de la naturaleza del circuito** : nature of circuit indicator

— **de supresión de eco** : echo suppressor indicator

— **luminoso de llamadas** : call indicator

indicativo : answer-back code; routing code

— **internacinal** : international code

índice de calidad : quality index

— **de calidad de transmisión** : transmission performance rate

— **de compresión inmediata** : immediate appreciation percentage

— **de cooperación** : index of the scanning helix

— **de desviación** : deviation ratio

— **de distorsión armónica total** : harmonic distortion coefficient

— **de error de una conmunicación** : error rate of a communication (telegr.)

— **de error de una manipulación** : error rate of a keying

— **de error de una traducción** : error rate of a translation

— **de frenado** : earthing percentage

— **de la calidad de una transmisión** : transmission performance rating

— **de modulación** : modulation factor; modulation index

— **de nitidez** : articulation index (AI)

— **de ponderación** : weighting factor

— **de ponderación de una corriente** : current weighting factor

— **de ponderación de una tensión** : voltage weighting factor

— **de reacción (o realimentación)** : feed-back ratio

— **de refracción** : refractive index

— **de reproducción** : reproduction index

— **de rendimiento en tiempo** : efficiency factor in time

—— **de trabajo** : marking percentage
—— **restrictivo** : limiting factor

inducción magnética : magnetic induction

inductor : inductor

influencia eléctrica : electric induction

información cromática (TV) : color information

inframodulación (TV) : undershoot (TV)

infrarrojo(a) : infra-red

ingrávido (a) : weightless

inserción de dígitos : digit insertion

instalación terminal para transmisión de datos : terminal installation for data transmission

instalaciones a bordo de satélites : satellite-borne facilities
—— **a prueba de explosivos** : explosive safe facilities

instantes ideales : ideal instance
—— **significativos** : significative instants

integración a gran escala (LSI) (microm.): large scale integration (LSI) (microm.)

integrador (Comp.) : integrator (Comp.)
—— **cuadrático** : quadratic integrator

inteligibilidad : intelligibility

intensidad (TV) : brightness (TV); strength; intensity
—— **acústica** : sound intensity
—— **de campo** : field strength
—— **equivalente de un sonido** : loudness equivalent

intensificación de la voz (telef.) : voice spurt (teleph.)

interconexión cruzada : cross-strapping

interfaz : interface

interferencia admisible : permissible interference
—— **cocanal** : co-channel interference
—— **con características de ruido** : noise-like interference
—— **de onda continua** : continuous wave interference
—— **entre símbolos** : inter-symbol interference
—— **perjudicial** : harmful interference

interferómetro de helio : helium interferometer

intermodulación : intermodulation

interpolación de voz : speech interpolation
—— **por aumento repentino de la voz** : voice spurt interpolation

interruptor de enclavamiento : latching switch
—— **dipolar bidireccional** : double-pole, double-throw (switch) (DPDT)
—— **unipolar bidireccional** : single pole, double-throw (switch) (SPDT)

intervalo de cuantificación : quantizing interval
—— **de símbolos** : symbol slot
—— **de supresión de campo** (TV) : field blanking interval (TV)
—— **de supresión de trama** (TV) : field blanking interval (TV)
—— **de tiempo** : time slot
—— **de tiempo de señalización** : signaling time slot
—— **mínimo** : minimum interval
—— **significativo** : significant interval; significant instant
—— **unitario** : unit interval

intervención intempestiva de la operadora : break-in (teleph.)

inversión parcial de tonos : partial reversal tone

invertidor simple : single-ended inverter

iones de mercurio : mercury ions

ionosfera : ionosphere

NOTAS

J

jack : jack
—— **de respuesta** : answering jack
—— **de ruptura** : break jack
—— **general** : subscriber's multiple jack
—— **local** : local jack

juego (mec.) : clearence (mech.)
—— **de la armadura** : armature clearence

junta : interface

Junta Internacional de Registro de Frecuencias (JFRB) : International Frequency Register Board (IFRB)

justificación negativa : negative justification

justipreciar : evaluate (to)

K

Klystron reflex : reflex klystron

NOTAS

L

lámpara de llamada : calling lamp; line lamp
—— **de supervisión** : supervisory lamp
—— **puntiforme de neón** : point source neon lamp

lanzadera espacial : space shuttle

lanzador : launch vehicle; launcher

lanzamiento (sat.) : launch (sat.)

lazo (bucle) : loop

lector de cinta : tape reader

lenguaje binario : binary language
—— **de computadora** : computer language
—— **de máquina** : machine language
—— **original** (comp.) : source language (comp.)

letras (serie) (telegr.) : letters-case (telegr.)

ley cuadrática : square law
—— **de simulitud** : scaling law

liberar : clear (to)

limitación de cresta : peak limiting

limitador (audiofrecuencia) : peak limiter; limiting device
—— **de paso de banda** : band pass limiter (BPL)
—— **de polarización de rejilla** : grid-bias limiter

límite de exploración : scanning range
—— **de oscilación** : on the verge of oscillation

línea : line; circuit
—— **adicional** : line building out network
—— **adicional de atenuación fija** : pad
—— **aérea** : overhead metallic line; open-wire line
—— **artificial** : artificial line
—— **compartida** : party line
—— **común** : common trunk; exclusive exchange line
—— **de abonado** : exclusive direct exchange line
—— **de anotaciones** : record circuit
—— **de anotatriz** : recording trunk
—— **de aviso y comunicación** : recording completing circuit
—— **de cinta** : microstrip
—— **de conductores** : line wire
—— **de exploración** : scanning line
—— **de puntos** : dotted line
—— **de puntos y rayas** : dot and dash line
—— **dúplex** : duplex circuit
—— **eléctrica** : electric line
—— **equilibrada** : balanced transmission line
—— **fuera de servicio** : line out-of-service
—— **individual** : individual trunk
—— **local** : station line
—— **metálica** : metallic line; land line
—— **ómnibus de datos** : bus data line
—— **particular de abonado** : exclusive exchange line
—— **privada** : tie trunk
—— **punteada** : dotted line
—— **subterránea** : underground metallic line
—— **telefónica internacional** : international telephone line

líneas metálicas aéreas : overhead metallic lines
—— **metálicas terrestres** : underground metallic lines

lóbulo lateral (ant.) : side lobe (ant.)
—— **posterior** (ant.) : back lobe
—— **principal** (ant.) : main lobe
—— **retrasado** (ant.) : lagging lobe

localización de averías : fault finding; localization of faults
—— **primaria de avería** : fault localization

localizador direccional : directional finder; directional localizer

logatomo : logatom

lógica simbólica : symbol logic

longitud de onda : wave length
—— **de paralelismo** : length of parallelism
—— **de una sección de aproximación oblicua** : length of exposure oblique
—— **no compensada** : length no-compensated
—— **útil a la línea de exploración** : useable scanning line length

Ll

llamada : calling; ring, ringing
—— **a un teléfono descolgado** : baby-phone
—— **automática** : keyless ringing
—— **de estado** : government telephone call
—— **de socorro** : distress call
—— **de prueba** : test call
—— **de tándem** : tandem calling
—— **infructuosa** : unsuccessful call
—— **manual** : manual ringing
—— **no lograda** : loss call
—— **selectiva** : selective ringing; selective calling
—— **semiautomática** : machine ringing

llave : key
—— **de conversación** : speaking (talking) key
—— **de llamada** : ringing key
—— **de llamada y de conversación** : monitoring key

NOTAS

M

machio (velocidad del sonido) : mach

magnetófono : magnetic tape recorder

magnetómetro : magnetometer; field balance

mamparo estanco : bulkhead
—— **protector** : bulkhead shield

mancha (telegr.) : dot
—— **iónica** : ion spot

mando de transmisión : transmission control (TC)

mandos de compaginación : format effectors (TV)

manguito (mec.) : lead sleeve (cable) (mech.)

maniobras de corrección de trayectoria : trajectory correction maneuvers (TCM)

manipulación automática : automatic keying
—— **DF coherente** : coherent phase shift keying (CPSK)
—— **directa por desplazamiento de frecuencia** : direct carrier frequency shift keying
—— **por desfasaje cuaternario** : quaternary phase shift-keying (QPSK)

mantenencia (**o mantenimiento**) : maintenance
—— **correctiva** : corrective maintenance
—— **periódica** : routine (periodic) maintenance
—— **preventiva** : preventive maintenance

mantenimiento en bucle : off-line maintenance
—— **en posición** (sat.) : station keeping (sat.)

maqueta de ensayos : brassboard
—— **provisional de pruebas** : breadboard

marcación (sobre circuito bifilar) : loop dialing
—— **(sobre circuito unifilar)** : battery dialing

marcador de origen : originating marker

marcar con teclado (telegr.) : keyboard selection; permutation code switching system

margen : margin; allowance; range
—— **del sincronismo de los aparatos arrítmicos** : synchronous of start-stop apparatus
—— **de los aparatos arrítmicos** : start-stop apparatus margin
—— **de orientación** : orientation range
—— **de oscilación** : singing margin
—— **dinámico de volumen** : dynamic volume margin
—— **efectivo** : effective margin
—— **neto** : net margin
—— **nominal** : nominal margin
—— **teórico** : theoretical margin
—— **tonal** : tonal margin

máscara : mask

mástil de la antena : antenna mast

material ligador : bonding material
—— **matriz** : matrix
—— **de filtros** : filter matrix

MDFase diferencial : differential phase shifting keying (DPSK)

mecánica celeste : celestial mechanics

mecha : fuse (or fuze)

medición : metering; measurement
—— **de distancias** : ranging; measurement of range
—— **de distancias en función del tiempo** : distance-rate measurement

medida : measurement; metering

medidas monoestáticas : monostatic measurements

medidor : measuring set
—— **de intensidad acústica** : peak programme meter (PPM)
—— **de transmisión** : transmission measuring set

medio sumador : half adder

medios de comunicación masiva : mass media

memoria (comp.) : memory; storage register (comp.)
—— **de acceso arbitrario** (comp.) : random access memory (comp.)
—— **de acceso inmediato** : zero access memory (comp.)
—— **de discos magnéticos** (comp.) : magnetic disc memory (comp.)
—— **de núcleos magnéticos** (comp.) : magnetic core memory (comp.)
—— **de tambor magnético** (comp.) : magnetic drum memory (comp.)
—— **de tránsito** (comp.) : buffer (comp.)
—— **estática** (comp.) : static memory

—— **intermedia** (comp.) **:** buffer; buffer memory (comp.)
—— **magnética** (comp.) **:** magnetic memory (comp.)
—— **secundaria** (comp.) **:** secondary storage (comp.)
—— **tampón :** buffer memory (comp.)

mensaje : message
—— **de señalización :** signaling message
—— **incoherente :** unreasonable message
—— **inicial de dirección :** initial address message (IAM)
—— **múltiple :** multi-unit message
—— **mutilado** (telegr.) **:** garbled message (telegr.)
—— **simple :** one unit message
—— **subsiguiente de dirección :** subsequent address message (SAM)

mesa de pruebas y medidas : test board; test rack

mesócrono(a) : mesochronous

método de cero : null method
—— **de tasación :** charging method
—— **homodino :** zero beat-up method

mezclador : mixer; scrambler
—— **de antena :** diplexer (or diplexor)
—— **de datos :** scrambler
—— **equilibrado :** balanced mixer
—— **preamplificador :** mixer preamp.

microondas : microwave (MW)

microteléfono : handset
—— **de casco :** headphones

milla terrestre : mile (statute)

minutos facturables (**o tasables**) **:** billable minutes

misil : missile

modelo de prueba : test model
—— **industrial :** engineering model

módem (**modulador-desmodulador**) **:** modem (modulator-demodulator)

modalidad : mode
—— **de vacío** (maq.); en reposo **:** idle mode

modificar : modify; rework; refit

modo : mode
—— **de explotación :** operating mode
—— **de funcionamiento :** operating mode
—— **lineal :** linear mode

modulación : modulation; keying; restitution
—— **angular :** angular modulation
—— **anódica :** anode modulation
—— **arrítmica :** start-stop modulation
—— **bivalente :** two-condition modulation
—— **con referencia fija :** modulation with a fixed reference
—— **de amplitud (AM) :** amplitude modulation (AM); amplitude change signaling
—— **de amplitud con un solo impulso :** single-pulse amplitude modulation
—— **de amplitud con banda lateral residual :** vestigial band amplitude modulation
—— **Delta (MD) :** delta modulation (DM)
—— **Delta continua de gradiente variable :** continuous variable-slope delta modulation (CVSDM)
—— **Delta/MDfase :** DM/PSK
—— **Delta/MDFase cuaternaria :** DM/QPSK
—— **de fase :** phase modulation
—— **de frecuencia :** FM; frequency-change signaling
—— **de impulsos :** pulse modulation
—— **de impulsos en amplitud :** pulse-amplitude modulation (PAM)
—— **de impulsos en duración :** pulse-duration width-length modulation
—— **de impulsos en posición :** pulse-position modulation
—— **de impulsos en tiempo :** pulse-time modulation (PTM)
—— **de una subportadora en frec. :** subcarrier frequency modulation
—— **diferencial :** differential modulation
—— **en frecuencia :** frequency modulation (FM)
—— **en montaje (A ó B) :** class (A or B) modulation
—— **fragmentada :** curbed modulation
—— **incorrecta :** defective modulation
—— **isócrona :** isochronous modulation
—— **multivalente :** multicondition modulation
—— **para sincronización de diapasón :** fork-tone modulation
—— **perfecta :** perfect modulation
—— **por cambio de frecuencia :** frequency exchange signaling
—— **por deslizamiento de frecuencia :** frequency shift keying (FSK)
—— **por desplazamiento de frecuencia :** frequency shift signaling
—— **por impulsos codificados :** pulse code modulation (PCM)
—— **por inversión de fase :** phase-inversion modulation
—— **por MDFase diferencial coherente :** differentially coherent modulation (DPSK)

—— **por rejilla** : grid modulation
—— **telegráfica** : telegraph modulation

modulador estático : static modulator
—— **telegráfico** : telegraph modulator

módulo : module
—— **de cooperación** : cooperation module
—— **de interfaz terrestre** : terrestrial interface module (TIM)

modulómetro : modulation factor meter

monocordio : circuit single-ended card

montaje diferenciador : differentiator; differentiating network
—— **integrador** : integrating circuit (or network)

MOS de iones implantados : ion implant MOS

motor de velocidad gradual : stepper motor

muestra : sample

muestrear : sample(to); sampling

multiacoplamiento : diplexing

multifrecuencia (MF) : multifrequency (MF); multi-tone circuit

multiplaje : multiplexing; multiplex
—— **en frecuencia** : frequency multiplexing
—— **por distribución de código** : code diversion multiplex
—— **por distribución de frecuencia** : frequency division multiplex (FDM)
—— **por distribución en el tiempo** : time division multiplex (TDM)

multiplar : multiple (to)

múltiple : grading; multiple; mulitplex
—— **de la semifrecuencia de línea** : multiplex of half of the frequency
—— **general** : multiple pulse
—— **por división en tiempo** : time division multiplex (TDM)

multiplejador (o multiplexor) : multiplexer (or multiplexor)

múltiplex : multiplex; multiple
—— **por distribución de frecuencia** : frequency division multiplex (FDM)
—— **por división en el tiempo** : time division multiplex (TDM)

multímetro : multimeter

multiplicador de funciones : function multiplier

murmullo : babble

mutilación : clipping; mutilation (teleph.)
—— **central** : center clipping (teleph.)
—— **de los sonidos vocales** (telef.) : speech impairment (teleph.)

NOTAS

N

nefalómetro : nephalometer

negro alterado (facs.) : noisy black (facs.)

—— **artificial** (TV) : black artificial signal (TV)

—— **nominal** (TV) : nominal black signal (TV)

neperio (=8,686 dB) : neper

neutralización por telemando : command override

neutralizar : override (to)

nitidez para las palabras : discrete word intelligibility

nivel absoluto de intensidad de corriente : absolute current level

—— **absoluto de potencia** : absolute power level; power refer to 1 n mW

—— **compuesto** : test level

—— **compuesto adaptador** : terminal level

—— **crítico** : breaking margin

—— **de borrado** : blanking level

—— **de conexión** : connecting row

—— **de difusión** : diffusion length

—— **de energía discreto** : discrete energy level

—— **de entrada** : input level

—— **de funcionamiento** : operate level; sensitivity

—— **de intensidad acústica** (telef.) : sensation level (teleph.)

—— **de interferencia** : interference level

—— **del negro** (TV) : black level (TV)

—— **de mutilación** : clipping level

—— **de potencia (en neperios)** : Nm (bBm)

—— **de potencia (en neperios) referido a un punto de nivel** : NmO (dBmO)

—— **de potencia sofométrica, referido a un punto de nivel relativo cero** : NmOp (dBmOp)

—— **de ruido** : noise loading

—— **de ruido ponderado sofométricamente** : psophometric noise level

—— **de salida** : output level

—— **de supresión de línea** (TV) : blanking level; line blanking level (TV)

invariable : unaffected level

—— **normal de salida** : rate output

—— **promedio de la señal de video** (TV) : average picture level (APL) (TV)

—— **relativo** : relative level

—— **relativo de intensidad de corriente** : difference current level

—— **relativo de potencia** : difference power level; transmission level

—— **relativo de potencia** (en neperios) : Nr (dBr)

—— **relativo de tensión** : difference voltage level

niveles de potencia media : mean power levels

nivelómetro : level measuring set

mode : node

nomograma (ábaco) : nomogram (abacus)

normalizar : normalize (to); standardize (to)

nota (calificación) audio (TV) : audio grade (TV)

—— **media de las opiniones (encuestas)** : mean opinion score (MOS)

núcleo del transformador : transformer core

—— **magnético** (comp.) : magnetic core (comp.)

numérico(a) : digital

numerador automático : automatic numbering

número : digit; number

—— **de abonado** : directory number; subscriber number

—— **nacional significativo** : national significant number

NOTAS

O

oblicuidad : skew

objetivos rigurosos : stringent objectives

observaciones de rayas espectrales : spectral line observations

Observatorio Geofísico en Orbita (OGO): Orbiting Geophysical Observatory (OGO)

— **Solar en Orbita (OSO)** : Orbiting Solar Observatory (OSO)

obtención de datos (comp.) : data acquisition (comp.)

ocupado(a) (telef.) : busy; engaged

oficina de destino (telgr.) : office of destination (telegr.)
— **de origen** (telgr.) : office of origin (telegr.)
— **emisora** (telgr.) : forwarding centre (or office) (telegr.)
— **telegráfica** : public telegraph office

ohmico(a) : ohmic

oido artificial (telef.) : artificial ear (teleph.)

ojiva (cohete/lanzador) : shroud (launcher)

onda continua : continuous wave (CW)
— **cuadrada** : square wave
— **de polarización dextrógira (dextrorsa)** : clockwise polarized wave
— **de polarización levógira (sinestrorsa)** : anticlockwise polarized wave
— **de referencia** : reference pilot
— **de superficie** : surface wave
— **espacial** : sky wave
— **piloto de conmutación** : switching pilot
— **piloto de grupo primario** : group pilot; reference pilot
— **piloto de referencia** : reference pilot
— **piloto de regulación** : regulating pilot
— **piloto de sincronización** : synchronization pilot
— **plana** : plane wave
— **portadora** : carrier wave
— **senoidal** : sine wave
— **sostenida** : continous wave (C.W.)
— **superficial** : surface wave
— **superficial acústica** : acoustic superficial wave
— **terrestre** : ground wave

ondas hertzianas : radio waves
— **milimétricas** : millimetric waves
— **radioeléctricas** : radio waves

ondómetro : wave meter;
— **de absorción** : absorption wavemeter

ondulador : undulator

operación de socorro : relief operation

operador(a) "A" : "A" operator
— **"B"** : "B" operator
— **de entrada** : incoming operator
— **internacional** : overseas operator
— **principal** : controlling operator

óptica física : physical optics (PO)

órbita circular : circular orbit
— **de aparcamiento** (sat.) : parking orbit
— **de transferencia** : transfer orbit
— **de tránsito** : transit orbit
— **directa** : direct (retrograde) orbit
— **ecuatorial** : equatorial orbit
— **elíptica** : elliptical orbit
— **heliocéntrica** : heliocentric orbit
— **inclinada** : inclined orbit
— **polar** : polar orbit
— **retrógada** : retrograde (direct) orbit
— **síncrona** : synchronous orbit
— **transitoria** : transient orbit

organigrama : functional chart; organization diagram

Organismo de Telecomunicaciones Aeronáuticas (OTA) : Aeronautical Telecommunication Agency (OTA)

orientación (ant.) : orientation; steering (ant.)

original : master copy; original

orticón de imagen (TV) : image orthicon (TV)

oscilación excesiva : overshot

oscilaciones espontáneas : self-oscillation
— **internas** : self-oscillation
— **transitorias** : transients

oscilador de frecuencia de batido : beat frequency oscillator (BFO)
— **de temperatura compensada** : temperature compensated oscillator
— **local** : local oscillator (LO)

osciloscopio : oscilloscope

óxido de cobre : copper oxide

oxígeno líquido : liquid oxigen (LOX)

P

pabellón (telef.) : ear cap (teleph.)

país de origen : origin country
—— **de tránsito** : transit country
—— **de tránsito con conmutación** : switching transit country

países limítrofes (o vecinos) : adjacent countries

palabra : word
—— **telegráfica convencional** : conventional telegraph word
—— **única** : unique word (UW)

panal : honeycomb

pantalla : display; screen
—— **de rebote del flujo solar** : solar flux baffle

par : pair
—— **de torsión** (mec.) : torque (mech.)
—— **esterofónico** : stereophonic pair
—— **simétrico** : balance par

paradiafonía : near-end crosstalk

paralelismo : parallelism

parasol : sunshield

parejo(a) : flat

parlante (o altavoz) : loud speaker

partículas energéticas : energetic particles

pasivación : passivation
—— **de superficie** : surface passivation

paso de banda (o pasabanda) : band-pass (BP)
—— **R.F.** : R.F. stage

patrón : pattern; mask
—— **de ensayos R.F.** : range pattern (RF)
—— **de frecuencias** : frequency standard
—— **de tiempo** : time standard
—— **monitor de formas de onda** : waveform monitor mask
—— **para la respuesta transitoria** : mask for waveform response

pendiente de ganancia : gain slope
—— **del umbral posterior** : beach porch tilt
—— **(de un tubo electrónico)** : mutual conductance

pérdida : loss; leak; attenuation
—— **de inserción** : insertion loss
—— **de radiación directa** : free space loss
—— **de transducción** : transducer loss
—— **de transmisión** : transmission loss
—— **equivalente** : overall loss
—— **por reflexión** : reflection loss

pérdidas por (hacer) **una derivación** : tapping losses

perforación cubierta (telet.) : chadless perforation (telety.)

perforador : perforator; puncher
—— **con teclado** : perforator with keyboard
—— **impresor** : perforator printer
—— **impresor con teclado** : printing keyboard perforator

periastro : periastrom

periférico(a) : peripheral

perilla moleteada : thumb wheel

periódico(a) : regularly recurrent

periodo de ajuste : line-up period
—— **de espera** (telef.) : time out (teleph.)
—— **de tasación** : charge period (teleph)
—— **preparatorio** : preparatory period
—— **tasable** : chargeable time

perturbación : impairment; disturbance
—— **magnetosférica** : substorm

perturbaciones debidas a las auroras : aurora disturbances
—— **transitorias** : transients

perturbador(a) : scrambled

peso en vacío (sat.) : dry weight (sat.)
—— **seco** (sat.) : dry weight (sat.)
—— **sin combustible** (sat.) : dry weight (sat.)
—— **sofométrico** : psophometric weight

petición de información : information request form
—— **de una comunicación** : booking of a call
—— **de transferencia de datos** : request data transfer

pila seca (batería) : dry cell

piñón (mec.) : cogwheel; pinion (mech.)

pista (grab.) : track (recording)

placa de ánodo : anode plate
—— **de pasta** : slurry plaque
—— **de pasta mojada** : wet slurry plaque
—— **sinterizada** : sinter plaque
—— **sinterizada seca** : dry sinter plaque

plan de numeración nacional : basic numbering plan; national plan numbering scheme

plano(a) : flat

plano de base : ground plane
—— **de la órbita** : orbital plane

plastodeformación (diodos) : creep (diodes)

polarización : bias; polarization
—— **cruzada** : cross-polarization
—— **doble** : dual polarization
—— **levógira** : left-hand polarization
—— **sinestrorsa** : left-hand polarization

polígono de pruebas : testing site; testing range

poliolefina : polyolefin

poner a tierra : ground (to)

porcentaje de llamadas servidas : percentage of effective to booked calls
—— **uniforme** : flat rate

portadora : carrier
—— **activada por la voz intersilábicamente** : intersyllabic voice activated carrier (VOX)
—— **de equilibrio** : offsetting carrier
—— **deseada** : wanted carrier
—— **modulada en frecuencia** : frequency modulated carrier
—— **monocanal** : single channel per carrier (SCPC)
—— **no deseada** : unwanted carrier

posición "A" : position "A"
—— **"B"** : position "B"
—— **de operación** : operating position
—— **de operador(a)** : operator position
—— **directriz** : controlling position
—— **geométrica** : locus
—— **nominal orbital** : nominal orbital position

potencia aparente : aparent power
—— **de interferencia** : allowable interference power
—— **de la cresta de la envolvente** : peak envelope power
—— **de salida** : output power
—— **efectiva media** : effective mean power
—— **isótropa radiada equivalente (p.i.r.e.)** : equivalent isotropically radiated power (e.i.r.p.)
—— **límite admisible** : operating limit; overload level
—— **máxima disponible** : available power
—— **media** : mean power
—— **mitad** : half power
—— **perturbadora** : disturbing power
—— **sofométrica** : psophometric power
—— **sonora** : loudness
—— **vocal** : acoustical speech power
—— **vocal de referencia para medidas AEN** : speech power for measuring of AEN reference
—— **vocal instantánea** : instantaneous acoustical speech power
—— **vocal máxima** : peak speech power

potencial entre la estructura y el medio : structure/soil potential
—— **flotante** : floating potential

potenciómetro : potentiometer
—— **de variación de pasos** : steep-type potentiometer

preacentuación : pre-emphasis

preamplificador (preamp.) : preamplifier (preamp.)

precorrección : precorrection

predicciones : forecasts

prefijo de zona telefónica : area code (teleph.)
—— **de zona telefónica internacional** : overseas area code (teleph.)
—— **internacional** : international prefix
—— **interurbano** : trunk prefix

preselector : pre-selector

presentación osciloscópica : display

presurizante : pressurant

principio de máximo numérico : digitized maximum principle

probabilidad de detección de la señal : signal detection probability (SDP)
—— **de falsa alarma** : false alarm probability (FAP)
—— **de no detección** (de la señal) : miss (signal) probability (MP)

procesamiento (o proceso) por lotes (comp.) : batch processing (comp.)

proceso de datos (comp.) : data processing

producto K.V.T. (de perturbaciones debidas a las tensiones) : K.V.T. product

productos de intermodulación : intermodulation products
—— **de modulación** : modulation products
—— **secundarios** : by-products

profundidades de desvanecimiento (TV) : fading depths

programa (comp.) : adaptive programme
—— **adaptable (o adaptivo) :** adaptive programme
—— **de computadora :** computer programme

programación (comp.) : programming (comp.)

programador (comp.) : programmer

programateca (comp.) : library (comp.)

prolongación nacional (telef.) : national extension (teleph.)

pronósticos : forecasts

propagación en el espacio libre : free space propagation
—— **guiada :** ducting
—— **por conductos :** ducting
—— **troposférica :** tropospheric scatter

proporción de errores : error rate
—— **de errores en los bitios :** bit error rate (BER)
—— **de errores residuales :** residual error rate

propuesta básica : baseline proposal

propulsor de baja impulsión (sat.) : low-thrust propulsor (sat.)

protección catódica : cathodic protection

proyecciones : forecasts; projections

proyectista : designer

proyecto : design; project

prueba : test; check
—— **con conexión alámbrica :** hard-line test
—— **de aceptación :** acceptance test
—— **de aislamiento :** dielectric test
—— **de calcinado :** burn-in test
—— **de calificación :** qualification test
—— **de cojinete neumático :** air bearing test
—— **de continuidad :** continuity check
—— **de corriente mínima :** dip test
—— **de fritado :** burn-in test
—— **de funcionamiento :** functional test
—— **de ocupación :** busy test
—— **de recuperación :** back-to-back tests
—— **de rehabilitación :** commissioning tests
—— **de sistemas integrados** (sat.) : integrated system test (IST)
—— **de tensión** (mec.) : stress test (mech.)
—— **de viabilidad :** "yes or no" test
—— **de vuelo :** flight test
—— **en tierra :** ground test
—— **inversa de dispersión :** reverse leakage test
—— **inversa en condiciones de carga :** reverse breakdown test
—— **límite :** limit testing
—— **negativa de continuidad :** not-OK check
—— **positiva de continuidad :** OK check
—— **previa al lanzamiento :** pre-launch test
—— **térmica al vacío :** thermal vaccum test
—— **térmica solar al vacío :** solar thermal vaccum (STV) test
—— **vacuotérmica :** thermal vaccum test

pruebas con ondas de choque : impulse tests

PSK coherente : coherent PSK

puente : bridge
—— **cortocircuitante :** shorting plug

puesta a tierra : grounding
—— **en fase con blanco** (TV) : phase white (TV)

pulsar (teclas) (telef.) : push-button dialing (teleph.)

pulverización : sputtering

punteado(a) : dotted

punto (telegr.) : dot
—— **activo de cebado** (telegr.) : active singing point
—— **activo de oscilación :** active singing point
—— **cero :** zero point
—— **crítico :** breaking point
—— **de alimentación** (elect.) : driving point (elect.)
—— **de audición :** null point
—— **de cebado :** singing point
—— **de contacto :** interface
—— **de cruce :** crosspoint
—— **de equilibrio :** null point
—— **de inflexión :** discontinuity point
—— **de oscilación :** singing point
—— **de oscilación activo :** active singing point
—— **de oscilación pasivo :** passive singing point
—— **de pruebas :** test point
—— **de remanso :** stagnation point
—— **de transferencia de grupo primario :** group transfer point
—— **de transferencia de grupo secundario :** supergroup transfer point
—— **limítrofe de longitud** (sat.) : longitude reversal point (sat.)
—— **Morse :** Morse dot
—— **subsatélite :** sub-satellite point

puntos de acceso a la línea : line access points

pupitre (mesa) de control : control console

R

radar aeroportado : airborne radar
— **de a bordo (buques)** : shipborne radar
— **de seguimiento de exploración cónica** : conical scan tracking radar
— **instalado en la costa** : shore-base radar
— **meteorológico de aeronave** : airborne weather radar
— **terrestre** : ground-based radar

radiación : radiation

radioalineación de pista (aviac.) : instrument landing localizer (aviat.)

radioaltímetro : radio altimeter

radioastronomía : radioastronomy
— **planetaria** : planetary radioastronomy (PRA)

radiocomunicación : radiocommunication

radiobaliza : beacon; radio beacon; marker
— **de localización de siniestros** : low-power emergency position-indicating radio beacon
— **intermedia** : intermediate marker

radiobusca : radio paging

radiodeterminación : radio determination

radiodifusión : broadcasting service; broadcast (to)
— **de sonido** : sound broadcasting
— **de televisión** : television broadcasting
— **sonora monofónica** : monophonic sound broadcasting

radiodiusor(a) : broadcaster

radioestrella : radio-star

radiosonda : radiosonde; probe

radiotelefonía : radio-telephony; voice operation

radiotelegrafía : radiotelegraphy

radiotelegrama : radiotelegram

radiotelemedida : radiotelemetry

radiotelemetría : radiotelemetry

ráfaga de color (TV) : color burst (TV)
— **de datos** : data burst
— **de errores** : error burst
— **de información** : burst of information
— **de posición de reserva** : preamble burst
— **de preámbulo** : preamble burst
— **de sincronización** : synchronization burst

rapidez de modulación : modulation rate; telegraph speed

rastreo (sat.) : tracking

raya : dash

rayas atómicas y moleculares : atomic and molecular lines
— **Morse** : Morse dash

razón de impulsos : break-make ratio
— **portadora/ruido** : carrier to noise ratio (C/N)
— **señal/ruido** : signal to noise ratio

reacción : feed-back

reacondicionamiento : refurbishing; retrofit (to)

reacondicionar : retrofit (to); refurbish (to)

reactancia de antena : antenna choke

realimentación : feed-back

reasignación de ráfagas : burst reallocation

recalada (naveg.) : homing (naveg.)

recepción comunal : community (or individual) reception
— **de un telegrama** : reception of a telegram
— **diferencial** : diversity reception
— **en diversidad** : diversity reception
— **individual** : individual (or community) reception
— **múltiple** : diversity reception
— **simultánea** : diversity reception; simultaneous recept.

receptor de a bordo : airborne receptor (or receiver)
— **de bajo ruido** : low-noise receiver (LNR)
— **de reacción** : feed-back receiver
— **de señales** : signal receiver
— **esférico** : spherical receiver
— **telefónico** : telephone receiver
— **traductor de código Morse** : cable code direct printer

recodos de guiaondas : waveguide corners

reconstitución de encaminamiento : rerouting
— **de ruta** : rerouting

recopilación de datos : data collecting

recorridos de microondas : microwave runs

rectificador para protección catódica : cathodic protection rectifier

recubierto(a) : clad

recubrimiento : overlap

recuperación de la base del tiempo de bits : bit timing recovery

recurrencia (comp.) : recursion (comp.)

recurrente : recursive

recursos naturales de la Tierra : Earth resources

rechinamiento : squeak

red : network; net

—— **compensadora** : corrective network

—— **con bobinas de extinción** : network with arc suppression coils

—— **con neutro puesto a tierra** : network with earth-connected neutral

—— **de alimentación** : feeding network

—— **de conexión** : connection (switching) network

—— **de conmutación** : switching network

—— **de conmutación de paquetes** : packet switching network

—— **de desacentuación** : de-emphasis network

—— **de distribución eléctrica** : mains; power transmission network

—— **de investigación del espacio lejano** : deep space network (DSN)

—— **de ponderación** : weighting network

—— **de repetición** : repeating network

—— **de satélites** : satellite network

—— **de servicios integrados** : integrated services network

—— **de telecomunicaciones** : telecommunication network

—— **de telegrafía pública** : public telegraph network

—— **de tracción eléctrica** : electric traction network

—— **de transporte de energía eléctrica** : power transmission network

—— **en celosía** : lattice network

—— **en puente** : bridge network

—— **equilibradora** : balance network; balancing network

—— **equivalente** : equivalent network

—— **fija de telecomunicaciones aeronáuticas** : aeronautical fixed telecommunications network

—— **fundamental de circuitos de servicio** : backbone service network

—— **integradora** : integrating network

—— **mutuamente sincronizada** : mutually synchronized network

—— **numérica** : digital network

—— **numérica de servicios integrados** : integrated services digital network (ISDN)

—— **numérica integrada** : integrated digital network

—— **polígona** : mesh network

—— **por satélite** : satellite network

—— **pública de datos** : public data network

—— **reguladora** : regulating network

—— **restauradora** : restoring network

—— **telegráfica privada** : private telegraph network

—— **telegráfica pública** : public telegraph network

—— **telefónica privada** : private telephone network

—— **telefónica pública** : public telephone network

—— **variante** : weighting network

reducción de datos : data reduction

—— **de la calidad de transmisión** : distortion transmission impairment (DTI)

—— **de la calidad de transmisión por ruidos de circuito** : noise transmission impairment

reductor (de RF a IF) : down-converter

reencendido en caliente : hot re-start

reflectómetro : reflection measuring set

reflector (ant.) : dish (ant.)

—— **parabólico** (paraboloide) (ant.) : parabolic dish; radar dish

—— **secundario** : sub-reflector

reflexión en un conductor : reflection from a conductor

regenerador de impulsos : pulse regenerator

régimen binario : signaling rate; binary rate

—— **máximo** : maximum data rate

—— **de disminución de la densidad de frecuencia sonora** : rate of decay of sound energy density

—— **de relleno** (de bitios) : stuffing rate

—— **de sincronización** : synchronization scheme

—— **en voltamperios** : volt-ampere rating

—— **permanente** : steady state

regímenes transitorios : transients

región (comp.) : region (comp.)

registrador (comp.) : register (comp.); sender

—— **de corrimiento** (comp.) : shift register (comp.)
—— **de desplazamiento** (comp.) : shift register (comp.)
—— **de entrada** : incoming register
—— **de índice** (comp.) : index register (comp.)
—— **de nivel** : level recorder
—— **de salida** : outgoing register
—— **de secuencias** : sequence register
—— **descodificador** : decoder sender

registro (telegr.) : storage (telegr.)
—— (grab.) : track (recording)
—— **de ajuste** (de un circuito) : line-up record
—— **de alineamiento de un circuito** : line-up record
—— **de datos** : data logging
—— **de programas** (comp.) : program register (comp.)
—— **de señales telegráficas** : recording (telegr)
—— **de sonido** : sound track
—— **directo** (facs.) : direct recording (facs.)
—— **fotográfico del sonido** : photographic sound recording
—— **internacional de frecuencias** : international frequency master register

regla del vecino más cercano : nearest neighbor rule (NNR)

regulador a reacción : backward acting regulator
—— **automático de amplificación** : automatic gain control (AGC)
—— **automático de ganancia** : automatic gain control (AGC)
—— **automático de volumen** : automatic volume range regulator
—— **de ajuste de ganancia accionado por la voz:** : voice-operated gain adjusting device (VOGAD)
—— **de efecto** : forward-acting regulator
—— **por hilo piloto** : wire regulator pilot

rejilla : grid

relación (telegr.) : relation (telegr.)
—— **ancho/altura de la imagen (TV)** : aspect ratio (TV)
—— **de amplitud de ondas estacionarias de tensión** : voltage standing wave ratio (VSWR)
—— **directa** : direct relation
—— **dinámica** (radio) : dynamic ratio
—— **ganancia/temp. de ruido** : gain to noise temperature ratio (G/T)
—— **portadora/ruido** : carrier to noise ratio (C/N)
—— **portadora/temperatura de ruido** : carrier to noise temp. ratio (C/T)
—— **potencia/energía** : power density ratio
—— **potencia/ruido** : noise power ratio (NPR)
—— **señal de banda de base/ruido** : base-band signal to noise ratio
—— **señal/diafonía** : signal to crosstalk ratio
—— **señal/ruido** : signal to noise ratio (S/N)

relé biestable : side stable relay
—— **con desviación de campo magnético** : shunt-field relay
—— **con rectificadores secos** (telegr.) : rectifier relay (telegr.)
—— **contador** : metering relay
—— **de acción sucesiva** : stepping relay
—— **de conexión cruzada** : cross-tie relay
—— **de corte** : cut-off relay
—— **de línea** : calling relay
—— **de impulsos sucesivos** : notching relay
—— **de supervisión** : supervisory relay
—— **detector** : sensings relay
—— **estático** : static relay
—— **indiferente** : side stable relay
—— **polarizado** : polarized relay; biassed relay
—— **retardado** : delay relay
—— **telegráfico** : telegraph relay
—— **temporizado** : delay relay
—— **termoiónico** : thermoionic relay
—— **vibrador** : vibrating relay

relocalizar (comp.) : relocate (to) (comp.)

reloj : clock
—— **de lectura directa** : digital clock
—— **de referencia** : reference clock

rellamada (telef.) : flashing (teleph.)

relleno : stuffing; filling
—— **de bitios** : bit stuffing
—— **negativo de impulsos** : negative pulse stuffing
—— **numérico** : digital filling

remitente : originator; sender

rendimiento de un número en función de la presión : pressure sensitivity
—— **en el campo acústico libre** : field sensitivity
—— **horario de un circuito** : hourly percentage paid time (of a circuit)

reparar una avería : clear(to) a fault

repartición : distribution; division
—— **de frecuencias** : frequency division

repartidor (telef.) : distribution frame
—— **de entrada** : main distribution frame

—— **de grupos primarios** : group distribution frame (GDF)
—— **intermedio** : intermediate distribution frame
—— **principal** : main distributor frame (MDF)

reperforador : receiving perforator; reperforator
—— **automático** : automatic reperforator
—— **impresor** : printing reperforator

repetición (comp.) : recursion (comp.)
—— **automática de las tentativas** : automatic repeat atempt
—— **automática de un bloque a petición** (de datos) : automatic repetition of a block upon request (ARQ)
—— **de información** : repetition of information (RQ)

repetidor : repeater
—— **de impulsos** : pulse repeater
—— **descompensado** : unequalized repeater
—— **intermedio** : intermediate distribution frame (IDF)
—— **para señalización** : ringing repeater
—— **telealimentado** : remote-feed repeater
—— **telefónico** : telephone amplifier
—— **telegráfico** : telegraph repeater

repiqueteo : chatter

reposición (telef.) : homing (teleph.)

reproductor (fonog.) : reproducer; pick-up (phono)

rescate de la señal : signal recovery

reserva : reserve; booking; back-up
—— **activa** : hot stand-by
—— **en condiciones de funcionamiento inmediato** : lid stand-by; hot stand-by

reservar : reserve (to); book (to)

residuo : remanent; leak
—— **de corrientes portadoras** : carrier leak

resistencia (mec.) : drag (mech.); resistance; strength
—— **aerodinámica** : aerodynamic drag
—— **al incremento repentino de tensión** : pressure burst strength
—— **capacitancia** : resistance-capacitance (RC)
—— **dieléctrica** : dielectric resistance
—— **interna** : anode resistance

resistividad : resistivity
—— **de superficie** : surface resistivity
—— **de volumen** : volume ——

resistor plano : flat-type resistor
—— **tipo carrete** : spool-type resistor
—— **tipo ficha** : card-type (or flat-type) resistor

resolver : clear (to); resolve (to)

resolución y centelleo (TV) : resolution and flicker (TV)

resonador de cavidad : cavity resonator

respuesta en baja frecuencia : low-frequency response
—— **manual** : manual answering
—— **transitoria** : waveform response

restitución : restitution; modulation
—— **arrítmica** : start-stop restitution (or modulation)
—— **incorrecta** : defective modulation

retícula : mesh

retransmisión : retransmission
—— **automática** : automatic retransmission

retransmisor : retransmitter
—— **de cinta perforada con lectura total** : FRXD; printegram

retraso de restitución : restitution delay

retroceso : back-lash
—— **del carro (telet.)** : carriage return (telety.)

reutilización de frecuencias : frequency re-use
—— **de frecuencias en el mismo haz** : co-beam frequency re-use

reverberación : reverberation

revestido(a) : clad; coated

revestidor : liner

revestimiento : coating; lining
—— **de control térmico** : thermal control coating

rigidez dieléctrica : dielectric strength
—— **mecánica** : stiffness

rodamientos (mec.) : bearings (mech.)

rosca (mec.) : thread (mech.)

rotación : spin; rotation
—— **de Faraday** : Faraday rotation
—— **pareja** : flat spin
—— **uniforme** : flat spin

rotaciones : rotations; twist transportations

rotores contrarrotatorios (sat.) : dual-rotating rotors

roto-tractor (mec.) : bearing drive (mech.)

rueda dentada (mec.) : cogwheel; pinion

ruido : noise; click
—— **aleatorio** : random noise
—— **artificial** : man-made noise
—— **atmosférico** : celestial (or sky) noise
—— **blanco** : white noise
—— **de agitación térmica** : thermal agitation noise
—— **de alimentación** : mains noise; battery supply circuit noise
—— **de amplificador** : amplifier noise
—— **de batería** : battery supply circuit noise
—— **de centelleo** : flicker effect
—— **de circuito** : circuit noise
—— **de conmutación** : switch clock; switching noise
—— **de contactos** : contact noise
—— **de espectro continuo y uniforme** : uniform random noise
—— **de fondo** : background noise; basic noise; shot noise
—— **de frecuencia única** : single frequency noise
—— **de Hoth** : Hoth noise; room noise
—— **de micrófono** : transmitter noise
—— **de referencia** : reference noise (RN)
—— **de sala** : room noise; Hoth noise
—— **discreto** : discrete noise
—— **electrónico (o errático)** : random noise
—— **electrónico del sensor** : sensor jitter
—— **extraño** (acústica) : fuzz
—— **fuera de banda** : out-of-band noise (OBN)
—— **impulsivo** : impulsive noise
—— **inducido** : induced noise
—— **industrial** : man-made noise
—— **no ponderado** : unweighted noise
—— **periódico** : periodic noise
—— **permanente** : steady noise
—— **ponderado** : weighted noise
—— **radioeléctrico** : radioelectric noise
—— **radioeléctrico aditivo** : aditive radio noise
—— **telegráfico** : telegraph noise; thump
—— **térmico** : thermal noise
—— **triangular** : triangular noise

rumbo (naveg.) : heading (naveg.)

ruta : route
—— **(encaminamiento) auxiliar** : auxiliary route
—— **alternativa** : alternative route

rutina (comp.) : routine (comp.)
—— **de diagnóstico** (comp.) : diagnostic routine (comp.)
—— **de instantánea** (foto) : snapshot routine (photo)
—— **de traducción** (comp.) : translator routine (comp.)

NOTAS

S

sabinio : sabin

salto de la imagen (TV) : bounce (TV)

satélite activo : active satellite
—— **activo de telecomunicaciones** : active telecommunications satellite
—— **aeronómico** : aeronomy satellite
—— **de actitud estabilizada** : attitude-stabilized satellite
—— **de trayecto principal (INTELSAT)** : major path (MP) satellite (INTELSAT)
—— **especializado** : dedicated satellite
—— **geoestacionario** : goestationary satellite
—— **geosíncrono** : geosynchronous satellite
—— **heterogéneo** : dissimilar satellite
—— **operativo** : operating satellite
—— **primario (INTELSAT)** : primary satellite (INTELSAT)
—— **reflector** : reflecting satellite
—— **síncrono** : synchronous satellite

satélites en fase : phase satellites

sección de amplificación : repeater section
—— **de bastidor** : bay rack
—— **de línea de pares simétricos** : carrier line section
—— **de grupo primario** : group section
—— **de grupo secundario** : supergroup section
—— **de grupo terciario** : mastergroup section
—— **de pruebas** : test section
—— **de regulación de línea** : regulated line section; line repeating section
—— **de vía** (telegr.) : telegraph line
—— **del múltiple** : partial multiple
—— **en línea** : carrier line section
—— **frontal del receptor** : receiver front-end
—— **local** (telegr.) : extension telegraph circuit
—— **principal de amplificación** : main repeater section
—— **principal de pruebas** : principal test section
—— **terminal nacional** : terminal national section

secciones asimétricas : unsymetrical sections

sector (telegr.) : arm (telegr.)
—— **de alimentación** : supply section
—— **de la banda** : band slot
—— **muerto** : clip position; dead sector

seguidor de estrellas : star tracker

seguimiento : tracking (sat.)
—— **escalonado** : step track
—— **espacial** : space tracking

selección : dialing; selection
—— **a distancia** : subscriber's trunk dialing
—— **automática interurbana** : subscriber's trunk dialing
—— **de circuito a distancia** : driving circuit
—— **de frecuencias** : frequency selective
—— **de la longitud de los paquetes** : packet legth selection
—— **de terminal automático PBX** : PBX terminal hunting
—— **de una frecuencia** : frequency discrimination
—— **por permeabilidad** : permeability tuning
—— **por pulsadores** : push-button dialing
—— **por señales de código de igual duración** : switching by means of equal length code

seleccionar un impulso : strobe (to)

selector : selector
—— **de grupo** : group selector
—— **final** : final selector

sematema : semateme

semiconductor por defecto : "P" type semiconductor
—— **tipo "P"** : "P" type semiconductor

semiduplex : half-duplex

semisupresor de eco : half-echo suppressor

sensación sonora : loudness

sensibilidad : sensitivity
—— **con relación al nivel cero** : zero level sensitivity
—— **de un supresor de eco** : echo suppressor sensitivity
—— **local de un supresor de eco** : echo suppressor local sensitivity
—— **relativa del circuito de guarda** : guard circuit coefficient

sensor activo : active sensor
—— **de guiñada** (sat.) : yaw sensor (sat.)
—— **lunar** (sat.) : moon sensor; lunar sensor (sat.)
—— **pasivo** (sat.) : passive sensor (sat.)
—— **solar** (sat.) : solar sensor (sat.)
—— **terrestre** (sat.) : earth sensor (sat.)
—— **terrestre austral** (sat.) : south earth sensor (sat.)
—— **terrestre boreal** (sat.) : north earth sensor (sat.)

—— **terrestre infrarrojo** (sat.) : static infra-red earth sensor (sat.)

sentido de la transmisión : direction of transmission

señal adelante : forward signal
—— **alfabética** : alphabetic signal
—— **analógica** : analog signal
—— **artificial de negro** (TV) : artificial black signal (TV)
—— **atrás** : backward signal
—— **compuesta** : compound signal; aggregated signal
—— **cromática** (TV) : color signal (TV)
—— **de abonado ocupado** (telef.) : subscriber busy signal
—— **de acuso de recibo** : acknowledgement signal
—— **de aparato de pago previo** : coin-box signal
—— **de arranque** : start signal
—— **de autorización de transferencia** : transfer allowed signal
—— **de barra** : bar waveform
—— **de base** (sematema) : basic signal; sememe
—— **de blanco artificial (TV)** : artificial white signal (TV)
—— **de blanco nominal** (TV) : nominal white signal (TV)
—— **de bloqueo** : blocking signal
—— **de captura** : seizing signal
—— **de carácter** : character signal
—— **de colgado** : clear back signal; on-hook signal
—— **de comunicación** : clear signal
—— **de conexión** : call connected signal; audible ringing signal; ringing tone
—— **de confirmación de llamada** : call confirmation signal; ringing tone signal
—— **de confusión** : confusion signal
—— **de continuidad** : continuity signal
—— **de congestión** : congestion signal
—— **de congestión en el equipo de conmutación** : switching equipment congestion signal
—— **de corrección** : correcting signal
—— **de datos** : data signal
—— **de desbloqueo** : unblocking signal
—— **de dirección** : address signal
—— **de dirección completa** : address complete signal
—— **de dirección incompleta** : address incomplete signal
—— **de enganche de trama** : framing signal
—— **de estado "Z" de polaridad alternada** : alternate mark inversion
—— **de fin** : clear-forward signal; disconnect signal
—— **de fin de conversación** : clear-back signal
—— **de fin de marcar** : end-of-pulsing signal
—— **de fin de numeración** : end-of-pulsing signal
—— **de fin de selección** : end-of-selection signal; number received signal
—— **de gestión** : management signal
—— **de intervención** : forward-transfer signal
—— **de invitación a marcar** : proceed to select signal; starting signal
—— **de invitación a transmitir** : proceed to transmit signal
—— **de liberación** : clearing signal; release guard signal
—— **de línea** : dial tone
—— **de llamada** : calling signal; ringing tone
—— **de marcar** : pulsing signal
—— **de mensaje rechazado** : message-refused signal
—— **de nueva llamada** : recall signal
—— **de numeración** : digital signal
—— **de número completo** : complete address
—— **de número nacional vacante** : vacant national number signal
—— **de ocupado** : busy signal; engaged audible signal)
—— **de parada** : stop signal
—— **de paso al enlace de reserva** : change-over signal
—— **de paso manual a un enlace de reserva** : manual change-over signal
—— **de principio de bloque** : start of block signal
—— **de principio de comunicación** : clear-down signal
—— **de prohibición de transferencia** : transfer-prohibited signal
—— **de prueba positiva de continuidad** : check-OK signal
—— **de prueba negativa de continuidad** : check-not-OK signal
—— **de reserva preparada** : stand-by ready signal
—— **de respuesta** : off-hook signal; answer signal
—— **de respuesta sin tasación** : no charge answer signal
—— **de retorno** : backward signal
—— **de retorno al enlace normal** : change-back signal
—— **de sincronización** : synchronization signal; synch signal
—— **de supervisión** : monitoring signal
—— **de temporización** : timing signal
—— **de término de bloque** : end-of-block signal

—— **de transferencia de tráfico** (telef.) **:** load (traffic) transfer signal
—— **de toma :** seizing signal
—— **de vía libre :** clear signal
—— **de video compuesta (TV) :** composite video signal (TV)
—— **fuera de servicio :** out of order signal
—— **hacia adelante :** forward signal
—— **horaria :** standard time signal
—— **interferente :** interfering signal
—— **luminosa de ocupación :** busy flash signal
—— **n-aria redundante :** redundant n-ary signal
—— **nula :** null
—— **patrón :** standard signal
—— **piloto de grupo primario :** group reference pilot
—— **puesta en fase :** phasing signal
—— **simple :** simple signal
—— **telegráfica :** character code

señales de control en el sistema de señalización : signaling system control signals
—— **de gestión :** management signals
—— **no impresoras :** non-typing signals

señalización asociada : associated signaling
—— **con supresión :** overlap signaling
—— **con teclado :** pulsing key; sending key signalization
—— **cuasiasociada :** quasi-associated signaling
—— **en bloque :** in block signaling
—— **enteramente disociada :** fully dissociated signaling
—— **fuera de intervalo :** out-slot signaling
—— **por canal común :** common channel signaling (CCS)

separación : separation; spacing
—— **equivalente :** equivalent separation
—— **entre repetidores :** repeater spacing
—— **entre una toma de tierra y una de línea :** separation between an earth connected point and a line
—— **normalizada :** normalized offset
—— **orbital** (sat.) **:** orbital spacing (sat.)

servicio de aficionados : amateur service
—— **de difusión por satélite :** satellite service broadcasting
—— **de investigación espacial :** space research service
—— **de meteorología por satélite :** meteorological satellite service
—— **de movimiento de barcos :** ship movement service
—— **de radiodeterminación por satélite :** radiodetermination satellite service
—— **de radiodifusión :** broadcasting service
—— **de radionavegación marítima :** radionavigation maritime service
—— **de radionavegación marítima por satélite :** maritime radionavigation satellite service
—— **de seguridad :** safety service
—— **de teleconferencias :** teleconference service
—— **de transmisión de datos por circuitos arrendados :** leased circuit data transmission service
—— **(internacional) con preparación :** advance preparation (international) service
—— **con tasación :** multi-free area calling
—— **centralizador :** program booking center (PBC)
—— **fijo :** fixed service
—— **fijo de televisión educativa :** instructional TV fixed service (IFTS)
—— **inmediato :** demand service
—— **internacional de discado automático :** international subscriber dialing (ISD)
—— **móvil marítimo :** maritime mobile service
—— **móvil marítimo por satélite :** maritime mobile satellite service
—— **móvil terrestre :** land mobile service
—— **móvil terrestre por satélite :** land mobile satellite service
—— **ocasional :** occasional service
—— **público de telegramas :** public telegram service
—— **rápido :** demand service
—— **telegráfico :** telegraph service
—— **telegráfico general :** general telegraph service
—— **télex :** telex service
—— **universal de transferencia de datos :** universal data transfer service (UDTS)

servocátodo : cathode follower

sifón registrador : recorder syphon

símbolo : digit
—— **binario :** binary digit
—— **de código :** code figure
—— **de código de detección flexible :** soft-detected symbol
—— **n-ario :** n-ary symbol

símbolos de separación : spacing symbols

sin efecto adverso : anti-backlash

sincronización : timing; synchronization
—— **del circuito compensador :** flywheel synchronization

sintonía escalonada : staggered tuning
—— **fina** : fine tuning
—— **gruesa** : coarse tuning

sintonizar : tune (to); tuning

sistema ARQ : ARQ System
—— **arrítimico** : start-stop system
—— **automático corrector de errores** : automatic RQ system
—— **automático de arrastre mecánico** : power driven system
—— **automático de barras cruzadas** : cross-bar system
—— **automático de panel** : panel system
—— **automático de paso a paso** : step-by-step system
—— **automático de relés** : all-relay system
—— **biterminal** : double-ended system
—— **corrector de errores con retorno de información** : information feed-back error correcting system
—— **cuantificado** : quantized system
—— **de alimentación** : feed (or feeding) system
—— **de aviso** : paging system
—— **de comunicación TV numérica** : digital TV communications system (DITEC)
—— **de comunicaciones con codificación por predicción de la palabra** : speech predictive encoding communications system (SPEC)
—— **de control terrestre** : ground control system
—— **de estaciones en serie** : way-circuit
—— **de exploración** : scanning system
—— **de hidracina** (sat.) : hydrazine system (sat.)
—— **de información de alarma** : alarm reporting system
—— **de posicionamiento mediante detección de amplitud** : amplitude sensing positioning system
—— **de radiorrelevadores** : radio relay system
—— **de satélites geoestacionarios operativos ambientales** : geostationary operational environmental satellite system (GOES)
—— **de señalización de línea** : line signaling system
—— **de señalización y conmutación asignadas por demanda** : demand assignment signaling and switching system (DASSS)
—— **de señalización por corriente alterna** : A.C. signaling system
—— **de suspensión cardánica** (sat.) : gimball system (sat.)
—— **de telecomunicaciones marítimas** : maritime communications system
—— **de terminación sencilla** : single-ended system
—— **detector de errores** : error detecting system
—— **detector de errores con pedido de repetición** : request repeat system
—— **de transmisión con dos frecuencias** : two-tone telegraph system
—— **director** : director system
—— **fundamental europeo de referencia para la transmisión telefónica** : S.F.E.R.T.
—— **Hellschriber** (telegr.) : Hellschriber system (telegr.)
—— **manual** : manual system
—— **para megafonía** : public address system
—— **patrón de trabajo** : standard working
—— **por descomposición de caracteres** : stepped start-stop system
—— **RQ automático** : R.Q. automatic system
—— **secuencial de una sola frecuencia** : sequential single frequency system
—— **semiautomático** : semi-automatic system
—— **síncrono** : synchronous system
—— **telefónico de batería central** : central battery system (telph.)
—— **transhorizonte** : transhorizont system
—— **uniterminal** : single-ended system
—— **univocal** : system + simplex
—— **Verdán (corrector de errores)** : Verdan system
—— **Wheatstone automático** : Wheastone automatic system

sistemas de satélite para gestiones comerciales : satellite business system

sistemas de satélite para gestiones de negocios : satellite business systems

sobreenvoltura (sat.) : overwrap (sat.)

sobreexcitación : overdriving

sobreoscilación : overshot

sobretensión : overvoltage

sofómetro : psophometer

soldadura en frío : dry joint
—— **en seco** : dry joint
—— **por fusión** : fusion weld(ing)

solenoide y detonador (sat.) : squib and solenoid (sat.)

solicitud de retransmisión : booking of a program circuit

sonda espacial : probe; space probe

sondeo ultrasónico : echo sounding

sonido : sound; audio
—— **estereofónico** : stereophonic sound
—— **sin altas frecuencias** : bassy

sonodetección : sonodetection

sonómetro : sound level meter; noise meter

subcentro : sub-centre

submultiplaje : sub-multiplex bearer

subproducto : by-product; derivative

subrutina (comp.) : sub-routine (comp.)

subsistema de control por computadora : control computer subsystem (CCS)
—— **de control y articulación** : attitude and articulation control subsystem
—— **de información de vuelo** : flight data subsystem (FDS)

suceptibilidad inductiva : inductive suceptiveness

sulfuro de cadmio : cadmium sulphide

suma numérica : digital sum

sumador : adder circuit

superficie de discontinuidad : discontinuity surface

supresión : damping; suppression
—— **de ceros** (comp.) : zero suppression (comp.)

supresor a reacción : singing suppressor
—— **de eco** : echo suppressor
—— **de eco completo** : full echo suppressor
—— **de eco de acción continua** : value type echo suppressor
—— **de eco de acción discontinua** : relay-type echo suppressor
—— **de eco de atenuación de bloqueo** : blocking attenuation echo suppressor
—— **de eco diferencial** : differential echo suppressor
—— **de eco intermedio** : intermediate echo suppressor
—— **de eco terminal** : terminal echo suppressor
—— **de eco con mando local** : terminal near-end operated echo suppressor
—— **de eco mandado a distancia** : terminal far-end operated echo suppressor
—— **de reacción** : singing suppressor

suprimir : damp (to);

surco (grab.) : track (recording)

sustracción de bitios : bit destuffing

sustratos dieléctricos : dielectric board

NOTAS

T

tablero de instrumentos : instrument panel
tabulador : tabulator
tambor (facs.) : drum (facs.)
—— **solar** (sat.) : solar drum (sat.)
tarea : task
tarjeta de circuitos impresos : printed circuit board (PCB)
tasa : charge, rate
—— **de bitios** : bit rate
—— **de cambio** : exchange rate
tasación : charge, charging
tasas fronterizas : frontier charges (teleph.)
teclado : keyboard
—— **con seguridad de cambio** : shift-lock keyboard
—— **de acción directa** : saw-tooth keyboard
—— **de acción indirecta** : storage keyboard
—— **mecánico** : motorized keyboard
técnicas de determinación de distancias : ranging techniques
teleautografía : telewriting
teleautógrafo : telewriter; teleautograph
telecomunicación : telecommunication
teleconferencia : teleconference; teleconferencing
telediafonía : far-end crosstalk
teledifusión : broadcasting line
telefonía : telephony
—— **multicanal** : multi-channel telephony
teléfono interno : interphone
—— **público** : public call office
—— **supletorio** : subscriber's extension station
telefotografía facsímil : photograph facsimile telegraphy
telegrafía : telegraphy
—— **alfabética** : alpahbetic telegraphy
—— **armónica** : voice-frequency multi-channel telegraphy
—— **automática** : automatic telegraphy
—— **compuesta** : mosaic (or composite) telegraphy
—— **con aparatos impresores** : printing telegraphy
—— **con registro de señales** : signal recording telegraphy
—— **de frecuencia vocal AM** : AM Voice-frequency telegrapy (AMVET)
—— **facsímil** : facsimile telegraphy
—— **infraacústica** : sub-audio telegraphy
—— **interbanda** : interband telegraphy
—— **intrabanda** : intraband telegraphy
—— **mosaico** : mosaic
—— **por corriente portadora** : carrier current telegraphy
—— **por descomposicioïn de caracteres** : mosaic telegraphy
—— **supraacústica** : super audio telegraphy
—— **y telefonía intrabanda** : simultaneous telegraphy and telephony
telegrama : telegram
—— **alfabético** : alphabetic telegram
—— **de estado** : government telegram
—— **de servicio** : service telegram
—— **de tránsito** : transit telegram
—— **facsímil** : facsimile telegram
—— **meteorológico** : meteorological telegram
—— **privado** : private telegram
—— **telefoneado (o por teléfono)** : phonogram service
—— **telefotográfico** : photograph facsimile telegram
teleimpresor : teleprinter; teletypewriter
teleinformática : computer communications; teleinformatics
telemando : command; telecommand
—— **a distancia** : remote command
—— **desde tierra** : ground command
—— **espacial** : space command
telemática : telematic
telemedida : telemetery; telemetering
telemetría : telemetry
—— **espacial** : space telemetry
televisión (TV) : television (TV)
—— **educativa** : educational TV; teleeducation
—— **en directo** : live TV
—— **en vivo** : live TV
temperatura de codo : knee temperature
—— **de ruido** : noise temperature
—— **de ruido del receptor del satélite** : satellite receiver noise temperature
—— **de ruido equivalente** : noise temperature equivalent
—— **de ruido equivalente de un enlace por satélite** : equivalent satellite link noise equivalent
temporización : timing
tensión (elect.) : voltage
—— **constante** : steady-state voltage
—— **de chispa** : voltage sparkover
—— **de choque** : impulse voltage
—— **de la barra colectora** : bus voltage

—— **de perforación :** breakdown voltage
—— **de servicio :** service voltage
—— **disruptiva :** sparkover voltage
—— **perturbadora equivalente :** equivalent disturbing voltage
—— **residual :** residual voltage
—— **sofométrica :** psophometric voltage

tensores (ant.) : guys (ant.)

teoría de radiación : ray theory
—— **geométrica de difracción :** geometrical theory of difraction

tercer hilo : sleeve wire

térmico(a) : thermal
—— **al vacío, (vacuotérmico) :** thermal vacuum

terminación posterior (TV) : late finish (TV)

terminal local (telegr.) : local end (telegr.)
—— **para transmisión de datos :** data transmission terminal

termistor : thermistor

termófono : thermophone

termorresistente (cristal) : oven controlled (crystal)

ternario(a) (comp.) : ternary (comp.)

tetón (mec.) : boss (mech.)
—— **de ignicioîn :** igniter boss

tetrada (comp.) : tetrad (comp.)

tiempo cargable : duration chargeable
—— **de acceso :** access time
—— **de arrastre :** hang-over time
—— **de caída :** decay time
—— **de corte** (receptor) : splitting time
—— **de funcionamiento :** operating time; setting-up time
—— **de funcionamiento del receptor :** receiver response time
—— **de mantenimiento :** down time
—— **de multiplicación** (comp.) : multiplication time (comp.)
—— **de ocupación :** holding time
—— **de operación** (comp.) : operational time (comp.)
—— **de programación :** time delay
—— **de propagación :** propagation delay
—— **de propagación de envolvente :** envelope delay; group delay
—— **de propagación de fase :** phase time delay
—— **de propagación de grupo :** group delay; envelope delay
—— **de propagación de ida y vuelta :** round trip delay
—— **de propagación unilateral :** one-way propagation time
—— **de recuperación :** reframing time
—— **de reposo** (comp.) : idle time (comp.)
—— **de transferencia del receptor :** receiver transfer time
—— **de transferencia del transmisor :** sender transfer time
—— **medio de Greenwich (TMG) :** Greenwich mean time (GMT)
—— **medio entre fallas :** mean time to failure (MTTF); mean time between failures (MTBF)
—— **muerto :** down time
—— **parcial de arrastre :** echo suppressor partial hang-over time
—— **sidéreo :** sideral time; star time
—— **universal :** universal time (UT)
—— **útil** (comp.) : operational time (comp.)

timbre (aparato telef.) : bell set; ringer (teleph)
—— **selectivo telef. :** ringer harmonic (teleph)

tiratrón : thyratron

título : title; heading
—— **todos los circuitos ocupados :** all trunks busy (ATB)

tolerancia : allowance; margin
—— **de frecuencia :** frequency tolerance

toma : seizure; seizing
—— **de corriente (tomacorriente) :** mains socket; power point
—— **simultánea :** double seizing

Tonlar : Tonlar

tono de aviso : warning tone
—— **de marcar :** dialing tone; dial tone
—— **de ocupado :** busy tone
—— **de prueba de continuidad :** check tone
—— **de verificación :** check tone

torre de calibración (ant.) : boresight tower
—— **de colimación** (ant.) : boresight tower
—— **de celosía** (sat.) : truss tower (sat.)

torsión : torque

total de prueba (comp.) : hash total (comp.)

traba del reborde (mec.) : flage key (mech.)

traducción : translation

traductor (comp.) : translator
—— **-impresor :** five unit printer
—— **-impresor Morse :** Morse printer

tráfico de desborde (telec.) : overflow traffic (telecom.)
—— **en tránsito** (telec.) : transit traffic; via-routing traffic
—— **extracontinental** : off-shore traffic
—— **medio (días laborables)** : traffic average per working day
—— **saliente** : off-shore traffic

trama (TV) : field; frame (TV); mesh (mech.)
—— **de distribución de banda de base** : base-band distribution frame (BDF)
—— **enésima** : nth level frame
—— **secundaria** : second level frame

transbordador espacial : space shuttle

transceptor (transmisor-receptor) : transceiver (transmitter-receiver)

transconductancia : mutual conductance

transcriptor (comp.) : transcriptor (comp.)

transductor : transducer
—— **activo** : active transducer
—— **ideal** : ideal transducer
—— **lineal** : linear transducer
—— **modal** : mode transducer
—— **ortomodo** : orthomode transducer
—— **pasivo** : passive transducer

transferencia (comp.) : carry (to) (comp.); transfer (to)
—— **de carga**(tráfico) : load transference (traffic)
—— **de información** : information transfer
—— **de potencia** : power transfer

transferir : carry (to) (comp.); transfer (to)

transformador con neutro a tierra : grounding transformer
—— **de potencia** : power transformer
—— **ideal** : ideal transformer
—— **regulador** : booster transformer

transformar (comp.) : transform (to) (comp.)

transistor de efecto de campo : field effect transistor (FET)

tránsito : transit
—— (telegr.) : retransmission(telegr.); through
—— **con distribución manual** : transit with manual transmission
—— **con retransmisión automática** : transit with automatic transmission
—— **con conmutación** : transit with switching
—— **directo de telegramas** : direct transit of telegrams
—— **manual en cinta perforada** : manual tape relay
—— **por cinta perforada** : torn tape relay; torn tape

translación de exploración : scanning traverse
—— **para conferencias** (telegr.) : conference repeater (telegr.)
—— **para difusión** (telegr.) : telegraph broadcast repeater
—— **regeneradora** : regenerative repeater
—— **telegrafía** : repeater (telegraph)

translador de frecuencias : frequency translator

transmisión : transmission
—— **asíncrona** : asynchronous transmission
—— **automática** : automatic transmission
—— **automática de imágenes** : automatic picture transmission (ADP)
—— **con bandas laterales asimétricas** : assymetric sideband transmission
—— **con banda lateral parcialmente suprimida** : transmission with partial suppression sideband
—— **con banda lateral residual** : vestigial sideband transmission
—— **con cuatro frecuencias** : four-tone system
—— **con dos frecuencias** : two-tone keying
—— **con dos polaridades** : polar direct current system
—— **de banda lateral única con portadora suprimida** : single sideband suppressed carrier (SSSC) transmission
—— **de datos y texto** (TV) : telematic
—— **de doble salto** (sat.) : double-hop (or two-hop) transmission (sat.)
—— **de paquetes** : packing
—— **de ráfagas** : burst transmission
—— **de telegramas por teléfono** : telegram telephone; phonogram service
—— **de banda cruzada** : cross-band operation
—— **en blaco y negro** (TV) : monochrome transmission (TV)
—— **en circuito abierto** : open circuit working
—— **en circuito cerrado** : closed circuit working
—— **en corriente continua** : direct current transmission
—— **en directo** (TV) : live transmission
—— **en paralelo** : parallel transmission
—— **en serie** : serial transmission
—— **estereofónica** : stereophonic transmission
—— **manual** : manual transmission
—— **monocroma** (TV) : monochrome transmission (TV)

— **policroma** (TV) **:** polychrome transmission; color transmission (TV)
— **sincrónica :** synchronous transmission
— **unilateral :** one-way transmission

transmisiones a destinos múltiples : multiple destination transmissions
— **aire - tierra :** air-to-ground transmissions
— **espacio - espacio :** space-to-space transmission
— **espacio - Tierra :** space-to-Earth transmissions
— **Tierra - espacio :** Earth-to-space transmissions

transmultiplexor : transmultiplexer

transparencia : transparency

transmisor : transmitter;
— **automático :** automatic transmitter
— **automático mandado por impulsos :** automatic transmitter with controlled tape feed
— **de aeronaves :** airborne transmitter
— **numérico :** digital transmitter

transpondedor (sat.) **:** transponder (sat.)
— **alquilado** (o arrendado) **:** leased transponder
— **completo :** full transponder

transportar (comp.) **:** transfer (to); transport (to) (comp.)

transporte (comp.) **:** carry (to) transport (to) (comp.)
— **completo** (comp.) **:** complete carry
— **de alta velocidad** (comp.) **:** high speed carry (comp.)
— **de contorno** (comp.) **:** end around carry (comp.)
— **en cascada** (comp.) **:** cascade carry (comp.)
— **negativo** (comp.) **:** borrow (comp.)
— **parcial** (comp.) **:** partial carry (comp.)

transposición : translation; transposition

transposiciones : transpositions; translations
— **coordinadas :** coordinated transpositions
— **de elementos de la señal :** transpositions of signal elements
— **de frecuencias :** frequency translations
— **por cambio :** transposition by crossing

traslape : overlap

tratamiento de textos : word processing (WP)

trayecto : path; link
— **ascendente :** up-path; up-link
— **binario :** binary (digital) path
— **descendente :** down path; down-link
— **inclinado (o directo) :** slant path
— **numérico :** digital (binary) path
— **oblicuo** (o directo) **:** slant path

tren de conmutación interurbana : toll switch train
— **de impulsos :** pulse train
— **de señales :** signal train

tripulación : crew

tripulado : manned

tubo al vacío : vacuum tube
— **captador de imágenes** (TV) **:** pick-up tube (TV)
— **de calor** (sat.) **:** heat pipe (sat.)
— **de ondas progresivas (TWT) :** travelling wave tube (TWT)
— **de ondas progresivas desconectado periodicamente :** gated TWT
— **electrónico :** electron tube
— **termoiónico :** thermoionic tube
— **tiratrón :** thyratron tube
— **Vidicón piroeléctrico :** pyro-electric Vidicon tube

NOTAS

U

ubicación : location; site; place

umbral posterior : back porch

un canal por portadora : single channel per carrier (SCPC)

unidad aislada de señalización : lone signal unit (LSU)

—— **central de proceso** : central processing unit (CPU)

—— **de banda de base** : baseband unit (BU)

—— **de compensación** : equalizer unit

—— **de conmutación automática** : automatic switching unit (ASU)

—— **de contestación automática** : answer-back unit

—— **de contacto de cierre** : make contact unit

—— **de control** (comp.) : control unit (comp.)

—— **de control numérico** : digital control unit (DCU)

—— **de distribución de banda de base** : baseband distribution unit (BDU)

—— **de ensayo de duración** : life test unit

—— **de interfaz terrestre** : interface terrrestrial unit (ITU)

—— **de presentación visual** : visual data unit (VDU)

—— **de salida** (comp.) : output unit (comp.)

—— **de señal de sincronización** : synchronization signal unit (SSU)

—— **de señalización** : signaling unit (SU)

—— **de señalización de acuse de recibo** : acknowledgement signal unit (ASU)

—— **de señalización errónea** : error signal unit

—— **de señalización no significativa** : idle signal unit

—— **de señalización para control del sistema** : system control signal unit (SCSU)

—— **de tasa** : charge unit

—— **de transmisión** : transmission unit

—— **de volumen** : volume unit (VU)

—— **inicial de señalización** : initial signal unit (ISU)

—— **subsiguiente de señalización** : subsequent signal unit (SSU)

—— **térmica británica (BTU)** : British thermal unit (BTU)

unidireccional (**o unilateral**) : unidirectional; one-way

unión por fusión : fusion bonding

uniselector : step-by-step switch

NOTAS

V

valencia : valence

valor absoluto : maximum value
— **cuadrático (RMS)** : RMS value; root mean square value
— **máximo de tensión** : surges voltage
— **ponderado de una corriente** : weighted current value
— **ponderado de una tensión** : weighted voltage value

válvula al vacío : vacuum tube
— **electrónica** : electron tube
— **termoiónica** : thermoionic tube
— **tiratrón** : thyratron tube

variación de frecuencia por efecto Doppler : doppler effect (freq. shift)
— **de ganancia** : gain ripple
— **de uno a sigma** : l-sigma spread

vástago de soporte (sat.) : mount post (sat.)

vatímetro : voltammeter

velocidad de análisis (comp.) : scan rate (comp.)
— **de barrido** : sweep velocity
— **de grupo** : envelope velocity
— **de grupo primario** : group velocity
— **de exploración** : scanning speed; scan rate
— **de exploración en recepción** : writing speed
— **de fase** : phase velocity
— **de modulación** : modulation rate
— **de símbolos** : symbol rate
— **de transferencia de datos** : data transfer rate
— **máxima de justificación** : maximum justification rate

ventana de lanzamiento (sat.) : launch window (sat.)

verificación : check; verification

verificadora (comp.) : verifier (comp.)

videoconferencia : videoconference

videófono : video tape; videophone

videotexto : videotext

viento estelar : stellar wind
— **solar** : solar wind; solar sail

vientos (ant.) : guys (ant.)

violación de la regla de polaridad : bipolar violation

visibilidad directa : line-of-sight
— **en dirección inclinada**

viso (facs.) : interference pattern (facs.)

visor : viewer

volante de inercia (sat.) : momentum wheel (sat.)
— **de inercia cardánico** (sat.) : gimballed momentum wheel (sat.)

voltiamperímetro : voltammeter

volumen : volume
— **de referencia** (telef.) : reference telephone volume
— **de referencia americano** : American reference volume
— **de referencia del CCIF** : reference telephone power

volúmetro : Vu meter
— **A.R.A.E.N.** : ARAEN speech level meter
— **de conversación** : electrical speech level meter
— **eléctrico** : electrical speech level meter
— **S.F.E.R.T.** : SFERT speech level

vuelo : flight
— **por inercia** : coasting flight

vuelta por tierra (radar) : ground return (radar)

Z

zócalo de válvula : valve holder

zona : zone; area
—— **cubierta** : covered zone
—— **de disrupción** : breakdown path
—— **de servicio** : service area
—— **de tarifa urbana** : area local service
—— **muerta** : backlash area

zumbador : buzzer

zumbido de alimentación : power supply hum
—— **de la red** : mains hum

NOTAS

INTERCONVERSIONES
INTERCONVERSIONS

amperio : 0.1 abampere.

amperio/centímetro^2 : 6.45163 amperes/inch^2.

amperio/decímetro^2 : 9.29 amperes/foot^2.

amperio-hora : 360 abcoulombs.

amperio-espira : 1.25663 gilberts.

amperio-spira/centímetro : 2.54 ampere turn/inch.

amperio-espira/metro : 0.0125663 oersteds.

área : 0.02471044 acres (USA).

área : 0.02471061 acres (England).

área : 1,076.387 feet^2 (USA).

área : 1,076.394 feet^2 (USA).

caballo : 41.855 Btu/minute.

caballo : 542.475 foot-pounds/second.

caballo : 0.98631 horsepower (mechanical).

caballo : 0.074978 horsepower (boiler).

caballo : 0.985924 horsepower (electric).

caballo : 735.499 watts.

caballo/centímetro^2 : 6,3633 horsepower/inch^2.

caballo/centímetro^3 : 1.6163 horsepower/inch^3.

caballo-hora : 0.98631 horsepower-hour.

cabllo-hora : 2,657,799 joules.

caballo/metro^2 : 0.09163 horsepower/foot^2.

caballo/metro^3 : 0.02793 horsepower/foot^3.

caballo/tonelada : 1.00214 horsepower/ton (long).

caballo/tonelada : 0.89477 horsepower/ton (short).

caloría : 0.0039683 Btu.

caloría : 4.184 joules.

caloría/amperio-hora : 0.011622 joules/abcoulomb.

caloría/centímetro^3 : 112.371 Btu/foot^3.

caloría/°C : 0.0022046 Btu/°F.

caloría/°C : 2.32444 joules/°F.

caloría/gramo : 1.8 Btu/pound.

caloría/gramo : 1,399.76 foot-pounds/pound.

caloría/(gramo × °C) : 1.8 Btu/pound × °C).

caloría/(gramo × °C) : 1 Btu/(pound × °F).

caloría/(gramo × °C) : 1,054.35 joules/(pound × °F).

caloría/hora : 0.011622 watt.

caloría/kilo : 0.0018 Btu/pound.

caloría/metro^3 : 0.11237 Btu/foot^3.

caloríaminuto : 0.069733 watt.

caloría/segundo : 4.184 watts.

caloría/(segundo × centímetro^2) : 318,531 Btu/(day × foot^2) : 4,184 watts/centimeter^2.

caloría/(segundo × centímetro^2) : 13,272.1 Btu/(hour × foot^2).

caloría/segundo × centímetro^2 × °C) : 7,373.39 Btu/(hour × foot^2 × °F).

caloría/centímetro^2 : 3.6867 Btu/foot^2.

caloría/tonelada : 0.00403 Btu/ton (long).

caloría/tonelada : 0.003599 Btu/ton (short).

caloría-centímetro/(hora × centímetro^2 × °C) : 1.6127 Btu-foot/(day × foot^2 × °F).

caloría-centímetro/(hora × centímetro^2 × °C) : 19.3527 Btu-inch/(day × foot^2 × °F).

caloría-centímetro/(segundo × centímetro^2 × °C) : 5,805.8 Btu-foot/(day × foot^2 × °F).

caloría-centímetro/(segundo × centímetro^2 × °C) : 241.909 Btu-foot/(hour × foot^2 × °F).

caloría-centímetro/(segundo × centímetro^2 × °C) : 4.03118 Btu-foot/(minute × foot^2 × °F).

caloría-centímetro/centímetro^2 : 1.4514 Btu-inch/foot^2.

centiárea : 10.7638 foot^2.

centiárea : 1.1959 yard^2.

centigramo : 0.154323 grains.

centigramo/litro : 4.3698 grains/foot^3.

centilitro : 0.61625 inch^3.

centímetro : 0.03280845 foot (England).

centímetro : 0.03280833 foot (USA).

centímetro : 0.3937014 inch (England).

centímetro : 0.3937 inch (USA).

centímetro : 2.3622 picas (printer's).

centímetro : 28.3464 points (printer's).

centímetro circular : 0.155 circular inch.

centímetro de mercurio (0 °C) : 27.845 pounds/foot^2.

centímetro de mercurio (0 °C) : 0.19336 pounds/inch^2.

centímetro/°C : 0.018226 foot/°F.

centímetro/°C : 0.21872 inch/°F.

centímetro/segundo : 1.9685 foot/minute.

centímetro/segundo : 0.032808 foot/second.

centímetro/(segundo × segundo) : 1.34215 miles/(hour × minute).

centímetro^2 : 0.197352 circular inch.

centímetro^2 : 197,352 circular mils.

centímetro^2 : 0.15500079 inch^2 (England).

centímetro^2 : 0.15499969 inch^2 (USA).

centímetro^2/dina : 478.8 feet^2/pound.

centímetro^2/dina : 69,947 inch^2/pound.

centímetro^2/segundo : 0.0160183 poise-foot^2/pound.

centímetro^2/segundo : 0.154999 inch^2/second.

centímetro^2-metro : 0.50852 inch^2/second.

centímetro^2-metro : 6.1023 inch^3.

centímetro^2-metro^2 : 0.011581 foot^4.

centímetro^2-metro^2 : 1.66853 inch^2-foot^2.

centímetro^2-metro^2 : 240.268 inch.

centímetro^2-metro^2 : 9460 inch^3.

centímetro^2-metro^3 : 0.03799 foot^5.

centímetro^3 : 0.0610238 inch^3 (England).

centímetro^3 : 0.0610233 inch^3 (USA).

centímetro^3 : 16.889 minims (England).

centímetro^3 : 16.23 minims (USA).

centímetro^2 : 0.04496 cylindrical foot.

centímetro^3 : 0.077688 cylindrical inch.

centímetro^3 (módulo resistente) : 0.0000353147 foot^3.

centímetro^3 (módulo resistente) : 0.0050852 inch^2-foot.

centímetro^3 (módulo resistente) : 0.0610237 inch^3.

centímetro^3/gramo : 0.0160183 foot^3/pound.

centímetro^3/segundo : 0.0021188 foot^3/minute.

centímetro^3-atmósfera : 0.074733 foot-pounds.

centímetro^3-atmósfera : 0.101325 joules.

centímetro^3-atmósfera/gramo : 0.04359 Btu/pound.

centímetro^4-atmósfera : 33.898 foot-pound/pound.

centímetro^4 : 0.11586×10^{-5} foot^4 : 10^{-4} inch^4 : 0.166853×10^3 inch^2-foot^2.

centímetro^5 : 0.3799×10^{-7} foot^5 : 0.946×10^{-2} inch^5.

culombio : 0.1 abcoulomb.

culombio/kilogramo : 3,057.04 statcoulombs/dyne.

culombio/centímetro^2 : 6.4516 coulombs/inch^2.

decámetro : 32.80845 feet (England).

decámetro : 32.80833 feet (USA).

decámetro^2 : 0.0247106 acre (England).

decámetro^2 : 0.0247104 acre (USA).

decámetro^2 : 119.5994 yards^2 (England).

decámetro^2 : 119.5985 yards^2 (USA).

decigramo : 1.54342 grains.

decilitro : 0.003531 foot^3.

decímetro : 0.3280845 foot (England).

decímetro : 0.3280833 foot (USA).

decímetro^2 : 0.1076394 foot^2 (England).

decímetro^2 : 0.1076387 foot^2 (USA).

decímetro^2 : 15.500079 inches^2 (England).

decímetro^2 : 15.499969 inches^2 (USA).

decímetro^3 : 61.02389 inches^3 (England).

decímetro^3 : 61.02338 inches^3 (USA).

decímetro^4 : 240.2659 inches^4.

frigoria : 3.9683 Btu.

frigoria : 4,184 joules.

frigoria/hour : 0.001559 horsepower.

frigoria/segundo : 3.968 Btu/second : 5.615 horsepower : 4.186 kilowatt.

gramo : 15.43235 grains.

gramo/centímetro : 39.1982 grains/inch.

gramo/centímetro : 0.180166 poundal/inch.

gramo/centímetro : 0.20159 pound/yard.

gramo/centímetro × centímetro) : 0.06719 pound/(foot × second).

gramo/centímetro^2 : 0.45762 poundal/inch^2.

gramo/centímetro^2 : 2.04816 pounds/foot^2.

gramo/centímetro^2 : 0.014223 pound/inch^2.

gramo/(centímetro^2 × hora) : 22,296.82 grams/(foot^2 × day).

gramo/(centímetro^2 × hora) : 6.45162 grams/(inch^2 × hour).

gramo/centímetro^3 : 62.42832 pounds/foot^3.

gramo/centímetro^3 : 10.0224 pounds/gallon (England).

gramo/centímetro^3 : 9.711 pounds/gallon (dry-USA).

gramo/centímetro^3 : 8.3454 pounds/gallon (liquid-USA).

gramo/centímetro^3 : 0.75248 ton (long)/yard^3.

gramo/centímetro^3 : 0.84278 ton (short)/yard^3.

gramo/decímetro^3 : 0.3276 ounce/foot^3.

gramo/pulgada : 15.43235 grains/inch.

gramo/pulgada : 0.026455 pound/foot.

gramo/(hora × metro²) : 0.0597 grain/(hour × foot²).

gramo/litro : 70.17 grains/gallon (England).

gramo/litro : 0.16035 ounce/gallon (USA).

gramo/litro : 0.16035 ounce/gallon (England).

gramo/litro : 0.1335 ounce/gallon (USA).

gramo/litro : 1000 parts/million.

gramo/metro : 14.411 grains/yard.

gramo/metro² : 0.029493 ounces/yard².

gramo/metro² : 0.347706×10^{-2} ounces/foot².

gramo/metro² : 8.99279 pounds/acre.

gramo/metro² : 2.54908 ton (long)/mile².

gramo/metro³ : 0.436998 grain/foot³.

gramo/metro³ : 0.070157 grain/gallon (England).

gramo/metro³ : 0.05841 grain/gallon (USA).

gramo/metro³ : 1 part/million.

gramo/mililitro : 0.036126 pound/inch³.

gramo/mililitro : 62.4262 pound/foot³.

gramo/mililitro : 0.752459 ton (long)/yard³.

gramo/mililitro : 10.0221 pound/gallon (England).

gramo/mililitro : 8.34517 pound/gallon (USA).

gramo/tonelada : 0.007 grain/pound.

gramo/tonelada : 0.032 ounce/ton (short).

gramo-centímetro : 0.930113×10^{-7} Btu.

gramo-centímetro : 0.01388 ounce-inch.

gramo-centímetro : 0.980665×10^{-4} joules.

gramo-centímetro/centímetro³ : 0.01422 inch-pound/inch³.

gramo-centímetro/gramo : 0.42189×10^{-4} Btu/pound.

gramo-centímetro/gramo : 0.032808 pound-foot/pound.

gramo-centímetro/segundo : 980.665 ergs/second.

gramo-centímetro/segundo : 0.7233×10^{-4} foot-pounds/second.

gramo-centímetro² : 0.005467 ounce-inch².

gramo-centímetro² : 0.0003417 pound-inch².

hectárea : 2.471061 acre (England).

hectárea : 2.471044 acre (USA).

hectárea : 107,639.4 feet² (England).

hectárea : 107,638.7 feet² (USA).

hectárea : 11,959.94 yard³ (England).

hectárea : 11,959.85 yard³ (USA).

hectárea-milímetro : 353.144 foot³.

hectárea-metro : 8.1081 acre-foot.

hectogramo : 0.267922 pound (apothecary or troy).

hectogramo : 0.220462 pound (avoirdupois).

hectolitro : 0.6289 barrel of oil.

hectolitro : 2.749688 bushels (England).

hectolitro : 2.837819 bushels (USA).

hectolitro : 21.9975 gallons (England).

hectolitro : 22.7026 gallons (dry-USA).

hectolitro : 26.4178 gallons (liquid-USA).

hectolitro : 703.921 gills (England).

hectolitro : 845.368 gills (USA).

hectolitro : 175.98 pints (England).

hectolitro : 181.62 pints (dry-USA).

hectolitro : 211.342 pints (liquid-USA).

hectolitro/hectárea : 1.1127 bushel (England)/acre.

hectolitro/hectárea : 1.14843 bushel (USA)/acre.

hectolitro/hora : 21.997 gallons (England)/hour.

hectolitro/hora : 26.417 gallons (USA)/hour.

hectómetro : 328.0845 feet (England).

hectómetro : 283.0833 feet (USA).

hectómetro : 109.3615 yards (England).

hectómetro : 109.3611 yards (USA).

hectómetro² : 2.471061 acres (England).

hectómetro² : 2.471044 acres (USA).

hectómetro² : 107,639.4 feet² (England).

hectómetro² : 107,638.7 feet² (USA).

hectómetro² : 11,959.94 yards² (England).

hectómetro² : 11,959.85 yards² (USA).

hertzio : cycle/second.

hombre-hora/10 metros : 0.3048 man-hour/10 foot.

hombre-hora/10 metros² : 0.0929 man-hour/10 foot².

hombre-hora/1.000 metros² : 0.8361 man-hour/1000 yards².

hombre-hora/tonelada-kilómetro : 1.6351 man-hour/ton(long)-mile.

hombre-hora/tonelada-kilómetro : 1.46 man-hour/ton(short)-mile.

julio : 0.00094845 Btu.

julio : 0.73756 foot-pound.

julio/amperio-hora : 0.0027777 joule/abcoulomb.

julio/centímetro³ : 26.8392 Btu/foot³.

julio/(centímetro³ × °C) : 14.9107 Btu/(foot³ × °F).

julio/culombio : 10 joules/abcoulomb.

julio/(culombio × °C) : 5.5555 joules/(abcoulomb × °F).

julio/°C : 0.00052691 Btu/°F.

julio/gramo : 0.430211 Btu/pound.

julio/gramo : 334.552 foot-pounds/pound.

julio/gramo : 0.00016896 horsepower-hour/pound.

julio/(gramo × °C) : 0.23884 Btu/(pound × °F).

julio/(gramo × °C) : 185.863 foot-pound/(pound × °F).

julio-centímetro/(segundo × centímetro² × °C) : 0.192726 Btu-inch/(second × foot² × °F).

julio-centímetro/(segundo × centímetro² × °C) : 57.8178 Btu-foot/(hour × foot² × °F).

kilocaloría : 3.9683 Btu.

kilocaloría : 4,184 joules.

kilocaloría/hora : 0.0015585 horsepower.

kilocaloría/hora : 1.16222 watts.

kilocaloría/kilovatio-hora : 2.95918 Btu/horsepower-hour.

kilocaloría/metro² : 0.36866 Btu/foot².

kilocaloría/metro³ : 0.112371 Btu/foot³.

kilocaloría/(metro³ × °C) : 0.062428 Btu/(foot³ × °F).

kilocaloría/minuto : 3.96832 Btu/minute.

kilocaloría/minuto : 69.7332 watts.

kilocaloría/segundo : 5.61082 horsepower.

kilocaloría/tonelada : 4.032 Btu/ton (long).

kilocaloría/tonelada : 3.6 Btu/ton (short).

kilocaloría-metro/(hora × metro² × °C) : 0.67197 Btu-foot/(hour × foot² × °F).

kilocaloría-metro/(hora × metro² × °C) : 8.0636 Btu-inch/(hour × foot × °F).

kilográmetro : 0.00930113 Btu.

kilográmetro : 232.715 foot-poundal.

kilográmetro : 7.233 foot-pounds.

kilográmetro : 9.80665 joule.

kilográmetro : 0.00272407 watt-hour.

kilográmetro/gramo : 4.2189 Btu/pound.

kilográmetro/gramo : 3,280.83 foot-pounds/pound.

kilográmetro/gramo : 9.80665 joules/gram.

kilográmetro/segundo : 0.00930113 Btu/second.

kilográmetro/segundo : 232.715 foot-poundals/second.

kilográmetro/segundo : 7.233 foot-pounds/second.

kilográmetro/segundo : 9.80665 watts.

kilogramo : 0.01968412 hundredweight (long).

kilogramo : 0.02204622 hundredweight (short).

kilogramo : 32.15074 ounces (apothecary or troy).

kilogramo : 35.27396 ounces (avoirdupois).

kilogramo : 70.9315 poundal.

kilogramo : 2.679228 pounds (apothecary or troy).

kilogramo : 2.2046223 pounds (avoirdupois).

kilogramo/caballo : 2.235 pound/horsepower.

kilogramo/centímetro : 5.6 pounds/inch.

kilogramo/centímetro² : 14.2234 pounds/inch².

kilogramo/centímetro² : 0.9143 ton (long)/foot².

kilogramo/centímetro² : 1.024 ton (short)/foot².

kilogramo/centímetro³ : 36.127 pound/inch³.

kilogramo/hectárea : 0.007964 hundredweight (long)/acre.

kilogramo/hectárea : 0.008919 hundredweight (short)/acre.

kilogramo/hectárea : 0.89217 pound/acre.

kilogramo/hectolitro : 0.80178 pound/bushel (England).

kilogramo/hectolitro : 0.77686 pound/bushel (USA).

kilogramo/hora : 2.204622 pounds/hour.

kilogramo/hora : 0.036743 pound/minute.

kilogramo/kilogramo : 0.062 pound/ounce.

kilogramo/(kilogramo × caballo) : 1.01397 pound/(pound × horsepower).

kilogramo/kilómetro : 0.39198 grain/inch.

kilogramo/kilómetro : 0.6719 pound/100 feet.

kilogramo/kilómetro : 3.548 pound/mile.

kilogramo/metro : 391.982 grains/inch.

kilogramo/metro : 0.6719702 pound/foot.

kilogramo/metro : 2.01591 pound/yard.

kilogramo/metro² : 327.66 ounces/foot².

kilogramo/metro² : 0.20481 pound/foot².

kilogramo/metro² : 1.843 pound/yard².

kilogramo/(metro² × hora) : 0.20481 pound/(foot² × hour).

kilogramo/metro³ : 0.1602 ounce/gallon (England).

kilogramo/metro³ : 0.1334 ounce/gallon (USA).

kilogramo/metro³ : 0.0624283 pound/foot³.

kilogramo/metro³ : 1.68556 pound/yard³.

kilogramo/milímetro² : 1422.23 pound/inch².

kilogramo/milímetro² : 91.44 ton (long)/foot².

kilogramo/milímetro² : 102.41 ton (short)/foot².

kilogramo/milímetro² : 0.6349 ton (long)/inch².

kilogramo/milímetro² : 0.7112 ton (short)/inch².

kilogramo/minuto : 1.41726 ton (long)/day.

kilogramo/minuto : 1.58733 ton (short)/day.

kilogramo/nudo : 2.2046 pound/knot.

kilogramo/tonelada : 7 grain/pound.

kilogramo/tonelada : 2.24 pound/ton (long).

kilogramo/tonelada : 2 pound/ton (short).

kilogramo/tonelada-kilómetro : 3.604 pound/ton (long)-mile.

kilogramo/tonelada-kilómetro : 3.219 pound/ton (short)-mile.

kilogramo-centímetro : 1.574 ounce-foot.

kilogramo-centímetro : 0.8681 pound-inch.

kilogramo-centímetro² : 0.002373 pound-foot².

kilogramo-centímetro² : 0.341716 pound-inch².

kilogramo-metro : 0.00930113 Btu.

kilogramo-metro : 232.715 poundal.

kilogramo-metro : 7.233 pound-feet.

kilogramo-metro : 86.796 inch-feet.

kilogramo-metro : 0.365303 horsepower-hour.

kilogramo-metro : 9.80665 joules.

kilogramo-metro : 9.8065 newton-meter.

kilogramo-metro : 0.00272407 watt-hour.

kilogramo-metro/gramo : 4.21892 Btu/pound.

kilogramo-metro/gramo : 3,280.83 foot-pounds/pound.

kilogramo-metro/segundo : 0.00930113 Btu/second.

kilogramo-metro/segundo : 7.233 foot-pounds/second.

kilogramo-metro/segundo : 0.0131509 horsepower.

kilogramo-metro/segundo : 9.80665 watts.

kilogramo-metro² : 23.7302 pound-foot².

kilogramo-metro² : 1.5253 ton (long)-inch².

kilogramo-metro² : 1.7085 ton (short)-inch².

kilogramo-metro²/segundo : 23.7304 pound-foot²/second.

kilohertzio : kilocycle/second.

kilojulio : 0.9478 Btu.

kilojulio : 737.56 foot-pound.

kilolitro : 27.49697 bushels (England).

kilolitro : 28.27819 bushels (USA).

kilolitro : 24.4417 firkins (England).

kilolitro : 29.3531 firkins (USA).

kilolitro : 219.9756 gallons (England).

kilolitro : 227.0258 gallons (dry-USA).

kilolitro : 264.1779 gallons (liquid-USA).

kilolitro : 109.9878 pecks (England).

kilolitro : 113.5128 pecks (USA).

kilómetro : 49.7096 chains (Gunter's).

kilómetro : 32.8083 chains (Ramsden's).

kilómetro : 3,280.845 feet (England).

kilómetro : 3,280.883 feet (USA).

kilómetro : 0.6213722 miles (statute-England).

kilómetro : 0.6213699 miles (statute-USA).

kilómetro : 0.539593 miles (nautical-USA).

kilómetro : 1,093.615 yards (England).

kilómetro : 1,093.611 yards (USA).

kilómetro/hora : 54.68 foot/minute.

kilómetro/hora : 0.911342 foot/second.

kilómetro/(hora × segundo) : 0.911342 (foot/second × second).

kilómetro/minuto : 54.68055 feet/minute.

kilómetro/minuto : 37.28219 miles/hour.

kilómetro/minuto : 0.621369 miles/minute.

kilómetro² : 247.1061 acres (England).

kilómetro² : 247.1044 acres (USA).

kilómetro² : 0.3861034 miles² (England).

kilómetro² : 0.3861007 miles² (USA).

kilómetro³ : 0.239911 miles³ (statute).

kilotonelada : 984.2064 tons (long).

kilotonelada : 1,102.3112 tons (short).

kilovatio-hora/gramo : 608.276 horsepower-hour/pound.

kilovatio-año : 11,747.3 horsepower-hour.

kilovatio-año : 1.34102 horsepower-year.

kilovoltio/centímetro : 10^{11} abvolts/centimeter.

kilovoltio/centímetro : 3.33564 statvolts/centimeter.

kilovoltio/centímetro : 2,540.005 volts/inch.

kilovoltio/centímetro : 2.54005 volts/mill.

L

lambertio : 2.05362 candles/inch^2.

lambertio : 929.034 lumens/foot^2.

litro : 0.02749697 bushel (England).

litro : 0.02837819 bushel (USA).

litro : 0.03531583 foot^3 (England).

litro : 0.03531544 foot^3 (USA).

litro : 0.2199756 gallon (England).

litro : 0.2270258 gallon (dry-USA).

litro : 0.2641779 gallon (liquid-USA).

litro : 7.039219 gills (England).

litro : 8.45368 gills (USA).

litro : 35.19609 ounces (fluid-England).

litro : 33.81475 ounces (fluid-USA).

litro : 1.759809 pints (England).

litro : 1.816195 pints (dry-USA).

litro : 2.113423 pints (liquid-USA).

litro/caballo : 1.7834 pints (England)/horsepower.

litro/caballo : 2.1423 pints (liquid-USA)/horsepower.

litro/kilogramo : 0.0160189 foot^3/pound.

litro/kilogramo : 27.6807 inch^3/pound.

litro/kilogramo : 35.8824 foot^3/ton (long).

litro/kilómetro : 0.354015 gallon (England)/mile.

litro/kilómetro : 0.425156 gallon (USA)/mile.

litro/minuto : 2.118927 foot^3/hour.

litro/segundo : 2.118927 foot^3/minute.

litro/segundo : 0.03531 cusec.

litro/segundo : 0.0784787 yard^3/minute.

litro/(segundo × kilómetro^2) : 0.090909 cusec/mile^2.

litro/tonelada : 0.22343 gallon (England)/ton (long).

litro/tonelada : 0.23958 gallon (USA)/ton (short).

litro-atmósfera : 0.0961046 Btu.

litro-atmósfera : 74.7354 foot-pound.

litro-atmósfera : 101.328 joules.

M

megajulio : 948.452 Btu.

megajulio : 737,560 foot-pounds.

megajulio : 0.372505 horsepower-year.

megámetro : 621.3722 miles (England).

megámetro : 539.593 nautical nules (USA).

megámetro : 621.3699 (statute nules).

megatonelada : 984,206.4 tons (long).

megatonelada : 1,102,311.2 tons (short).

megavatio : 948.452 Btu/second.

megavatio : 737,560 foot-pounds/second.

megavatio : 10^6 joules/second.

metro : 3.280854 feet (England).

metro : 3.280833 feet (USA).

metro : 39.37014 inches (England).

metro : 39.37 inches (USA).

metro : 1.093615 yards (England).

metro : 1.093611 yards (USA).

metro/°C : 1.8226 foot/°F.

metro/hora : 3.28083 feet/hour.

metro/hora : 0.0546806 foot/minute.

metro/kilo : 1.4882 feet/pound.

metro/minuto : 196.85 feet/hour.

metro/minuto : 0.0546806 feet/second.

metro/segundo : 196.85 feet/munute.

metro/segundo : 2.23693 miles/hour.

metro/(segundo × segundo) : 2.23693 miles/(hour × second).

metro^2 : 10.76394 feet^2 (England).

metro^2 : 10.76387 feet^2 (USA).

metro^2 : 1.195994 yards^2 (England).

metro^2 : 1.195985 yards^2 (USA).

metro^2/caballo : 10.913 feet^2/horsepower.

metro^3 : 28.3774 bushels (USA).

metro^3 : 27.4962 bushels (England).

metro^3 : 219.969 gallons (England).

metro^3 : 264.170 gallons (USA).

metro^3 : 1.307956 yards^3 (England).

metro^3 : 1.307942 yards^3 (USA).

metro³/caballo : 35.806 feet³/horsepower.

metro³/hectárea : 14.291 feet³/acre.

metro³/hora : 0.0098096 cusec.

metro³/kilogramo : 16.0185 foot³/pound.

metro³/kilogramo : 27,679.9 inch³/pound.

metro³/kilogramo : 35,881.4 foot³/ton (long).

metro³/kilogramo : 99.776 gallon (England)/pound.

metro³/minuto : 1.1674 acre-foot/day.

metro³/minuto : 0.58857 cusec.

metro³/segundo : 35.323 cusec.

metro³/segundo : 35.323 feet³/second.

metro⁴ : 115.807 foot⁴.

metro⁴ : 1.66853×10^4 inch²-foot².

metro⁴ : 2.402512×10^6 inch⁴.

mho : 10^{-9} abmho.

mho/centímetro : 2.54005 mhos/inch.

microgramo/gramo : 1.01604 gram/ton (long).

microgramo/gramo : 0.907184 gram/ton (short).

microgramo/gramo : 0.035839 ounce/ton (long).

microgramo/gramo : 0.031999 ounce/ton (short).

microohmio : 1,000 abohms.

microohmio-centímetro : 6.015294 circular milliohms/foot.

microohmio-centímetro : 0.3937 microhom-inch.

microvoltio : 100 abvolts.

microvoltio/°C : 55.5556 abvolts/°F.

microvoltio/°C : 0.555556 microvolts/°F.

microvoltio/metro : 1 abvolt/centimeter.

miligramo : 0.01543235 grain.

miligramo/centímetro : 0.0391983 grain/inch.

miligramo/centímetro² : 0.294935 ounces/yard².

miligramo/centímetro² : 0.0327706 ounces/foot².

miligramo/centímetro² : 89.2179 pound/acre.

miligramo/gramo : 35.84 ounces/ton (long).

miligramo/gramo : 32 ounces (avoirdupois)/ton (short).

miligramo/gramo : 32.6666 ounces (troy)/ton (long).

miligramo/gramo : 29.1666 ounces (troy)/ton (short).

miligramo/gramo : 2.24 pounds (avoirdupois)-/ton (long).

miligramo/gramo : 2 pounds (avoirdupois)/ton (short).

miligramo/gramo : 2.72222 pounds (troy)/ton (long).

miligramo/gramo : 2.43055 pounds (troy)/ton (short).

miligramo/kilogramo : 0.03584 ounce (avoirdupois)/ton (long).

miligramo/kilogramo : 0.032 ounce (avoirdupois)/ton (short).

miligramo/kilogramo : 0.0024 pound (avoirdupois)/ton (long).

miligramo/kilogramo : 0.002 pound (avoirdupois)/ton (short).

miligramo/kilogramo : 0.0027222 pound (troy)/ton (long).

miligramo/kilogramo : 0.0024305 pound (troy)/ton (short).

miligramo/kilogramo : 0.03266 milligram/assay ton (long).

miligramo/kilogramo : 0.02916 milligram/assay ton (short).

miligramo/litro : 0.070155 grain/gallon (England).

miligramo/litro : 0.058416 grain/gallon (USA).

miligramo/litro : 1 part/million.

miligramo/metro² : 0.2949×10^{-4} ounce/yard.

miligramo/metro² : 0.0929 milligram/foot².

miligramo/metro² : 0.6451×10^{-3} milligram/inch².

miligramo/milímetro : 0.391982 grain/inch.

miligramo/segundo : 0.19048 pound/day.

miligramo/segundo : 0.031058 ton (long)/year.

miligramo/segundo : 0.034786 ton (short)/year.

mililitro : 0.0351961 ounce (fluid-England).

mililitro : 0.0338147 ounce (fluid-USA).

mililitro/litro : 76.825 minim (England)/gallon (England).

mililitro/litro : 61.457 minim (USA)/gallon (USA).

milímetro : 0.03937014 inch (England).

milímetro : 0.03937 inch (USA).

milímetro de lluvia/hectárea : 353.153 foot³.

milímetro de lluvia/hectárea : 2,199.69 gallon (England).

milímetro de lluvia/hectárea : 2,641.73 gallon (USA).

milímetro de lluvia/hectárea : 0.015932 inch of rainfall/acre.

milímetro de lluvia/metro² : 0.035315 foot³.

milímetro de lluvia/metro^2 : 0.21997 gallon (England).

milímetro de lluvia/metro^2 : 0.26417 gallon (USA).

milímetro^2 : 1,973.53 circular mils.

milímetro^2 : 0.0015499969 inch^2 (USA).

milímetro^2 : 0.0015500079 inch^2 (England).

milímetro^2 : 1,550 mils^2.

milímetro^3 : 0.0168936 minim (England).

milímetro^3 : 0.0162306 minim (USA).

milivoltio : 100,000 abvolts.

milivoltio/metro : 1,000 abvolts/centimeter.

miriagramo : 22.046223 pounds.

miriámetro : 6.21369 miles (statute).

newtonio : 7.23301 poundals.

newtonio : 0.224809 pounds.

newtonio : 3.59694 ounces.

newtonio/metro^2 : 0.671969 poundal/foot^2.

newtonio/metro^2 : 0.145038 × 10^{-3} pound/inch^2.

newtonio/metro^2 : 0.0208854 pound/foot^2.

newtonio/metro^3 : 6,365.88 pound/foot^3.

newtonio/metro^3 : 0.00019786 slug/foot^3.

newtonio-centímetro : 1.416112 ounce-inch.

newtonio-metro : 23.7304 poundal-foot.

newtonio-metro : 0.737562 pound-foot.

newtonio-metro : 8.85075 pound-inch.

newtonio-metro : 141.612 ounce-inch.

newtonio-metro/centímetro : 1.8734 pound-foot/inch.

newtonio-metro/segundo : 8.8507 pound-inch/second.

ohmio : 10^9 abohms.

ohmio-centímetro : 0.3937 ohms-inch.

partes/millón : 0.43698 grain/foot^3.

partes/millón : 0.0701549 grain/gallon (England).

partes/millón : 0.0584165 grain/gallon (USA).

partes/millón : 8.34521 pounds/million gallons (USA).

partes/millón : 10.022 pounds/million gallons (England).

poise : 0.067197 poundal-second/foot^2.

poise : 0.067197 pound/foot × second.

poise : 0.00208855 pound-second/foot^2.

poise : 0.00208855 slug/foot × second.

poise : 0.145038 × 10^{-4} pound-second/inch^2.

quintal métrico : 1.9684128 hundredweights (long).

quintal métrico : 2.2046223 hundredweights (short).

quintal métrico : 220.4622 pounds.

stoke : 0.155 inch^2/second.

stoke : 558.001 inch^2/hour.

stoke : 3.87501 foot^2/hour.

stoke : 0.016018 poise-foot^3/pound.

stoke : 0.061023 poise-inch^3/gram.

tonelada : 19.684 hundredweights (long).

tonelada : 22.04622 hundredweights (short).

tonelada : 0.9842064 ton (long).

tonelada : 1.1023112 tons (short).

tonelada de desplazamiento : 35 feet^3.

tonelada de registro : 100 feet^3.

tonelada/hectárea : 0.3983 ton (long)/acre.

tonelada/hectárea : 0.4459 ton (short)/acre.

tonelada/hora : 0.6125 pound/second.

tonelada/kilómetro : 1.5839 tons (long)/mile.

tonelada/kilómetro : 1.774 tons (short)/mile.

tonelada/metro^2 : 204.815 pounds/foot^2.

tonelada/metro^2 : 1.42233 pounds/inch^2.

tonelada/metro^3 : 62.4283 pounds/foot^3.

tonelada/metro : 0.036127 pound/inch^3.

tonelada-centímetro : 72.33 pounds-foot.

tonelada-kilómetro : 0.61156 ton (long)-mile.

tonelada-kilómetro : 0.68494 ton (short)-mile.

tonelada-kilómetro/litro : 2.78012 ton (long)-mule/gallon (England).

tonelada-metro : 7.233 pound-feet.

tonelada-metro : 3.229 ton (long)-feet.

tonelada-metro : 3.616 ton (short)-feet.

tonelada-metro^2 : 10.5938 ton (long)-feet^2.

tonelada-metro^2 : 11.8651 ton (short)-feet^2.

tonelámetro : 7.233 pound-feet.

tonelámetro : 3.299 ton (long)-foot.

tonelámetro : 3.616 ton (short)-foot.

voltio : 10^8 abvolts.

voltio/centímetro : 0.0084725 statvolt/inch.

voltio/centímetro : 2.54005 volts/inch.

voltio/milímetro : 25.40005 volts/inch.

voltio/milímetro : 0.2540005 volts/mil.

vatio : 3.41443 Btu/hour.

vatio : 0.73756 foot-pound/second.

vatio : 0.00134102 horsepower (mechanical).

vatio : 0.000101942 horsepower (boiler).

vatio : 0.00134048 horsepower (electrical).

vatio/centímetro^2 : 76,130.6 Btu/(day × foot^2).

vatio/centímetro^2 : 3,172.11 Btu/(hour × foot^2).

vatio/centímetro^2 : 41,113.1 foot-pound/(minute × foot^2).

vatio/centímetro^2 : 1.24585 horsepower/foot^2.

vatio/(centímetro^2 × °C) : 1761.1 Btu/(foot^3 × hour × °F).

vatio-centímetro/(centímetro^2 × °C) : 16,65.5 Btu-inch/(day × foot^2 × °F).

vatio-centímetro/(centímetro^2 × °C) : 693.814 Btu-inch/(hour × foot^2 × °F).

vatio-hora : 3.41443 Btu.

vatio-hora : 2,655.22 foot-pounds.

vatio-hora/gramo : 1,548.76 Btu/pound.

vatio-hora/gramo : 0.608277 horsepower-hour/pound.

vatio-hora/tonelada-kilómetro : 1.635 watt-hour/ton (long)-mile.

vatio-hora/tonelada-kilómetro : 1.46 watt-hour/ton (short)-mile.

vatio-segundo : 23.7303 foot-poundals.

vatio-segundo : 0.73756 foot-pound.

NUMERACION ESCRITA

En español se emplea la coma para separar la parte decimal y el punto para marcar los periodos de tres cifras (millare, millones, centenas de millones, etc.) En inglés es lo contrario. Hay que tener sumo cuidado en las traducciones para no cometer graves errores.

English	Inglés	0,534 0'534	18,401 18'401	1.788	3.458,172 3.458'172
Spanish	Español	0.534 .534	18.401	1,778	3,458.172

Equivalencia de las unidades de millón, billón, etc.

Nombre español y valor numérico	Nombre y valor numérico en	
	Estados Unidos	Inglaterra
Millón (10^6)	Million (10^6)	Million (10^6)
Billón (10^{12})	Billion (10^9)	Billion (10^{12})
Trillón (10^{18})	Trillion (10^{12})	Trillion (10^{18})
Cuatrillón (10^{24})	Quadrillion (10^{15})	Quadrillion (10^{24})
Quintillón (10^{30})	Quintillion (10^{18})	Quintillion (10^{30})
Sextillón (10^{36})	Sextillion (10^{21})	Sextillion (10^{36})
Septillón (10^{42})	Septillion (10^{24})	Septillion (10^{24})
Octillón (10^{48})	Octillion (10^{27})	Octillioin (10^{48})
Nonillón (10^{54})	Nonillion (10^{30})	Nonillion (10^{54})
Decillón (10^{60})	Decillion (10^{33})	Decillion (10^{60})
Undecillón (10^{66})	Undecillion (10^{36})	Undecillion (10^{66})
Duodecillón (10^{72})	Duodecillion (10^{39})	Duidecillon (10^{72})
Tredecillón (10^{78})	Tredecillion (10^{42})	Tredecillion (10^{78})
Cuatordecillón (10^{84})	Quattuordecillion (10^{45})	Quattuordecillion (10^{84})
Quindecillón (10^{90})	Quindecillion (10^{48})	Quindecillion (10^{90})
Sexdecillón (10^{96})	Sexdecillion (10^{51})	Sexdecillion (10^{96})
Septendecillón (10^{102})	Septendecillion (10^{54})	Septendecillion (10^{102})
Octodecillón (10^{108})	Octodecillion (10^{57})	Octodecillion (10^{108})
Novendecillón (10^{114})	Novemdecillion (10^{60})	Novemdecillion (10^{114})
Vigintillón (10^{120})	Vigintillion (10^{63})	Vigintillion (10^{120})

ESCALAS DE PLANOS

Escala 1/10 : 1 pulgada/0,000 1578 milla terrestre : 1 pie/0,00 18936 milla terrestre.

Ejemplos

Escala 1/5000 : 1 pulgada/(0,000 1578 × 500) milla terrestre : 1 pulgada/0,0789 milla terrestre : 1 pie/(0,00 18936 × 500) milla terrestre : 1 pie/0,9468 milla terrestre

Escala 1/1.000.000 : 1 pulgada/(0,000 1578 × 100 000) millas terrestres : 1 pulgada/15,78 millas terrestres : 1 pie/(0,00 18936 × 100 000) millas terrestres : 1 pie/189,36 millas terrestres

PENDIENTES

1 milímetros/metro : 1/1000 : 1 ‰ : 1 pulgada/83,33 pies : 0,012 pulgada/pie

Ejemplo

15 milímetros/metro : 15/1000 : 1,5% : (0,012 × 15) pulgada/pie : 0,18 pulgada/pie

CUADRO VII - Algunos datos sobre la Tierra

Una revolución en torno al Sol cada año	365 días, 5 horas, 48 minutos y 46 segundos
En un giro de rotación sobre su eje invierte	23 horas y 56 minutos
Velocidad alrededor del Sol	107 136 kilómetros/hora
Velocidad de un punto situado en el Ecuador	464 metros/segundo
Velocidad de un punto situado a los 30°	403 metros/segundo
Velocidad de un punto situado a los 60°	333 metros/segundo
La velocidad de un punto situado a los 90° es nula	
Distancia mínima al Sol	147 000 000 kilómetros
Distancia máxima al Sol	152 000 00 kilómetros
Distancia media al Sol	149 637 000 kilómetros
Edad de la Tierra	4 500 millones de años
Radio mayor (ecuatorial)	6 377,397 kilómetros
Radio menor (polar)	6 356,097 kilómetros
Diámetro mayor (ecuatorial)	12 754,794 kilómetros
Diámetro menor (polar)	12 712,158 kilómetros
Longitud o perímetro del Ecuador	40 070,368 kilómetros
Longitud de un meridiano	40 003,423 kilómetros
Superficie de las tierras	148 822 000 kilómetros cuadrados
Superficie de los mares	361 128 000 kilómetros cuadrados
Superficie de la Tierra	509 950 000 kilómetros cuadrados
Volumen de la Tierra	1 082 841 322 036 km cúbicos
Masa (peso) de la Tierra	5 981 815 041 680 000 toneladas
Densidad media de la Tierra	5,54
Aceleración de la gravedad normal:	*g* : 9,80665 metros por segundo al cuadrado : 32,1740 pies por segundo al cuadrado
Aceleración de la gravedad al grado 50 de latitud:	9,8105 metros por segundo
Altitud máxima terrestre	8 848 metros (monte Everest)
Depresión máxima terrestre	392 metros (playas del Mar Muerto)
Profundidad oceánica máxima	11 033 metros (fosa Challenger)

Atmósfera de la Tierra. 78 por 100 nitrógeno, 21 por oxígeno y 1 por 100 otros gases, con sólo trazas de hidrógeno y dióxido de carbono. No se sabe hasta qué distancia de la Tierra se extiende la atmósfera pero por lo menos llega a 1 600 km.

Zona o cinturón de Van Allen. Observando los vehículos espaciales el Dr. James A. Van Allen descubrió en 1958 dos zonas de intensa radiación, una interna y la otra externa, que circundan la Tierra, y comprendidas a ±30° de latitud, y a una altitud establecida entre los 1.000 y 6.000 km.

Calor terrestre. La temperatura de la Tierra aumenta 1 °C 33 m de profundidad. Alcanza el punto de ebullición del agua a 3,3 km y es de 1 200 °C a 50 km. Se calcula que el centro de la Tierra se encuentra a 5 000 °C.

Año-luz: Redondeando cifras, un año-luz equivale aproximadamente a diez billones de kilómetros.

CUADRO VIII - Datos numéricos planetarios.

Orden de distancia desde el Sol	Mercurio	Venus	Tierra	Marte	Júpiter	Saturno	Urano	Neptuno	Plutón
Masa (Tierra : 1)	0,06	0,81	1	0,11	318	95	14,5	17,3	0,2
Densidad (Tierra : 1)	0,99	0,95	1	0,71	0,24	0,12	0,3	0,3	1,4
Periodo de revolución (en años Tierra).	0,24	0,61	1	1,88	11,86	29,46	84	164	274
Distancia media del Sol (distancia de la Tierra : 1).	0,39	0,72	1	1,52	5,20	9,52	19,2	30	39,04
Número de satélites.	0	0	1	2	12	10	5	2	0

CUADRO IX - Canales de televisión en UHF, según norma CCIR.
UHF TV Channels - CCIR

Canal Frecuencia Frequency	Ancho banda (MHz) Bandwidth	Portadora imagen (MHz) Video carrier	Portadora sonido (MHz) Sound carrier	Oscilador (MHz) Oscillator
21	470...477	471,25	476,75	510,15
22	478...485	479,25	484,75	518,15
23	486...493	487,25	492,75	526,15
24	494...501	495,25	500,75	534,15
25	502...509	503,25	508,75	542,15
26	510...517	511,25	516,75	550,15
27	518...525	519,25	524,75	558,15
28	526...533	527,25	532,75	566,15
29	534...541	535,25	540,75	574,15
30	542...549	543,25	548,75	582,15
31	550...557	551,25	556,75	590,15
32	558...565	559,25	564,75	598,15
33	566...573	567,25	572,75	606,15
34	574...581	575,25	580,75	614,15
35	582...589	583,25	588,75	622,15
36	590...597	591,25	596,75	630,15
37	598...605	599,25	604,75	638,15
38	606...613	607,25	612,75	646,15
39	614...621	615,25	620,75	654,15
40	622...629	623,25	628,75	662,15
41	630...637	631,25	636,75	670,15
42	638...645	639,25	644,75	678,15
43	646...653	647,25	652,75	686,15
44	654...661	655,25	660,75	694,15
45	662...669	663,25	668,75	702,15
46	670...677	671,25	676,75	710,15
47	678...685	679,25	684,75	718,15
48	686...693	687,25	692,75	726,15
49	694...701	695,25	700,75	734,15
50	702...709	703,25	708,75	742,15
51	710...717	711,25	716,75	750,15
52	718...725	719,25	724,75	758,15
53	726...733	727,25	732,75	766,15
54	734...741	735,25	740,75	774,15
55	742...749	743,25	748,75	782,15
56	750...757	751,25	756,75	790,15
57	758...765	759,25	764,75	798,15
58	766...773	767,25	772,75	806,15
59	774...781	775,25	780,75	814,15
60	782...789	783,25	788,75	822,15
61	790...797	791,25	796,75	830,15
62	798...805	799,25	804,75	838,15
63	806...813	807,25	812,75	846,15
64	814...821	815,25	820,75	854,15
65	822...829	823,25	828,75	862,15
66	830...837	831,25	836,75	870,15
67	838...845	839,25	844,75	878,15
68	846...853	847,25	852,75	886,15

megahercios (MHz)

CUADRO X - Satélites, investigación espacial y Astronomía

Bandas de frecuencia	Asignación
1700-1710 MHz	Investigación espacial (telemedida y seguimiento) (compartida).
1770-1790 MHz	Satélites meteorológicos (compartida).
2290-2300 MHz	Investigación espacial (telemedida y seguimiento en el espacio distante) (compartida). Vehículos tripulados.
2690-2700 MHz	Radioastronomía (reservada).
*3400-4200 MHz	Satélites de telecomunicación (satélite hacia la Tierra) (compartida).
4400-4700 MHz	Satélites de telecomunicación (satélite hacia la Tierra) (compartida).
4990-5000 MHz	Radioastronomía (compartida en ciertas zonas).
5250-5255 MHz	Investigación espacial (compartida).
5670-5725 MHz	Investigación espacial (espacio distante) (compartida).
5725-5850 MHz	Satélites de telecomunicación (Tierra hacia satélite) (compartida).
5850-5925 MHz	Satélites de telecomunicación (Tierra hacia satélite) (compartida).
*5925-6425 MHz	Satélites de telecomunicación (Tierra hacia satélite) (compartida).
7250-7300 MHz	Satélites de telecomunicación (satélite hacia la Tierra) (compartida).
7300-7750 MHz	Satélites de telecomunicación (compartida).
7900-7975 MHz	Satélites de telecomunicación (Tierra hacia satélite) (compartida).
7975-8025 MHz	Satélites de telecomunicación (Tierra hacia satélite) (compartida).
8025-8400 MHz	Satélites de telecomunicación (Tierra hacia satélite) (compartida).
8400-8500 MHz	Investigación espacial (compartida).

*Bandas comerciales compartidas con sistemas terrestres.

Ultraacústica (Ultrasonics)

La ultraacústica es la energía acústica en el margen de frecuencias superior al del oído humano. Convencionalmente la energía ultraacústica industrial se procura para una frecuencia de 16 kHz/seg o superior.

CUADRO XI - Márgenes de frecuencias característicos para algunas aplicaciones ultraacústicas.

Aplicaciones	Margen medio de frecuencia
Límite superior al oído humano	16 kHz/seg
Trabajo de metal ultraacústico y soldadura	16-25 kHz/seg
Limpieza ultraacústica	20-40 kHz/seg
Desespumación y desgasificación	3-30 kHz/seg
Sistemas de control	16-45 kHz/seg
Pruebas no destructivas	1-10 MHz/seg

PESOS Y MEDIDAS COMUNES EN PAISES DE LATINOAMERICA

CUSTOMARY WEIGHTS AND MEASURES IN LATINAMERICAN COUNTRIES

ARGENTINA

adarme : 1,7945 gramos.
arroga : 11,485 kilogramos.
barril : 76 litros.
braza : 1,7332 metros.
cuadra : 130 metros.
cuarta : 0,59375 litro.
cuarter : 114 litros.
fanega : 137,1977 litros.
frasco : 2,375 litros.
grano : 0,049848 gramo.
lastre : 2,058 litros.
legua : 5.200 metros.
libra : 459,4 gramos.
libra de farmacia : 344.5 gramos.
línea : 2,066 milímetros.
octava : 0,14844 litro.
onza : 28,7125 gramos.
pie : 0,28887 metro.
pipa : 456 litros.
pulgada : 24,072 milímetros.
quintal : 45,94 kilogramos.
tonelada (áridos) : 1028,983 litros.
tonelada : 918,8 kilogramos.
vara : 0,8666 metro.
vara^2 : 0,75 metro^2.

BRASIL

almeida : 31,95 litros.
alqueire : 50 kilogramos.
alqueire mineiro (Estados de Minas Geraes, Espirito Santo, Goíaz y Río de Janeiro) : 484 áreas.
alqueire paulista (Estados de Sao Paulo, Paraná, Santa Catharina, Río Grande do Sul y Matto Grosso) : 242 áreas.
alqueire (Estados de Bahía, Goías, Paraná, Río de Janeiro, Río Grande do Sul y Santa Catharina) : 40 litros.
alqueire (Estados de Amazonas, Espirito Santo, Maranhao, Matto Grosso, Minas Geraes, Paraná, Piaui y Sao Paulo) : 50 litros.
alqueire (Estado de Bahía) : 80 litros.
alqueire (Estado de Ceara y Goías) : 128 litros.
alqueire (Estado de Río Grande do Norte) : 160 litros.
arratel : 0,45905 kilogramo.
arroba : 14,69 kilogramos.
arroba (métrica) : 15 kilogramos.
braça : 2.2 metros.
canada : 2.75 litros.
covado : 0,685 metro.
cuarta : 0,371 hectárea.
fanga : 145 litros.
garrafa : 0,666 litro.
legoa : 6,6 kilómetros.
libra : 459,05 gramos.
mil covas : 3,025 metros^2.
milha : 1.995 metros.
moio : 21,76 hectolitros.
oitava : 3,586 gramos.
onça : 28,688 gramos.
palmo : 22 centímetros.
passo : 1,65 metros.
pe : 0,33 metro.
pipa : 479,16 litros.
pollegada : 2,75 centímetros.
quadra de sesmaria Estado de Río Grande do Sul) : 8.712 áreas.
quadra gaucha (Estados de Maranhao Y Piaui) : 174,24 áreas.
quadra paraibana (Estados de Bahía, Goíaz, Minas Geraes, Ceara y Pernambuco) : 121 áreas.
quartilho : 0,69 litro.
quarto : 9,7 litros.
quilate : 195 miligramos.
quintal : 58,76 kilogramos.
sacco (café) : 60 kilogramos.
tarefa bahiana (Estados de Bahía, Goíaz, Minas Geraes, Ceara y Pernambuco) : 4.356 metros^2.
tarefa cearense (Estado de Ceara) : 3.630 metros^2.
tarefa gaucha (Estado de Río Grande do Sul) : 968 metros^2.
tarefa nordestina (Estados de Sergype, Alagoas y Río Grande do Norte) : 3.025 metros^2.
tonel : 958,3 litros.
tonelada : 793,25 kilogramos.
vara : 1,1 metros.

COLOMBIA

arroba (capacidad) : 16,14 litros.
arroba (masa) : 12,5 kilogramos.
azumbre : 2,02 litros.
braza : 1,60 metros.
carga : 125 kilogramos.
celemín : 4,625 litros.
fanegada : 0,64 hectárea.
fanga : 55,5 litros.
libra : 0,50 kilogramo.
onza : 31,25 gramos.
quilate : 200 miligramos.
quintal : 50 kilogramos.

saco : 62,5 kilogramos.
saco (café) : 70 kilogramos.
vara : 0,80 metro.

COSTA RICA

arroba (capacidad) : 16,6 litros.
arrobe : 35,21 litros.
braza : 1,672 metros.
caballería : 45,25 hectáreas.
cafa : 16 kilogramos.
cazuela : 16,6 litros.
fanega : 400 litros.
libra : 0,46 kilogramo.
quintal : 46 kilogramos.
saco (café) : 69 kilogramos.
vara : 0,836 metro.

CUBA

bocoy : 6,62 hectolitros.
caballería : 13,4202 hectáreas.
fanega : 105,75 litros.
libra : 0,46 kilogramo.
quintal : 46 kilogramos.
saco (café) : 90 kilogramos.
tercio (tabaco) : 50,55 kilogramos.
vara : 0,848 metro.

CHILE

almud : 8,083 litros.
arroba : 11,502 kilogramos.
arrobe : 35,21 litros.
braza : 1,672 metros.
cuadra : 125,5 metros.
cuadra² : 1,572 hectáreas.
fanega : 96,996 litros.
fanga : 96,996 litros.
galón : 4,54 litros.
grano : 0,05 gramo.
legua : 4,51 kilómetros.
libra : 460,093 gramos.
línea : 1,93 milímetros.
onza : 28,75581 gramos.
pinta : 0,56 litro.
quintal : 46,0093 kilogramos.
vara : 0,836 metro.
vara³ : 0,58427 metro³.

ECUADOR

arroba (capacidad líquidos) : 16,14 litros.
fanga (capacidad áridos) : 55,5 litros.
libra : 0,46 kilogramo.
pie : 0,3048 metro.
quintal : 46 kilogramos.
vara : 0,8359 metro.

EL SALVADOR

botella : 0,73 litro.
braza : 1.672 metros.
cafa : 16 kilogramos.
cazuela : 16,6 litros.
fanega : 55,5 litros.
libra : 0,45378 kilogramo.
quintal : 45,378 kilogramos.
vara : 0,836 metro.

GUATEMALA

arroba (capacidad) : 16,14 litros.
arroba (masa) : 11,5 kilogramos.
braza : 1,672 metros.
caballería : 45,13 hectáreas.
cafa : 16 kilogramos.
cuarta : 0,209 metro.
fanga : 55,5 litros.
legua : 4,825 kilómetros.
libra : 0,46 kilogramo.
manzana : 69,9 áreas.
quintal : 46 kilogramos.
saco (café) : 69 kilogramos.
tonelada : 920 kilogramos.
vara : 0,836 metro.
vara² : 0,699 área.

HONDURAS

arroba (capacidad) : 16,6 litros.
arroba (masa) : 11,5 kilogramos.
cafa : 16 kilogramos.
cazuela : 16,6 litros.
fanga : 55,5 litros.
libra : 0,46 kilogramo.
manzana : 69,9 áreas.
mecate : 20 metros.
milla : 1,85 kilómetros.
quintal : 46 kilogramos.
tonelada : 907,185 kilogramos.
vara : 0,836 metro.
vara² : 0,699 área.

MEXICO

adarme : 1,798 gramos.
arroba : 11,50616 kilogramos.
barril : 74,9 litros.
cántaro : 11,50616 kilogramos.
carga (capacidad) : 1,816 hectolitros.
carga (masa) : 140 kilogramos.
cuarterón : 24,9 litros.
cuartillo (capacidad áridos) : 1,8918 litros.
cuartillo (capacidad líquidos) : 0,456262 litro.
cuartillo (aceite) : 09,506162 litro.
fanega : 90,82 litros.
jarra : 8,215 litros.
legua : 4,179 kilómetros.
libra : 0,460246 kilogramo.

marco : 230,123 gramos.
ochava : 3,596 gramos.
onza : 28,765 gramos.
pie : 278,6 milímetros.
pulgada : 23,3 milímetros.
quintal : 46,024634 kilogramos.

NICARAGUA

arroba : 11,5 kilogramos.
cafa : 16 kilogramos.
cahiz : 607,6 litros.
cazuela : 16,6 litros.
libra : 0,46 kilogramo.
manzana : 70,5 áreas.
milla : 1,866 kilómetros.
quintal : 46 kilogramos.
tonelada : 920.19 kilogramos.
vara : 0,836 metro.

PARAGUAY

arroba : 11,48 kilogramos.
cuadra : 86,6 metros.
cuadra² : 0,75 hectárea.
cuarta : 0,757 litro.
fanega : 288 litros.
legua : 4,33 kilómetros.
legua² : 1.875 hectáreas.
libra : 0,459 kilogramo.
pie : 0,2855 metro.
quintal : 45.94 kilogramos.
vara : 0,866 metro.
vara² : 0,75 metro².

PERU

arroba (capacidad líquidos) : 12,563 litros.
braza : 1,672 metros.
celemín (granos) : 4,625 litros.
fanega : 55,5 litros.
fanegada : 389,475 áreas.
libra : 0,46 kilogramo.
onza : 28,69 gramos.
quintal : 46 kilogramos.
topo : 27,06 áreas.
vara : 0,836 metro.

URUGUAY

cuadra : 85,9 metros.
cuadra² : 0,737881 hectárea.
libra : 0,4594 kilogramo.
quintal : 45,94 kilogramos.
vara : 0,859 metro.
vara² : 0,737881 metro².

VENEZUELA

arroba : 11,455 kilogramos.
fanega : 55,5 litros.
fanegada : 0,699 hectárea.
legua : 5,575 kilómetros.
libra : 0,459 kilogramo.
libra (métrica) : 1 kilogramo.
milla : 1.858 metros.
onza : 28,69 gramos.
vara : 0,836 metro.

SECTION A

ACRONYMS OF ORGANIZATIONS AND AGENCIES RELATED TO SATELLITE COMMUNICATIONS

SECCION A

SIGLAS DE ORGANIZACIONES, ENTIDADES, COMPAÑIAS Y AGENCIAS RELACIONADAS CON LAS TELECOMUNICACIONES POR SATELITE

SECTION A

ACRONYMS OF ORGANIZATIONS, ENTITIES, CORPORATIONS AND AGENCIES RELATED TO SATELLITE COMMUNICATIONS

SECCION A

SIGLAS DE ORGANIZACIONES ENTIDADES, COMPAÑIAS Y AGENCIAS RELACIONADAS CON LAS TELECOMUNICACIONES POR SATELITE

Asian Broadcasting Union	**ABU**	Unión de radiodifusión Asia-Pacífico
American Institute of Electrical Engineers	**AIEE**	Instituto Norteamericano de Ingenieros Electricistas
Radio Amateur Satellite Corp.	**AMSAT**	Compañía de satélites para radioaficionadas
American National Standards Institute	**ANSI**	Instituto Nacional Norteamericano de Normas
....	**ANTEL**	Administración Nacional de Telecomunicaciones (El Salvador)
....	**ANTELCO**	Administración Nacional de Telecomunicaciones (Paraguay)
Atlantic Ocean Ship (NASCOM)	**AOS**	Barco del Océano Atlántico (NASCOM)
African Postal and Telecommunications Union	**APTU**	Unión Africana de Correos y Telecomunicaciones
Saudi Arabian Communications Satellite	**ARABSAT**	Satélite de Comunicaciones de Arabia Saudita
Arab League Communications Satellite	**ARCOMSAT**	Satélite de Telecomunicaciones de la Liga Arabe
American Radio Relay League	**ARRL**	....
Arab Regional Telecommunications Institute	**ARTI**	Instituto Regional Arabe de Telecomunicaciones
American Standards Association	**ASA**	Asociación Norteamericana de Normas
Arab States Broadcasting Union	**ASBU**	Unión de Radiodifusión de los Estados Arabes
Air Transport Association of America	**ATAA**	Asociación Norteamericana de Transportes Aéreos
Aeronautical Telecommunications Agency	**ATA**	Organismo de Telecomunicaciones Aeronáuticas (OTA)
American Telephone & Telegraph Company	**AT&T**	....
Arab Telecommunication Union	**ATU**	Unión Arabe de Telecomunicaciones

Arab Republic of Egypt Telecommunications Organization	**ARENTO**	Organización de Telecomunicaciones de la República Arabe de Egipto
....	**ASETA**	Asociación de Empresas Estatales del Acuerdo Subregional Andino
British Broadcasting Corporation	**BBC**	....
IDB	**BID**	Banco Interamericano de Desarrollo
International Time Bureau	**BIH**	Oficina Internacional de la Hora
International Bureau of Weights and Measures	**BIPM**	Oficina Internacional de Pesos y Medidas
IBRD	**BIRF**	Banco Internacional de Reconstrucción y Fomento
British Telecommunications (British Post Office)	**BPO**	....
British Standards Institution	**BSI**	Institución Británica de normas
Bell Telephone Laboratories	**BTL**	....
....	**CANTV**	Compañía Anónima Nacional de Teléfonos de Venezuela
Commission for Atmospheric Sciences	**CAS**	Comisión de Ciencias Atmosféricas
Canadian Broadcasting Corporation	**CBC**	....
Columbia Broadcasting System	**CBS**	....
International Consultative Committee	**CCI**	Comité Consultivo Internacional (CCI)
International Radio Consultative Committee	**CCIR**	Comité Consultivo Internacional de Radiocomunicaciones (CCIR)
International Telegraph Consultative Committee	**CCIT**	Comité Consultivo Internacional Telegráfico (CCIT)
International Telegraph and Telephone Consultative Committee	**CCITT**	Comité Consultivo Internacional Telegráfico y Telefónico (CCITT)
Coordinating Committee on Satellite Communications	**CCTS**	Comité de Coordinación de Telecomunicaciones por Satélite (CCTS)
European Economic Community	**CEE**	Comunidad Económica Europea (CEE)
Canadian Electrical Manufacturers Association	**CEMA**	Asociación canadiense de fabricantes de productos eléctricos
European Conference on Posts & Telecommunications	**CEPT**	Conferencia Europea de Administraciones de Correos y Telecomunicaciones
Canadian Engineering Standards Association	**CESA**	Asociación canadiense de normas industriales
European Conference on Satellite Communications	**CETS**	Conferencia Europea sobre Comunicaciones por Satélite
General Conference of Weights and Measures	**CGPM**	Conferencia general de pesos y medidas
French-German Consortium for Symphony Program	**CIFAS**	Consorcio franco-alemán para el programa "symphonie"

International Conference on Large Electric Systems	**CIGRE**	Conferencia internacional de grandes redes eléctricas
International Marine Radio Association	**CIRM**	Comité Internacional Radiomarítimo
International Special Committee on Radio Interference	**CISPR**	Comité internacional especial de pertubaciones radioeléctricas
Inter-American Telecommunications Conference	**CITEL**	Conferencia Interamericana de Telecomunicaciones
Joint Committee on Circuit Noise and Availability	**CMBD**	Comisión mixta para el ruido de circuito y la disponibilidad
Joint International Committee for Tests Relating to the Protection of Telecommunication Lines and Underground Ducts	**CMI**	....
....	**CNES**	Centro Nacional de Estudios Espaciales (Francia)
....	**CNET**	Centro Nacional de Estudios de las Telecomunicaciones (Francia)
....	**CNIE**	Comisión Nacional de Investigación del Espacio (España)
Communications Satellite Corporation (USA)	**COMSAT**	....
....	**COMTELCA**	Comisión Técnica de Telecomunicaciones de Centroamérica
Committee on the Peaceful Uses of Outer Space	**COPUOS**	Comisión sobre la utilización del espacio ultraterrestre con fines pacíficos
European Multinational Industrial Consortium	**COSMOS**	Consorcio Industrial Multinacional Europeo
Committee on Space Research	**COSPAR**	Comité de investigaciones espaciales
Canadian Overseas Telecommunication Corporation	**COTC**	....
Committee for Programme and Coordination of ECOSOC	**CPC**	Comité del Programa y de la Coordinación del ECOSOC (CPC)
Consultative Panel on Public Information (UN)	**CPPI**	Comisión consultiva de información pública
Communications Research Center (Canada)	**CRC**	....
Central Radio Propagation Laboratory (USA)	**CRPL**	....
....	**CSELT**	Centro de Estudios y Laboratorio de Telecomunicaciones
Commission for Synoptic Meteorology	**CSM**	Comisión de meteorología sinóptica
....	**CTNE**	Compañía Telefónica Nacional de España
Cable and Wireless, Ltd.	**C&W**	....

Defense Communications Agency (USA)	**DCA**	Organismo de telecomunicaciones del Dpto. de Defensa (EE.UU.)
Department of Communications (Canada)	**DOC**	Departamento de Comunicaciones (Canadá)
Department of Defense (USA)	**DOD**	Departamento de Defensa (EE.UU.)
Department of Scientific and Industrial Research (UK)	**DSIR**	Departamento de investigación científica e industrial (RU)
East Africa Common Services Organization	**EACSO**	Organización de Servicios Comunes de Africa Oriental
European Broadcasting Union	**EBU**	Unión Europea de Radiodifusión
Economic Commission for Africa	**ECA**	Comisión Económica para Africa
Economic Commission for Europe	**ECE**	Comisión Económica para Europa
Economic Commission for Latin America	**ECLA**	Comisión Económica para América Latina
European Computer Manufacturers Association	**ECMA**	Asociación de Constructores Europeos de Computadores Electrónicos
European Regional Communications Satellite System	**ECS**	Sistema Regional Europeo de Comunicaciones por Sateílite
European Free Trade Association	**EFTA**	Asociación Europea de Libre Intercambio
Electronic Industries Association (US)	**EIA**	Asociación de industrias de electrónica
European Launcher Development Organization	**ELDO**	Organización europea para desarrollo de lanzadores
....	**EMBRATEL**	Empresa Brasileira de Telecomunicacões
....	**ENTEL**	Empresa Nacional de Telecomunicaciones (Argentina)
....	**ENTEL**	Empresa Nacional de Telecomunicaciones (Boliva)
....	**ENTEL**	Empresa Nacional de Telecomunicaciones (Chile)
....	**EPTEL**	Empresa Pública de Telecomunicacões (Angola)
Energy and Development Administration (USA)	**ERDA**	....
European Space Agency	**ESA**	Agencia Espacial Europea
European Space Conference	**ESC**	Conferencia Espacial Europea
European Space Operations Centre	**ESOC**	Centro Europeo de Operaciones Espaciales
European Space Research Organization	**ESRO**	Organización Europea de Investigaciones Espaciales
European Space Research & Technology Centre	**ESTEC**	Centro Europeo de Investigación y Tecnología Espacial
Eastern Test Range (NASA)	**ETR**	Polígono de pruebas oriental (NASA)
European Organization for Safety of Air Navigation	**EUROCONTROL**	Organización Europea para Seguridad de la Navegación Aérea

European Public Network (Data)	**EURONET**	Red Pública Europea (para transmisión de datos)
Organization to Implement a European System of Telecommunications and Television by Satellite	**EUROSAT**	Organización encargada de establecer un sistema europeo de telecomunicaciones y televisión por satélite
European Industrial Space Study Group	**EUROSPACE**	Agrupación industrial europea de estudios espaciales
European & Mediterranean TV Services	**EUROVISION**	Red europea y mediterránea de televisión
European Telecommunications Satellite Organization	**EUTELSAT**	Organización europea provisional de telecomunicaciones por satélite
Federal Aviation Administration (USA)	**FAA**	Administración Federal de Aviación (EE.UU.)
Ford Aerospace & Communications Corporation (USA)	**FACC**	....
Federal Communications Commission (USA)	**FCC**	Comisión Federal de Comunicaciones (EE.UU.)
International Federation of Newspaper Publishers	**FIEG**	Federación Internacional de Editores de Periódicos y Publicaciones
U.S. Navy Communications System	**FLTSATCOM**	....
Global Atmospheric Research Programme	**GARP**	Programa de investigación global de la atmósfera
Special Autonomous Study Group	**GAS**	Grupo Autónomo Especializado (del CCITT)
General Agreement on Tariffs and Trade	**GATT**	Acuerdo general sobre aranceles aduaneros y comercio
Global Data Processing System	**GDPS**	Sistema mundial de preparación de datos
Space Geodesy Research Group	**GRGS**	Grupo de investigación de geodesia espacial
Goddard Space Flight Center (USA)	**GSFC**	Centro de vuelos espaciales Goddard (EE.UU.)
Global Telecommunication System	**GTS**	Sistema mundial de telecomunicación
....	**GUATEL**	Empresa Guatemalteca de Telecomunicaciones
Hughes Aircraft Corporation (USA)	**HAC**	....
....	**HONDUTEL**	Empresa Hondureña de Telecomunicaciones
Inter-America Association of Broadcasting	**IAAB**	Asociación Interamericana de Radiodifusión

International Atomic Energy Agency	**IAEA**	Organismo Internacional de Energía Atómica
International Astronautical Federation	**IAF**	Federación Astronáutica Internacional
International Association of Geomagnetism and Aeronomy	**IAGA**	Asociación Internacional de Geomagnetismo y Aeronomía
International Association of Lighthouse Authorities	**IALA**	Asociación Internacional de Faros y Balizas
International Association of Meteorology and Atmospheric Physics	**IAMAP**	Asociación Internacional de Meteorología y Física Atmosférica
International Amateur Radio Union	**IARU**	Unión Internacional de Radioficionados
International Air Transport Association	**IATA**	Asociación del Transporte Aéreo Internacional
International Astronomical Union	**IAU**	Unión Astronómica Internacional
Independent Broadcasting Authority (UK)	**IBA**	....
International Broadcast Institute	**IBI**	Instituto Internacional de Radiodifusión
International Business Machines (U.S.A.)	**IBM**	....
International Bank for Reconstruction and Development	**IBRD**	BIRF
International Broadcasting and Television Organization	**IBTO**	Organización Internacional de Radiodifusión y Televisión
International Civil Aviation Organization	**ICAO**	OACI
International Chamber of Commerce	**ICC**	Cámara de Comercio Internacional
International Commission on Illumination	**ICI**	Comisión Internacional del Alumbrado
International Criminal Police Organization (Interpol)	**ICPO**	Organización Internacional de Policía Criminal
International Commission on Radiological Protection	**ICRP**	Comisión Internacional de Protección Contra las Radiaciones
International Chamber of Shipping	**ICS**	Cámara Naviera Internacional
International Civil Service Advisory Board	**ICSAB**	Junta Consultiva de Administración Pública Internacional
International Convention for the Safety of Life at Sea	**ICSLS**	Convenio Internacional sobre la Seguridad Humana en el Mar
International Council of Scientific Unions	**ICSU**	Consejo Internacional de Uniones Científicas
International Development Association	**IDA**	Asociación Internacional de Fomento
Inter-American Development Bank	**IDB**	Banco Interamericano de Desarrollo
International Energy Agency	**IEA**	Organización Internacional de Energía
International Electrotechnical Commission	**IEC**	Comisión Electrotécnica Internacional
Institution of Electrical Engineers	**IEE**	....

Institute of Electrical and Electronics Engineers	**IEEE**	....
Instutution of Electronics and Radio Engineers	**IERE**	....
....	**IETEL**	Instituto Ecuatoriano de Telecomunicaciones
International Federation for Documentation	**IFD**	Federación Internacional de Documentación
International Federation for Information Processing	**IFIP**	Federación Internacional de Tratamiento de la Información
International Frequency List (List I)	**IFL**	Lista internacional de frecuencias (Lista I)
International Frequency Registration Board	**IFRB**	Junta internacional de registro de frecuencias
International Film and Television Council	**IFTC**	Consejo Internacional del Cine y de la Televisión
International Gas Union	**IGU**	Unión Internacional de la Industria del Gas
International Geophysical Year	**IGY**	Año geofísico internacional
International Institute of Space Law	**IISL**	Instituto Internacional de Derecho Espacial
International Institute of Welding	**IIW**	Instituto Internacional de la Soldadura
Inter-Governmental Maritime Consultative Organization	**IMCO**	Organización Consultiva Marítima Intergubernamental (OCMI)
Ionospheric Network Advisory Group	**INAG**	Grupo consultivo para la red ionosférica
....	**INCATEL**	Instituto Centroamericano de Telecomunicaciones
International Maritime Satellite Telecommunications Organization	**INMARSAT**	Organización Internacional de Telecomunicaciones Marítimas por Satélite
....	**INSTEL**	Instituto Nacional de Telecomunicaciones (Bolivia)
....	**INTELCAM**	Societé des Telecommunications Internationales (Camerún)
....	**INTELCI**	Societé des Telecommunications Internationales de Côte D'Ivoire
....	**INTELCO**	Office des Telecommunications Internationales du Congo
International Telecommunications Satellite Organization	**INTELSAT**	Organización Internacional de Telecomunicaciones por Satélite
....	**INTERCOMSA**	Intercontinental de Comunicaciones por Satélites, S.A. (Panamá)
International Space Telecommunications Organization (USSR)	**INTERSPUTNIK**	Organización internacional de telecomunicaciones por Satélite (URSS)
Inter-Organization Board for Information Systems and Related Activities	**IOB**	Junta interorganizacional para sistemas de información y actividades conexas

Intergovernmental Oceanographic Commission	**IOC**	Comisión Oceanográfica Intergubernamental
Indian Ocean Ship (NASCOM)	**IOS**	Barco del Océano Indico (NASCOM)
International Press Telecommunications Council	**IPTC**	Consejo Internacional de Tele comunicaciones de Prensa
International Polar Year	**IPY**	Año Polar Internacional
International Quiet Sun Year	**IQSY**	Año Internacional de Actividad Solar Mínima
Institute of Radio Engineers	**IRE**	Instituto de ingenieros de radio
Institute of Space and Aeronautical Science (Japan)	**ISAS**	Instituto de ciencias espaciales y aeronáuticas (Japón)
International Service Coordination Centre	**ISCC**	Centro de Coordinación del Servicio Internacional
International Shipping Federation	**ISF**	Federación Naviera Internacional
International Switching Maintenance Centre	**ISMC**	Centro Internacional de Mantenencia de la Conmutación
International Organization for Standardization	**ISO**	Organización internacional de normalización
Indian Space Research Organization	**ISRO**	....
Independent Television Authority (UK)	**ITA**	Autoridad autónoma de televisión
Inter-American Telecommunications Network	**ITC**	Red Interamericana de Telecomunicaciones (RIT)
International Teletraffic Congress	**ITC**	Congreso Internacional de Teletráfico
Technological Institute for Electronics and Telecommunications (Colombia)	**ITC**	Instituto Tecnológico de Electrónica y Comunicaciones (Colombia)
Instructional Television Fixed Service (USA)	**ITFS**	Servicio fijo de televisión educativa (EE.UU.)
International Transmission Maintenance Centre	**ITMC**	Centro Internacional de Mantenencia de la Transmisión
Institute of Telecommunication Sciences (USA)	**ITS**	Instituto de ciencias de telecomunicaciones (EE.UU.)
International Telephone & Telegraph Corp. (USA)	**ITT**	....
International Telecommunication Union	**ITU**	UIT
Inter-Union Commission of Allocation of Frequencies for Radio Astronomy and Space Science	**IUCAF**	Comité interuniones para la atribución de frecuencias a la radioastronomía y la ciencia espacial
International Union of Geodesy and Geophysics	**IUGG**	Unión Internacional de Geodesia y Geofísica
International Union of Pure and Applied Physics	**IUPAP**	Unión Internacional de Física Pura y Aplicada
International Union of Railways	**IUR**	Unión Internacional de Ferrocarriles
International Ursigram and World Days Service	**IUWDS**	Servicio Internacional de Ursigramas y Días Mundiales

Jamaica International Telecommunication Union	**JAMINTEL**	....
Jet Propulsion Laboratories (U.S.A.)	**JPL**	....
Kokusai Denshin Denwa Co., Ltd. (Japan)	**KDD**	....
Kenya External Telecommunications Co., Ltd.	**KENEXTELCOMS**	....
....	**LAS**	Laboratorio de Astronomía Espacial
Lockheed Electronics Company (U.S.A.)	**LEC**	....
Lockheed Missiles and Space Corporation (U.S.A.)	**LMSC**	....
Medium Data Utilization Station (Australia)	**MDUS**	Estación media de utilización de datos (Australia)
Master International Frequency Register	**MIFR**	Registro Internacional de Frecuencias
North American Aerodynamic Laboratory	**NAAL**	....
National Association of Manuacturers (USA)	**NAM**	Asociación nacional de fabricantes (EE.UU.)
National Academy of Sciences (USA)	**NAS**	Academia nacional de ciencias (EE.UU.)
National Aeronautics and Space Administration (USA)	**NASA**	Administración nacional de aeronáutica y del espacio (EE.UU.)
NASA Communications Network	**NASCOM**	Red de telecomunicaciones de la NASA
National Space Development Agency (Japan)	**NASDA**	Agencia para el desarrollo del espacio nacional (Japón)
North Atlantic Treaty Organization	**NATO**	OTAN
Satellite Navigation Corporation	**NAVSAT**	....
National Broadcasting Corporation USA)	**NBC**	....
National Bureau of Standards (USA)	**NBS**	....
Nippon Electric Co. (Japan)	**NEC**	....
National Environmental Satellite Centre (USA)	**NESC**	....
National Environmental Satellite Service (USA)	**NESS**	....

Nigerian External Telecommunications Ltd.	**NET**	....
Nippon Hoso Kyokai/Japan Broadcasting Corporation	**NHK**	Corporación japonesa de radiodifusión (Nippon Hoso Kyokai)
....	**NICATELSAT**	Compañía Nicaragüense de Telecomunicaciones por Satélite
National Fire Prevention Association (USA)	**NFPA**	Asociación nacional para la prevención de incendios (EE.UU.)
National Meteorological Center (USA)	**NMC**	Centro meteorológico nacional (EE.UU.)
National Oceanic and Atmospheric Administration (USA)	**NOAA**	Administración nacional océanica y atmosférica (EE.UU.)
North American Air Defense Command (USA)	**NORAD**	....
Scandinavian Countries Broadcast Satellite	**NORDSAT**	Satélite de radiodifusión de los Países Escandinavos
National Physical Laboratory (UK)	**NPL**	Laboratorio nacional de física (RU)
National Research Council (Canada)	**NRC**	Consejo nacional de investigación (Canadá)
National Standards Association (USA)	**NSA**	Asociación nacional de normas (EE.UU.)
National Space Development Agency (Japan)	**NSDA**	....
National Science Foundation (USA)	**NSF**	Fundación nacional de ciencias (EE.UU.)
National Space Science Data Center (USA)	**NSSDC**	Centro nacional de datos sobre ciencia espacial (EE.UU.)
National Space Technology Laboratory (USA)	**NSTL**	Laboratorio nacional de tecnología espacial (EE.UU.)
Network Transmission Committee (VITEAC)	**NTC**	Comisión nacional sobre redes de transmisión (Video)
National Telecommunications Information Administration (USA)	**NTIA**	....
National Television Systems Committee	**NTSC**	Sistema NTSC (Comité nacional de sistemas de televisión)
Nippon Telegraph and Telephone Public Corporation (Japan)	**NTT**	Compañía pública de telégrafos y teléfonos del Japón
ICAO	**OACI**	Organización de Aviación Civil Internacional
Organization of American States	**OAS**	OEA
Organization of African Unity	**OAU**	Organización de la unidad africana
OAS	**OEA**	Organización de Estados Americanos
Organization of Senegal Riparian States	**OERS**	Organización de estados ribereños del río Senegal
International Radio & Television Organization	**OIRT**	Organización Internacional de Radiodifusión y Televisión
WHO	**OMS**	Organización Mundial de la Salud

....	**ONPTZ**	Office Nationale des Postes et Telecommunications du Zaire
....	**ORTF**	Office de Radiodiffusion et Television Française
NATO	**OTAN**	Organización del Tratado del Atlántico Norte
Overseas Telecommunications Commission (Australia)	**OTC(A)**	....
Hellenic Telecommunications Organization (Greece)	**OTE**	Organismo helénico de telecomunicaciones (Grecia)
Pan-African Telecommunication Network	**PANAFTEL**	Red Panafricana de Telecomunicaciones
Pan-African Telecommunication Union	**PATU**	Unión Panafricana de Telecomunicaciones
Philippine Communications Satellite Corporation	**PHILCOMSAT**	....
Polar Orbiting Geophysical Observatory	**POGO**	Observatorio geofísico en órbita polar
Pacific Ocean Ship	**POS**	Barco del Océano Pacífico
Philippine Overseas Telecommunications Corporation	**POTELCO**	....
Payload Processing Facility (USAF)	**PPF**	Instalaciones para cálculo de carga útil (F.A. de los EE.UU.)
Radio Corporation of America (USA)	**RCA**	....
Radio Research Laboratories (Japan)	**RRL**	Laboratorios de investigación de radio (Japón)
Strategic Air Command (USAF)	**SAC**	Comando aéreo estratégico (F.A. de los EE.UU.)
Society of Automotive Engineers (USA)	**SAE**	Sociedad de ingenieros automoviliarios (EE.UU.)
....	**SAGEM**	Société d'applications générales d'électricité et de mécanique (France)
Shuttle Avionics Integration Laboratory (NASA)	**SAIL**	Laboratorio de integración de aviónica al transbordador (NASA)
Space and Missile Systems Organization (USAF)	**SAMSO**	Organización de sistemas espaciales y de misiles (F.A. de EE.UU.)
South African Post Office	**SAPO**	....
Colombian Satellite System	**SATCOL**	Sistema de Satélites Colombianos
Scientific Committee on Antarctic Research	**SCAR**	Comité científico de investigaciones antárticas
Scientific Committee on Ocean Research	**SCOR**	Comité especial de investigaciones oceánicas

Space Environment Laboratory (USA)	**SEL**	Laboratorio de estudio del medio espacial (EE.UU.)
Standard Earth Observation Satellite	**S/EOS**	Satélite estándar de observación de la Tierra
Synchronous Earth Observation Satellite	**SEOS**	Satélite síncrono de observación de la Tierra
French Professional Electronic & Engineering Society	**SFER**	Sociedad francesa de electrotécnicos y radiotécnicos
Spanish International Communications Corporation (U.S.A.)	**SICC**	Compañía de Telecomunicaciones Internacionales en Español (EE.UU)
....	**SITA**	Sociedad Internacional de Telecomunicaciones Aeronáuticas
Security of Life At Sea	**SOLAS**	Seguridad de la vida humana en el mar
....	**STIMAD**	Societé des Télécommunications Internationales de la Republique Malgache
Scandanavian Committee for Satellite Telecommunications	**STSK**	Comisión escandinava de telecomunicaciones por satélite
Consortium for Symphony Satellite	**SYMCOSAT**	Consorcio del programa symphonie
Television Allocations Study Organization	**TASO**	....
Trans-Canada Telephone System	**TCTS**	Sistema telefónico trans-Canadá
....	**TELECOM**	Empresa Nacional de Telecomunicaciones (Colombia)
Canadian Telecommunications Administration	**TELEGLOBE**	....
....	**TELESPAZIO**	Societa per azioni per le comunicazioni spaziali (Italia)
Trinidad & Tobago External Telecommunications Co., Ltd.	**TEXTEL**	....
....	**TIG**	Societé des Télécommunications Internationales Gabonaises
....	**TIM**	Télécommunications Internationales du Mali
....	**TIT**	Societé des Télécommunications Internationales du Tchad
African & Malagasy Postal & Telecommunications Union	**UAMPT**	Unión Africana y Malgache de Correos y Telecomunicaciones
African Postal & Telecommunications Union	**UAPT**	Unión Africana de Correos y Telecomunicaciones

United Arab Republic Telecommunication Organization	**UARTO**	....
....	**UDEAC**	Unión Aduanera Económica del Africa Central
ITU	**UIT**	Unión Internacional de Telecomunicaciones
International Union of Public Transport	**UITP**	Unión Internacional de Transportes Públicos
United Kingdom Post Office	**UKPO**	Post Office del Reino Unido
United Nations Conference on Trade and Development	**UNCTAD**	Conferencia de las Naciones Unidas sobre Comercio y Desarrollo
United Nations Development Programme	**UNDP**	Programa de las Naciones Unidas para el Desarrollo (PNUD)
United Nations Disaster Relief Office	**UNDRO**	Oficina de las Naciones Unidas para el Socorro en Caso de Desastre
United Nations Educational, Scientific and Cultural Organization	**UNESCO**	Organización de las Naciones Unidas para la Educación, la Ciencia y la Cultura
International Union of Producers and Distributors of Electrical Energy	**UNIPEDE**	Unión Internacional de Productores y Distribuidores de Energía Eléctrica
United Nations Institute for Training and Research	**UNITAR**	Instituto de las Naciones Unidas para Formación Profesional e Investigaciones
International Union of Radio Science	**URSI**	Unión Radiocientífica Internacional
Union of National Radio and Television Organizations of Africa	**URTNA**	Unión de las radiodifusiones y televisiones nacionales de Africa
ITU	**UIT**	Unión Internacional de Telecomunicaciones
United States Naval Observatory	**USNO**	Observatorio naval de los EE.UU.
United States Air Force	**USAF**	Fuerza aérea de los EE.UU.
Video Transmission Engineering Advisory Committee (USA)	**VITEAC**	....
World Administrative Radio Conference	**WARC**	Conferencia Administrativa Mundial de RadioComunicaciones (CAMR)
World Data Center	**WDC**	Centro mundial de datos
World Health Organization	**WHO**	OMS
World Meteorological Organization	**WMO**	Organización Meteorológica Mundial
World Magnetic Survey	**WMS**	Estudio del campo magnético terrestre
World Power Conference	**WPC**	Conferencia Mundial de la Energía
Western Union International (USA)	**WUI**	....
World Weather Watch	**WWW**	Vigilancia Meteorológica Mundial

SECTION B

ACRONYMS AND ABBREVIATIONS OF TERMS AND PHRASES RELATED TO SATELLITE COMMUNICATIONS

SECCION B

SIGLAS Y ABREVIATURAS DE TERMINOS Y FRASES RELACIONADOS CON LAS TELECOMUNICACIONES POR SATELITE

SECTION B

ACRONYMS AND ABBREVIATIONS OF TERMS AND PHRASES RELATED TO SATELLITE COMMUNICATIONS

SECCION B

SIGLAS Y ABREVIATURAS DE TERMINOS Y FRASES RELACIONADOS CON LAS TELECOMUNICACIONES POR SATELITE

Acceleration	**A**	Aceleración
Analog signal	**A**	Señal analógica
Alpha		Alfa
Air to air	**A/A**	Aire-aire
Astronaut-Actuated abort	**AAA**	Misión cancelada (o abortada) por el astronauta
Angular accelerometer	**AA**	Acelerómetro angular
Automatic brightness control	**ABC**	Control automático de luminosidad
Automatic amplitude control	**AAC**	Control automático de amplitud
Attitude and articulation control equipment	**AACE**	Subsistema de control y articulación
Apogee booster motor (see Apogee kick motor)	**ABM**	Motor de impulsión en apogeo
Aerospace ancilliary (auxiliary) equipment	**AAE**	Equipo aeroespacial auxiliar (anciliario)
Alternating current	**a.c.**	Corriente alterna
Address complete	**AC**	Dirección completa
Antenna control console	**ACC**	Consola (mesa) de control de la antena
Automatic chrominance control	**ACC**	Control automático de crominancia
Automatic call distribution	**ACD**	Distribución automática de llamadas
Audio connecting equipment	**ACE**	Equipo de conexión de audio
Acknowledge	**ACK**	Acuse de recibo
Automatic calling equipment	**ACE**	Equipo de llamada automática (ELLA)
Attitude control system	**ACS**	Sistema de control de actitud
Access circuit signaling equipment	**ACSE**	Equipo de señalización del circuito de acceso
Automatic calling unit	**ACU**	Dispositivo de llamada automática (DLLA)
Antenna control unit	**ACU**	Unidad de control de la antena
Analog digital converter	**ADC**	Convertidor analógico digital
Automatic deviation control	**ADC**	Control automático de desviación (de frecuencias)

Automatic digital data error recorder	**ADDER**	Registrador automático de errores en datos digitales
Analog despun control electronics (see DCE)	**ADECE**	DCE analógica (Véase DCE)
Attitude determination and control	**AD & C**	Determinación y control de la actitud
Attitude determination and control subsystem	**ADCS**	Subsistema de determinación y control de la actitud
Advanced defense communications satellite program	**ADCSP**	Programa avanzado de satélites de telecomunicaciones para la defensa
Automatic direction finder	**ADF**	Radiogoniómetro automático
Avionic development laboratory	**ADL**	Laboratorio de desarrollo de aviónica
Automatic data processing	**ADP**	Proceso automático de datos
Adaptive differential PCM	**ADPCM**	PCM diferencial adaptiva
Advisory route	**ADR**	Ruta con servicio de asesoramiento
Solar absorbance/infra-red emittance	**a/e**	Absorbancia solar/emitancia infrarroja
Articulation reference equivalent	**AEN**	Atenuación Equivalente para la Nitidez (AEN)
Artificial earth pulse	**AEP**	Impulsos terrestres artificiales
Audio frequency	**AF**	Audiofrecuencia; baja frecuencia; frecuencia acústica
Automatic frequency control	**AFC**	Control automático de frecuencia
Aeronautical fixed service	**AFS**	Servicio fijo aeronáutico
Aeronautical fixed telecommunications network	**AFTN**	Red de telecomunicaciones fijas aeronáuticas
Air-ground	**A/G**	Aire-tierra
Automatic gain control	**AGC**	Control automático de ganancia
Analogue global beam, open loop synchronization	**AGOS**	Sincronización analógica en haz global de circuito abierto
Apogee kick motor	**AKM**	Motor de impulsión en apogeo
Autoland	**AL**	Aterrizaje automático
Approach and landing tests	**ALT**	Pruebas de aproximación y aterrizaje
Address incomplete	**AI**	Dirección incompleta
Articulation index	**AI**	Indice de nitidez
Automatic instantaneous gain control	**AIGC**	Control automático instantáneo de ganancia
Alarm inhibit signal	**AIS**	Señal de neutralización de alarma
Automatic light control	**ALC**	Control automático de iluminación
Automated logic diagram	**ALD**	Diagrama lógico automatizado
Absorption limiting frequency	**ALF**	Frecuencia límite de absorción
Algorithmic language	**ALGOL**	Lenguaje (ALGOL)
Apogee motor	**AM**	Motor de apogeo
Automatic message accounting	**AMA**	Contabilidad automática de mensajes
Acceptable means of compliance	**AMC**	Medio aceptable de cumplimiento
Alternate mark inversion signal	**AMI**	Señal alterna de inversión de marca
Amateur satellite	**AMSAT**	Satélite de aficionados
Above mean sea level	**AMSL**	Sobre el nivel (medio) del mar

Air navigation	**AN**	Navegación aérea
Alpha-numeric	**A/N**	Alfanumérico(a)
Automatic nutation control	**ANC**	Control automático de la nutación
Active nutation damper electronics	**ANDE**	Equipo electrónico de la amortiguación activa de nutación
Automatic noise limiter	**ANL**	Limitador automático de ruído
Atlantic ocean ship (NASA)	**AOS**	Barco del Océano Atlántico (NASA)
Automatic overload control	**AOC**	Control automático de sobrecarga
Access point	**AP**	Punto de acceso
Automatic phase control	**APC**	Control automático de fase
Amplitude probability distribution	**APD**	Distribución de probabilidad de las amplitudes
Antenna positioning electronics	**APE**	Equipo electrónico para orientación (posicionamiento) de la antena
Amplitude-phased-keyed system	**APK**	Sistema de manipulación amplitud-fase
Average picture level (TV)	**APL**	Nivel medio de la imágen
Antenna positioning mechanism	**APM**	Mecanismo de orientación de la antena
Automatic picture transmission (TV)	**APT**	Transmisión automática de imágenes
Auxiliary power unit	**APU**	Grupo electrógeno auxiliar
Aspect ratio	**AR**	Relación entre la horizontal y vertical (TV)
Automatic repeat request (system)	**ARQ**	(Sistema de) corrección de errores con canal de retorno
Automatic request for repitition	**ARQ**	Petición automática de repetición
Additional reference carrier transmission	**ART**	Transmisión con portadora de referencia suplementaria
Articulation score	**AS**	Nota de apreciación de la nitidez
Air speed	**A/S**	Velocidad aerodinámica (o relativa)
Auxiliary stage	**A/S**	Etapa auxiliar
Automatic selectivity control	**ASC**	Control automático de selectividad
Automatic sensitivitiy control	**ASC**	Control automático de sensibilidad
Airborne support equipment	**ASE**	Equipo de apoyo en vuelo
Air speed indicator	**ASI**	Anemómetro
Apollo-Soyuz project	**ASTP**	Proyecto Apollo-Soyuz
Application of space techniques relating to aviation	**ASTRA**	Aplicación de las técnicas espaciales a la aviación
Automatic switching unit	**ASU**	Unidad de conmutación automática
Acquisition and synchronization unit	**ASU**	Unidad de adquisición (captación) y sincronización
Acknowledgment signal unit	**ASU**	Unidad de señalización de acuse de recibo
All trunks busy	**ATB**	Todos los circuitos (interurbanos) ocupados
Automatic test equipment	**ATE**	Equipo automático de pruebas
Automatic telegram transmission with computers	**ATECO**	Transmisión automática de telegrama con computadores

Air target indicator	**ATI**	Eliminador de ecos del suelo
Automatic transmission & measuring equipment	**ATME**	Equipo automático de transmisión y medición
Automatic transmission	**ATMS**	Transmisión automática
Answering time recorder	**ATR**	Registrador de la demora de respuesta
Application technology satellite (NASA)	**ATS**	Satélite de experimentación tecnológica (NASA)
Astronomical unit	**a.u.**	Unidad astronómica
All-up weight	**AUW**	Peso total de despegue
Automatic volume control	**AVC**	Control automático de volumen
Alternate voice/data	**AVD**	Transmisión alternada de voz (telef.) y datos
Airway	**AWY**	Aerovía
Azimuth	**AZ**	Acimut

Bearing and power transfer assembly	**BAPTA**	Conjunto de rodamientos y de transferencia de energía
Beam to beam traffic matrix	**BBTM**	Matriz de tráfico de haz a haz
Broadcasting	**BC**	Radiodifusión
Binary code decimal	**BCD**	Decimal codificada en binario
Bids per circuit per hour	**BCH**	Tentativas de toma por circuito y por hora
Binary coded matrix	**BCM**	Matriz codificada en binario
Block check sequence	**BCS**	Secuencia de verificación de bloque
Block control signal	**BCS**	Señal de control de bloque
Bit check	**BCH**	Bitio de verificación
Baseband distribution frame	**BDF**	Intervalo de distribución de banda de base
Booster engine cut-off	**BECO**	Apagado del motor de impulsión
Bell	**BEL**	Timbre
Bit error probability	**b.e.p.**	Probabilidad de error de bitios
Bit error rate	**BER**	Tasa de error en los bitios
Branching filter	**BF**	Filtro de derivación
Beam forming network	**BFN**	Red formadora de haces
Beat frequency oscillator	**BFO**	Oscilador de batido
Brinell hardness	**BH**	Dureza Brinell
Busy hour call	**BHC**	Número de llamadas en la hora cargada
Busy hour load	**BHL**	Carga en la hora cargada
International Time Bureau	**BIH**	Oficina internacional de la hora
Backward interworking telephony event	**BITE**	Evento telefónico de interfuncionamiento hacia atrás
Back-off	**BO**	"Back-off"
Beginning of life	**BOL**	Comienzo de la vida útil
Bank-pass	**BP**	Paso de banda (pasabanda)
Band-pass filter	**BPF**	Filtro de paso de banda

Balance return loss	**BRL**	Atenuación de equilibrado
Block received signal	**BRS**	Señal de bloque recibido
B-mode receiving station	**BRS**	Estación receptora en modo B
Backspace	**BS**	Retroceso
Broadcasting satellite, experimental	**BSE**	Satélite experimental de radiodifusión
Booster separation motor	**BSM**	Motor de separación del cohete auxiliar
B-mode sending station	**BSS**	Estación transmisora en modo B
Busy tone	**BT**	Tono de ocupado
British thermal unit	**BTU**	Unidad térmica británica
Baseband unit	**Bu**	Unidad de banda de base
Backscatter ultraviolet spectometer	**BUV**	Espectómetro ultravioleta de retrodispersión
Bothway	**B/W**	Bidireccional
Bankwidth	**Bw**	Ancho de banda (anchura de banda)
Busy (Telep.)	**BY**	Ocupado

Centrigade (Celsius)	**C**	Centígrado (Celsio)
Centralized automatic message accounting	**CAMA**	Sistema centralizado de contabilidad de mensajes
Cancel	**CAN**	Anulación
Completed as ordered	**CAO**	Terminado conforme lo ordenado
Collision avoidance system	**CAS**	Sistema anticolisión
Calibrated air speed	**CAS**	Velocidad calibrada
Community antenna television	**CATV**	Recepción de televisión por antena comunal
Common aerial working	**CAW**	Funcionamiento con antena común
Channel address word	**CAW**	Palabra de dirección de canal
Community automatic exchange	**CAX**	Central automática rural
Common battery	**CB**	Batería central
Clear back	**CB**	Colgar
Common control	**CC**	Control común
Coin-collecting box	**CCB**	Aparato de pago previo
Common control echo suppressor	**CCES**	Supresor de eco de control común (o centralizado)
Cross-connecting point)	**CCP**	Punto de subrepartición
Common channel signalling	**CCS**	Señalización por canal común
Continuous colour sequence	**CCS**	Secuencia continua de color
Control computer system	**CCS**	Subsistema de control por computadora
Continuity check transceivers	**CCT**	Transceptores de verificación de continuidad
Closed circuit television	**CCTV**	Televisión en circuito cerrado
Counterclockwise	**CCW**	En sentido contrario a las agujas del reloj
Channel command word	**CCW**	Palabra de mando de canal

Command and data acquisition	**CDA**	Telemando y adquisición de datos
Characteristic distortion compensation	**CDC**	Compensación de la distorsión característica
Control and display equipment	**CDE**	Equipo de control y de indicación visual
Companded delta modulation	**CDM**	Modulación delta compandida
Code division multiple access	**CDMA**	Acceso múltiple por diferenciación de código
Carbon fibre composite	**CFC**	Compuesto de fibra de carbón
Companding and frequency modulation	**CFM**	Compansión y modulación de frecuencia
Carrier frequency telegraph	**CFT**	Telegrafía por frecuencias portadoras
Center of gravity	**CG**	Centro de gravedad
Common ground	**CG**	Retorno común
Channel	**CH**	Canal
Compatible high density bipolar code	**CHDB**	Código bipolar compatible de alta densidad
Carrier/interference ratio	**C/I**	Relación portadora/interferencia
International technical control center	**CITC**	Centro internacional de control técnico
Charge injection device	**CID**	Dispositivo de inyección de carga
Receive bit clock	**CKR**	Reloj de bitios de recepción
Transmit bit clock	**CKT**	Reloj de bitios de transmisión
Calling line indentification; calling line identity	**CLI**	Identidad (identificación) de la línea que llama
Command module	**CM**	Módulo de mando
Control moment gyro(scope)	**CMG**	Regulador giroscópico inercial; giroscopio de control de momentos
Call message supervisory	**CMS**	Supervisión de mensaje de llamada
Check not O.K.	**CN**	Prueba negativa (de continuidad)
Carrier/noise ratio	**C/N**	Relación portadora/ruido
Carrier-to-thermal noise ratio	**CNR**	Relación portadora/ruido térmico
"Controlled not ready"	**CNR**	"Controlado, no preparado"
Circuit order	**CO**	Pedido de circuito
Crystal oscillator; quartz crystal controlled oscillator	**CO**	Oscilador de cuarzo; oscilador controlado por cristal; oscilador de cristal
Coaxial cable	**COAX**	Cable coaxial (o coaxil)
Common business oriented language	**COBOL**	COBOL
Carrier operated device anti-noise	**CODAN**	Dispositivo de supresión de ruido accionador por la portadora
Communications	**COM**	Comunicaciones
Congestion error control	**CONG**	Control de errores durante congestión
Coordination channel	**CO-ORD**	Canal de coordinación y de órdenes
Communications operation plan	**COP**	Plan operativo de comunicaciones
Cosmic radiation satellite	**CORSA**	Satélite de estudio de las radiaciones cósmicas
Co-site analytical model	**COSAM**	Modelo analítico para equipos situados en la misma ubicación

Co-polar attenuation; co-polarization attenuation	**CPA**	Atenuación de la componente copolar; atenuació copolar
Check okay	**CO**	Prueba positiva (de continuidad)
Coder-decoder	**CODEC**	Codificador-descodificador
Call progress indicator	**CPI**	Indicador de progresión de la llamada
Critical path method	**CPM**	Método del camino crítico
Cycles per second	**cps**	Ciclos por segundo
Coherent phase shift keying	**CPSK**	Manipulación coherente por desplazamiento de fase
Central process unit	**CPU**	Unidad central de proceso
Call "to all stations"	**CQ**	Llamada "a todos"
Carriage return	**CR**	Retroceso del carro
Command receive antenna	**CRAN**	Antena de recepción de telemandos
Carson rule bandwidth	**CRBW**	Ancho de banda de la regla de Carson
Cathode ray oscilloscope	**CRO**	Osciloscopio (oscilógrafo) de rayos catódicos
Central radio office	**CRO**	Oficina central radiotelegráfica
Call request	**CRQ**	Petición de comunicación (de llamada)
Cathode ray tube	**CRT**	Tubo de rayos catódicos
Central process unit	**CRU**	Unidad central de proceso
Communications satellite	**CS**	Satélite de telecomunicaciones
Currency sign	**CS**	Símbolo monetario
Calls per second	**CS**	Comunicaciones por segundo
Communications service authorization	**CSA**	Autorización para servicio de comunicaciones
Common signalization channel	**CSC**	Canal común de señalización
Communications satellite for experiments	**CSE**	Satélite experimental de comunicaciones
Communications system monitoring	**CSM**	Supervisión del sistema de comunicaciones
Compatible single sideband	**CSSB**	Banda lateral única compatible
Check signal unit	**CSU**	Unidad de señalización de verificación
Constant speed unit	**CSU**	Dispositivo de velocidad constante
Channel service unit	**CSU**	Unidad de servicio de canal
Channel status word	**CSW**	Palabra de estado del canal
Centre tap	**CT**	Toma central
Transit center	**CT**	Centro de tránsito
Carrier/noise temperature ratio	**C/T**	Relación portadora/temperatura de ruido
Control area	**CTA**	Area de control
Channel translating equipment	**CTE**	Equipo translador de canales
Coefficient of thermal expansion	**CTE**	Coeficiente de expansión térmica
Control zone	**CTR**	Zona de control
Communications technology satellite	**CTS**	Satélite de tecnología de comunicaciones
Crosstalk unit	**CU**	Unidad de diafonía

Chemical vapor deposition	**CVD**	Depósito de vapores químicos
Continuous variable slope delta modulation	**CVSD**	Modulación Delta continua de gradiente variable
Carrier wave	**CW**	Onda portadora
Continuous wave	**CW**	Onda continua
Clockwise	**CW**	En el sentido de las agujas del reloj
Coin box	**CX**	Aparato de pago previo; teléfono de pago

Data	**D**	Datos
Demand assigned	**DA**	Asignado(a) por demanda (o a petición)
Doesn't answer (telephone)	**DA**	No contesta
Demand assigned international terminal	**DAIT**	Terminal internacional de asignación por demanda
Demand assigned multiple access	**DAMA**	Acceso múltiple asignado por demanda (o a petición)
Demand assigned signaling and switching	**DASS**	Señalización y conmutación asignadas por demanda
Data acquisition, telecommand and tracking station	**DATTS**	Estación de telemando, seguimiento y adquisición de datos
Data above voice	**DAV**	Datos por encima de la banda de telefonía
Delayed automatic volume control	**DAVC**	Control automático de volumen diferido (control automático diferido de ganancia)
Dry bulb	**DB**	Termómetro seco
Decibel	**dB**	Decibelio
Decibel above a milliwatt	**dBm**	Decibelio por encima de un milivatio
dBm referred to or measured at a point of zero transmission level	**dBmO**	dbm referido a un punto de nivel de transmisión cero, o medido en ese punto
Decibel above a watt	**dBW**	Decibelio por encima de un vatio
Direct broadcast satellite - TV	**DBS-TV**	TV difundida directamente por satélite
Dynamic bench test	**DBT**	Prueba dinámica en el banco (de pruebas)
Digital bit timing recovery	**DBTR**	Recuperación de la base de tiempo de señales numéricas
Device control	**DC**	Mando de aparatos auxiliares
Directional coupler	**DC**	Acoplador direccional
Direct current	**d.c.**	Corriente continua
Double-current cable code	**DCCC**	Código (o sistema) bivalente para cable
Data carrier detector	**DCD**	Detector de la portadora de datos
Direct current/direct current	**DC/DC**	Corriente continua-corriente continua
Data collection and data relay	**DCDR**	Recogida y retransmisión de datos
Despun control electronics	**DCE**	Conjunto electrónico del control de rotación

Data collecting platform	**DCP**	Plataforma de recogida de datos
Differential coherent phase-shift keying	**DCPSK**	MPD coherente diferencial
Data collection system	**DCS**	Sistema de recogida de datos
Data communications service	**DCS**	Servicio de transmisión de datos
Despun compartment thermal vacuum test	**DCTVT**	Prueba vacuotérmica del compartimiento contrarrotado
Distribution control unit	**DCU**	Unidad de control de distribución
Direct distance dialling	**DDD**	Selección automática interurbana
Direct digital interface	**DDI**	Interfaz numérica directa
Difference in depth modulation	**DDM**	Diferencia de profundidad de modulación
Digital data processor	**DDP**	Unidad de tratamiento (o de proceso) (o procesador) de datos digitales
Digital data system	**DDS**	Sistema de datos numéricos
Declination	**DEC**	Declinación
Demodulator	**DEMOD**	Desmodulador
Direction finder	**DF**	Radiogoniómetro
Distribution frame	**DF**	Repartidor
Differential gain	**DG**	Ganancia diferencial
Direct inward dialling	**DID**	Selección directa de extensiones
Digital in-band open-loop synchronization	**DIOS**	Sincronización dentro de la banda en bucle abierto
Digital television communications system	**DITEC**	Sistema de comunicaciones numéricas por televisión
Data link escape	**DLE**	Escape de transmisión
Direct through connection filter	**DLF**	Filtro de conexión transferente directa
Difference in latitude	**d.lat**	Diferencia de latitud
Difference in longitude	**d.long**	Diferencia de longitud
Delta modulation	**DM**	Modulación delta
Distance measurement equipment	**DME**	Equipo radiotelemétrico
Delta modulation/phase shift keyed	**DM/PSK**	Modulación delta/Manipulación por desfasaje
Data network identification code	**DNIC**	Código de identificación de red de datos
Doppler velocity and position	**DOVAP**	Dispositivo de medida de la velocidad y de la posición por efecto Doppler
Differential phase	**DP**	Fase diferencial
Distribution point	**DP**	Punto de distribución
Drip proof	**d.p.**	Estanco
Data processing centre	**DPC**	Centro de tratamiento (o de proceso) de datos
Differential pulse code modulation	**DPCM**	Modulación diferencial por impulsos codificados; MIC diferencial
Digital program track controller	**DPCT**	Regulador numérico de seguimiento programado
Double pole double throw (switch)	**DPDT**	Interruptor bipolar bidireccional
Differential phase-shift keying	**DPSK**	MDP diferencial

Double pole single throw (switch)	**DPST**	Interruptor bipolar unidireccional
Differential quadrature PSK	**DQPSK**	MPD cuadratura diferencial
Data rate; data signalling rate	**DR**	Velocidad de transmisión de datos; velocidad binaria
Directional reservation equipment	**DRE**	Equipo de reserva direccional
Direct readout ground station	**DRGS**	Estación terrena de interrogación directa (ETID)
Directional radiated power	**DRP**	Potencia radiada direccional
Data relay satellite system	**DRSS**	Sistema de satélite de relevo de datos
Data recording terminal	**DRT**	Terminal de registro de datos
Direct sequence	**DS**	Secuencia directa
Double side band	**DSB**	Doble banda lateral
Defense satellite communications system	**DSCS**	Sistema de telecomunicación por satélite con fines de defensa
Data switching exchange	**DSE**	Central de conmutación de datos; centro de conmutación de datos
Digital speech interpolation	**DSI**	Interpolación digital de señales de voz; concentración digital de la palabra
Deep space instrumentation facility	**DSIF**	Instrumentación para investigación del espacio extra-atmosférico
Deep scattering layer	**DSL**	Capa difusora profunda
Deep space network	**DSN**	Red para el espacio extra-atmosférico (o lejano)
Data set ready	**DSR**	Aparato de datos preparado
Data service unit	**DSU**	Unidad de servicio de datos
Deep submergence rescue vehicle	**DSRV**	Vehículo de salvamento a gran profundidad
Double talk	**DT**	Conversación doble
Detection threshold computer	**DTC**	Computador con umbral de decisión
Data terminal equipment	**DTE**	Equipo terminal de datos
Data transmit link	**DTL**	Enlace de transmisión de datos
Dual tone multi-frequency	**DTMF**	Multifrecuencias de doble tono (telef.)
Down time ratio	**DTR**	Relación de interrupción
Data user stations	**DUS**	Estaciones usuarias de datos
Data under voice	**DUV**	Datos por debajo de la banda de telefonía
Design verification test	**DVT**	Prueba de verificación del diseño
Duplex	**dx**	Dúplex

Equivalent air speed	**EAS**	Velocidad equivalente
Eccentricity	**ECC**	Excentricidad
Error control device	**ECD**	Dispositivo de control de errores
Earth coverage horn	**ECH**	Reflector de cobertura terrestre
Emitter-coupler logic	**ECL**	Lógica del emisor acoplado
Electron coupled oscillator	**ECO**	Oscilador de acoplamiento electrónico

Experimental communications satellite (Japan)	**ECS**	Satélite experimental de telecomunicación (Japón)
Electronic despun antenna	**EDA**	Antena de contrarrotación electrónica
Energy dispersion frequency	**EDF**	Frecuencia de dispersión de energía
Effective data of notification	**EDN**	Fecha efectiva de notificación
Electronic data processing	**EDP**	Tratamiento (o proceso) electrónico de datos
Electronic data processing machine	**EDPM**	Máquina de tratamiento (o de proceso) electrónico de datos
Energy dispersion waveform	**EDW**	Forma de onda de dispersión de energía
Estimated elapsed time	**EET**	Duración prevista
Error free seconds	**EFS**	Segundos sin error
Extremely high frequency (Miriametric waves) (Band 11)	**EHF**	Hiperfrecuencia - Ondas miriamétricas (Banda 11)
Effective horse-power	**EHP**	Potencia efectiva (en caballos)
Equivalent isotropically-radiated power	**e.i.r.p.**	Potencia isótropa radiada equivalente
Electronic journalism	**EJ**	Periodismo electrónico
Estimated junction frequency	**EJF**	Frecuencia de conjunción estimada
Emergency locator transmitter	**ELT**	Transmisor de localización de urgencia
Electromagnetic compatibility	**EMC**	Compatibilidad electromagnética
Electromotive force	**e.m.f.**	Fuerza electromotriz
Electromagnetic interference	**EMI**	Interferencia electromagnética
Effective monopole-radiated power	**e.m.r.p.**	Potencia radiada aparente referida a una antena vertical corta
Electronic news gathering; electronic journalism	**ENG**	Recopilación electrónica de noticias; periodismo electrónico
Enquiry	**ENQ**	Pregunta
End of address	**EOA**	Fin de dirección
Edge of coverage	**EOC**	Borde de cobertura
End of dialling	**EOD**	Fin de numeración; fin de selección
End of message	**EOM**	Fin de mensaje
End of procedure	**EOP**	Fin de procedimiento
Earth observation satellite	**EOS**	Satélite de observación de la Tierra
End of transmission	**EOT**	Fin de transmisión
Electric power converter	**EPC**	Convertidor (acondicionador) de energía eléctrica
Elevation-position indicator	**EIP**	Indicador de distancia y elevación
Emergency position indicating radiobeacon	**EPIRB**	Radiobaliza de localización de siniestros
Expanded program of technical assistance	**EPTA**	Programa ampliado de asistencia técnica
Earth radiation budget	**ERB**	Radiación térmica global de la Tierra
Echo loss return	**ERL**	Atenuación de adaptación para el eco
Error detection pulse	**ERROR**	Impulso de detección de error
Earth resources satellite	**ERS**	Satélite de exploración de los recursos terrestres

Earth resources survey	**ERS**	Observación de los recursos terrestres
Earth resources technology satellite	**ERTS**	Satélite de tecnología de los recursos terrestres
Earth resources survey operational satellite	**ERSOS**	Sistema operativo de exploración de los recursos terrestres
Earth station	**ES**	Estación terrena
Echo suppressor	**ES**	Supresor de eco
Escape; exhaust	**ESC**	Escape
Engineering service circuit	**ESC**	Circuito de servicio
Experimental satellite space communication earth station	**ESCES**	Estación terrena experimental de telecomunicaciones (espaciales) por satélite
Electrically scanning microwave radiometer	**ESMR**	Radiómetro de microondas de exploración eléctrica
Electronic switching system	**ESS**	Sistema de conmutación electrónico
Environmental survey satellite	**ESSA**	Satélite de estudio del medio ambiente
External tank (space shuttle)	**ET**	Tanque externo (transbordador espacial)
Empty signal unit	**ESU**	Unidad de señalización vacía
Estimated time of arrival	**ETA**	Hora prevista de llegada
End of transmission block	**ETB**	Fin del bloque de transmisión
Estimated time of departure	**ETD**	Hora prevista de salida
Equal time point	**ETP**	Punto equidistante en tiempo
Eastern test range	**ETR**	Polígono oriental de pruebas
Engineering test satellite (Japan)	**ETS**	Satélite de pruebas técnicas (Japón)
Electro-thermal thrusters	**ETT**	Impulsores electrotérmicos
Electronic translator system	**ETS**	Sistema de traducción electrónica
Educational television	**ETV**	Televisión educativa
End-of-text	**ETX**	Fin del texto
Electromagnetic wave	**EW**	Onda electromagnética

Final Circuit	**F**	Circuito final
Facsimile	**F**	Facsímil
Fabrication & continuity test	**FACT**	Prueba da fabricación y continuidad
Forecast center station	**FC**	Estación centro de predicción
Facsimile	**FAX**	Facsímil
Flight control hydraulic laboratory	**FCHL**	Laboratorio de hidráulica de control de vuelo
Functional description	**FD**	Descripción funcional
Functional description block	**FDB**	Bloque de descripción funcional
Fahrenheit dry bulb	**FDB**	Termómetro seco (Fahrenheit)
Frequency division multiplex	**FDM**	Multiplaje por distribución de frecuencias (MDF)
Frequency division multiplex access	**FDMA**	Acceso múltiple por distribución de frecuencias (AMDF)
Frequency division multiplex/frequency modulation	**FDM/FM**	Múltiplex(aje) por distribuición de frecuencia/modulación de frecuencia

Frequency-differential phase-shift keyed system	**FD-PSK**	Sistema de manipulación por desplazamiento de fase diferencial en frecuencia
Flight data subsystem	**FDS**	Subsistema de información de vuelo
Format effector	**FE**	Determinante de formato; carácter de formato
Forward error correction	**FEC**	Corrección de errores sin canal de retorno
Field effect transistor	**FET**	Transistor de efecto de campo
Field effect transistor amplifier	**FETA**	Amplificador de transistores de efecto de campo
Fast Fourier transform	**FET**	Transformación de Fourier rápida
Frequency hopping	**FH**	Saltos de frecuencia
Flight information center	**FIC**	Centro de información de vuelos
First in-first out	**FIFO**	Primero en entrar-primero en salir
Flight information region	**FIR**	Región de información de vuelo
Flight information service	**FIS**	Servicio de información de vuelo
Failure in time	**FIT**	Número de averías en un tiempo dado
Forward interworking telephony event	**FITE**	Evento telefónico de interfuncionamiento hacia adelante
Free line signal	**FLS**	Señal de línea libre
Frequency modulation	**FM**	Modulación de frecuencia (frecuencia modulada)
Fan marker	**FM**	Radiobaliza de abanico
Frequency-modulation feedback	**FMFB**	Modulación de frecuencia con realimentación
First manned orbital flight	**FMOF**	Primer vuelo orbital tripulado
Factor of merit	**FOM**	Factor de calidad
Formula Translation	**FORTRAN**	FORTRAN
Optimum working frequency	**FOT**	Frecuencia óptima de trabajo
Field of view	**FOV**	Campo de visión; campo visual
Full period	**FP**	Periodo total (o completo)
Flat plate radiometer	**FPR**	Radiómetro de objetivo plano
Forward ready signal	**FRS**	Señal preparado hacia adelante
Fully automatic reperforator transmitter distributor	**FRXD**	Retransmisor de cinta perforada con lectura automática total
Functional specification	**FS**	Especificación funcional
Frequency-shift keying	**FSK**	Manipulación por desplazamiento de frecuencia (MDF)
Fixed Satellite Service	**FSS**	Servicio fijo por satélite
Full time	**FT**	Tiempo total (o completo)
Gain	**G**	Ganacia
Global atmospheric research programme	**GARP**	Programa de investigación de la atmósfera terrestre
General agreement on tariff & trade	**GATT**	Acuerdo general sobre comercio y aranceles aduaneros

Gigacycles	**Gc**	Gigaciclos
Great circle	**GC**	Círculo máximo; ortodromía
Ground communications equipment	**GCE**	Equipo terrestre de comunicaciones
Ground control system	**GCS**	Sistema de control terrestre
Group distribution frame	**GDF**	Repartidor de grupos primarios
Gross domestic product	**GDP**	Producto interior bruto
Global data processing system	**GDPS**	Sistema mundial de preparación de datos
Graphite-Epoxy Composite	**GEC**	Compuesto de grafito y epoxia
Graphite fiber reinforced plastic	**GFRP**	Plástico reforzado con fibra de grafito
Greenwich hour angle	**GHA**	Angulo horario de Greenwich
Greenwich hour angle of Aries	**GHAA**	Angulo horario sideral de Aries
Gigahertz	**GHz**	Gigahercio (mil millones de Hz)
Greenwich meridian	**GM**	Meridiano de Greenwich
Greenwich mean astronomical time	**GMAT**	Hora solar media de Greenwich
Group modulating equipment	**GME**	Equipo de modulación de grupos (primarios)
Geostationary meteorological satellite	**GMS**	Satélite meterológico geoestacionario
Greenwich mean time	**GMT**	Hora o tiempo de Greenwich
Ground nutation control	**GNC**	Control terrestre de nutación
Gross national product	**GNP**	Producto nacional bruto
Geosynchronous operational environmental satellite	**GOES**	Satélite geoesíncrono operativo de estudio del medio ambiente
Global observing system	**GOS**	Sistema mundial de observación
Group	**Gp**	Grupo (primario)
Geopotential decameter (1 gpDm = 9,81 m)	**gpDm**	Decámetro geopotencial (1 gpDm = 9,81 m)
Goddard range and range rate (System)	**GRARR**	(Sistema)Goddard de medición de distancias y variación de la distancia
Group reference point	**GRP**	Punto de referencia de grupo primario
Graphite reinforced fiber plastic	**GRFP**	Plástico reforzado con fibra de grafito
Gross registered tons	**grt**	Toneladas de registro bruto
Group separator	**GS**	Separador de grupo
Ground speed	**GS**	Velocidad con respecto al suelo
Greenwich sideral time	**GST**	Tiempo (hora) sideral de Greenwich
Ground support equipment	**EST**	Equipo terrestre de apoyo
Gain to noise temperature ratio	**G/T**	Relación ganancia/temperatura de ruido
Group translation equipment	**GTE**	Equipo translador de grupos (primarios)
Global telecommunication system	**GTS**	Sistema mundial de telecomunicación

Hour angle	**HA**	Angulo horario
Half amplitide duration	**HAD**	Duración a semiamplitud

High density bipolar code	**HDB**	Código bipolar de alta densidad
High level data link control	**HDLC**	Control de alto nivel para enlaces de datos
High data rate storage system	**HDRSS**	Sistema de memoria de alta velocidad binaria
Half duplex; semi-duplex	**HDX**	Semidúplex
Highly excentric orbit satellite	**HEOS**	Satélite de órbita muy excéntrica
High frequency (Decametric waves) (Band 7)	**HF**	Frecuencia elevada (Ondas decamétricas); alta frecuencia (Banda 7)
High frequency wire broadcasting	**HFWB**	Transmisión de altra frecuencia por hilo
High resolution infra-red sounder	**HIRS**	Sonda en infrarrojo de gran resolución
Half-life (radioactive)	**HL**	Período radioactivo; periódo de semidesintegración
High level language	**HLL**	Lenguaje de alto nivel
Hybrid modulation	**HM**	Modulación híbrida
Horse power	**hp**	Caballo de fuerza
High power	**HP**	Alta potencia (alta tensión)
Horizontal parallax	**HPA**	Paralaje horizontal
High power amplifier	**HPA**	Amplificador de alta potencia
Half-power beamwidth	**HPBW**	Anchura del haz (entre puntos) de potencia mitad
Height position indicator	**HPI**	Indicador de altura y distancia
High pass filter	**HPF**	Filtro de paso alto
High pressure relief valve	**HPRV**	Válvula de seguridad de alta presión
Hypothetical reference circuit	**HRC**	Circuito ficticio de referencia
High resolution facsimile	**HRFAX**	Facsímil de gran resolución
High resolution infra-red radiometer	**HRIR**	Radiómetro infrarrojo de gran resolución
High usage circuit	**Hu**	Circuito de mucho uso
Hybrid programmable attitude control electronics	**HYPACE**	Dispositivo híbrido programable de control de actitud
Hertz (cycles per second)	**Hz**	Hercio (ciclos por segundo)

Instantaneous automatic gain control	**IAGC**	Control automático de ganancia instantáneo
Intial address information	**IAI**	Información inicial de dirección
Initial address message	**IAM**	Mensaje inicial de dirección
International accounting and traffic analysis equipment	**IATE**	Equipo de análisis de la contabilidad y el tráfico internacionales
International atomic time	**IAT**	Tiempo atómico internacional
Interface buffer controller	**IBC**	Controlador separador de interconexiones
Integrated circuit	**IC**	Circuito integrado
Index correction	**IC**	Corrección del error instrumental

Incoming call barred	**ICB**	Prohibición de acceso de llamada entrante
Idle channel noise	**ICN**	Ruido de canal no ocupado (o en reposo)
Interrupted carrier wave	**ICW**	Onda portadora interrumpida
Image dissector camera	**IDC**	Cámara de (tubo) disector de imagen
International data communications center	**IDCC**	Centro internacional de transmisiones de datos
International data collecting platform	**IDCP**	Plataforma internacional de recogida de datos
International direct distance dialling	**IDDD**	Selección automática internacional
Intermediate distribution frame	**IDF**	Repartidor intermedio
Integrated digital network	**IDN**	Red digital integrada; red numérica integrada
Integrated data processing	**IDP**	Tratamiento (o proceso) integrado de la información
Intermediate design review	**IDR**	Examen intermedio del diseño
Integrate and dump detection	**I&D**	Detección por integración y descarga
Index error	**IE**	Error de ajuste del índice
Induced environment contamination monitor	**IECM**	Monitor de la contaminación inducida en el medio
Incoming echo suppressor	**IES**	Supresor de eco de llegada
International electrotechnical vocabulary	**IEV**	Vocabulario electrotécnico internacional
Intermediate frequency	**IF**	Frecuencia intermedia
Intensity fluctuation factor	**IFF**	Factor de fluctuación de la intensidad
International frequency list (List I)	**IFL**	Lista internacional de frecuencias (Lista I)
Instantaneous field of view	**IFOV**	Campo instantáneo de visión
Instrument flight rules	**IFR**	Reglas de vuelo por instrumentos
Investment feasibility studies	**IFS**	Estudios de las posibilidades de inversión
Integrated global ocean station system	**IGOSS**	Sistema mundial integrado de estaciones oceanográficas
International geophysical year	**IGY**	Año geofísico internacional
Instrument landing system	**ILS**	Sistema de aterrizaje con instrumentos
Intermodulation	**IM**	Intermodulación
International maintenance center	**IMC**	Centro internacional de mantenencia (o mantenimiento)
Impact avalanche time transit	**IMPATT**	....
Inclination	**INC**	Inclinación
Input/output	**I/O**	Entrada/salida
Input/output controller	**IOC**	Controlador de entrada/salida
INTELSAT operations center	**IOC**	Centro de operaciones de INTELSAT
Indian ocean ship (NASCOM)	**IOS**	Barco del Océano Indico (NASCOM)
Instant on switch	**IOS**	Interruptor instantáneo
In orbit test (equipment)	**IOT**	(Equipo) de pruebas en órbita

Intermodulation products	**IP**	Productos de intermodulación
Input processor	**IP**	Procesador de entrada
International phototelegraph position	**IPP**	Posición telefotográfica internacional
Ionospheric prediction service	**IPS**	Servicio de predicciones ionosféricas
International polar year	**IPY**	Año polar internacional
International quiet sun year	**IQSY**	Año internacional de actividad solar mínima
Infra-red	**IR**	Infrarrojo
Inter-range instrumental group	**IRIG**	Grupo técnico para normas de registradores de cinta
Interrogation, recording and location system	**IRLS**	Sistema de interrogación, registro y localización
International routing plan	**IRP**	Plan de encaminamiento internacional
Intermediate reference system	**IRS**	Sistema intermedio de referencia
Information receiving station	**IRS**	Estación receptora de información
Indefeasible right of users	**IRU**	Derecho inalienable de los usuarios
Information separators	**IS**	Separadores de información
International standard atmosphere	**ISA**	Atmósfera tipo internacional
Independent side band	**ISB**	Bandas laterales independientes
International service coordination center	**ISCC**	Centro internacional de coordinación de servicios
International subscriber dialing	**ISD**	Selección internacional automática de abonados
Integrated services digital network	**ISDN**	Red digital de servicios integrados; red numérica de servicios integrados
International satellite for ionospheric studies	**ISIS**	Satélite internacional de estudios de la ionosfera
Inter-satellite link	**ISL**	Enlace entre satélites
Industrial, scientific and medical applications	**ISM**	Aplicaciones industriales, científicas y médicas
International switching maintenance center	**ISMC**	Centro internacional de mantenencia de la conmutación
International sound program center	**ISPC**	Centro radiofónico internacional
Information sending station	**ISS**	Estación transmisora de información
Ionosphere sounding satellite (Japan)	**ISS**	Satélite de sondeo de la ionosfera (Japón)
Integrated system test	**IST**	Prueba del sistema integrado
International switching and testing centres	**ISTC**	Centros internacionales de conmutación y de pruebas
Integrated switching and transmission network	**ISTN**	Red de conmutación y transmisión integradas
Initial signal unit	**ISU**	Unidad de señal inicial
International telegraph alphabet	**ITA**	Alfabeto telegráfico internacional
International television center	**ITC**	Centro internacional de televisión
International television circuit	**ITCC**	Circuito internacional de televisión
International technical control center	**ITCC**	Centro internacional de control técnico
International telephone exchange	**ITE**	Central telefónica internacional

Instructional television fixed services	**ITFS**	Servicio fijo de televisión educativa
International transmission maintenance center	**ITMC**	Centro internacional de mantenimiento de la transmisión
Improved TIROS satellite	**ITOS**	Satélite TIROS perfeccionado
International television programme center	**ITPC**	Centro internacional de televisión
Infra-red temperature profile radiometer	**ITPR**	Radiómetro de medida del perfil de la temperatura en infrarrojo
Insertion test signal	**ITS**	Señales de prueba de inserción
Inertial upper stage (space shuttle)	**IUS**	Ultima etapa inercial (transbordador espacial)

Japan sea cable	**JASC**	Cable marítimo del Japón
Jet-assisted take-off	**JATO**	Despegue con cohetes auxiliares
Junction frequency	**JF**	Frecuencia de conjunción
Junction field effect transistor	**JFET**	Transistor de empalme de efecto de campo
Joint inspection unit	**JIU**	Dependencia común de inspección
Jupiter-orbiter with probe	**JOP**	Sonda orbital de Júpiter
Just perceptible color difference	**JPCD**	Diferencia de color apenas perceptible
Justification service digit	**JSD**	Dígito de servicio de justificación; dígito de control de justificación

Kelvin	**K**	Kelvin
Boltzmann's constant	**k**	Constante de Boltzmann
Kilocycles per second	**kc**	Kilociclos por segundo
Kilohertz	**kHz**	Kilohercio (mil hercios)

Locator	**L**	Radiobaliza de posición
Link access procedure	**LAP**	Procedimiento de acceso al enlace
Low-altitude observation satellite	**LAS**	Satélite de observación de baja altitud
Light amplification by stimulated emission of radiations	**LASER**	Láser
Large aperture scanning telescope	**LAST**	Telescopio de exploración de gran abertura
Latitude	**Lat.**	Latitud
Local apparent time	**LAT**	Tiempo aparente local
Local battery	**LB**	Batería local
Load classification number	**LCN**	Número LCN
Leading edge	**LE**	Borde de ataque
Light emitting diode	**LED**	Diodo fotoemisor
Logical end of media	**LEM**	Fin lógico de soporte

Lunar exploration module	**LEM**	Módulo de exploración lunar
Line feed	**LF**	Cambio de renglón; cambio de línea
Line filter	**LF**	Filtro de línea
Low frequency (kilometric waves) (Band 5)	**LF**	Baja frecuencia (ondas kilométricas) (Banda 5)
Local hour angle	**LHA**	Angulo horario local
Left-hand circular polarization	**LHCP**	Polarización circular a la izquierda (o sinestrorsum)
Light detection and ranging	**LIDAR**	Sistema LIDAR (o radar óptico o radar-láser)
Last in-first out	**LIFO**	Ultimo en entrar-primero en salir
Linked compressor and expander	**LINCOMPLEX**	Compresor y expansor asociados; compresor y expansor acoplados
Line link frame	**LLF**	Bastidor de selección de línea (crossbar)
Land line teletypewriter	**LLT**	Teletipo por línea alámbrica
Local mean time	**LMT**	Tiempo medio local
Lunar module	**LM**	Módulo lunar
Level measuring set	**LMS**	Hipsómetro
Low noise amplifier	**LNA**	Amplificador de bajo ruido
Low noise receiver	**LNR**	Receptor de bajo ruido
Local oscillator	**LO**	Oscilador local
Longitude	**LONG**	Longitud
Omega lines-of-positions	**LOPs**	Líneas de posición Omega
Long range navigational system	**LORAN-C**	Sistema LORAN-C
Line of sight	**LOS**	Línea de visión (o de visibilidad directa)
Line out of service	**LOS**	Línea fuera de servicio
Liquid oxygen	**LOX**	Oxígeno líquido
Low pass filter	**LPF**	Filtro de paso bajo
Launch process system	**LPS**	Sistema procesador de lanzamientos
Low resolution facsimile	**LRFAX**	Facsímil de baja resolución
Long range	**LRG**	Gran (largo) alcance
Limb radiance inversion radiometer	**LRIR**	Radiómetro de inversión de la radiancia del limbo
Least significant bit	**LSB**	Bit menos significativo
Least significant digit	**LSD**	El dígito menos significante
Line signaling equipment	**LSE**	Equipo de señalización de líneas
Large scale integration	**LSI**	Integración a gran escala (micro)
Link switch & marker	**LSM**	Indicador y conmutador de enlaces
Line signal send	**LSS**	Envío de señales de línea
Local sideral time	**LST**	Tiempo (hora) sideral local
Lone signaling unit	**LSU**	Unidad aislada de señalización
Leading signal unit	**LSU**	Unidad inicial de señalización
Local telephone circuit	**LTC**	Circuito telefónico local
Lowest useful high frequency	**LUF**	Mínima frecuencia utilizable

Marker beacon	**M**	Radiobaliza
Mutual aid committee	**MAC**	Comité de ayuda mutua
Mutual aid group	**MAG**	Grupo de asistencia mutua
Maritime orbital test satellite	**MAROTS**	Satélite marítimo de pruebas en órbita
Manual simplex	**MAS**	Símplex manual
Microwave amplification by stimulating emission of radiation	**MASER**	Amplificación de microondas por emisión estimulada de radiaciones
Multiple access time	**MAT**	Tiempo de acceso múltiple
Maximum interference threshold	**MAXIT**	Umbral máximo de interferencia
Multiple beam antenna	**MBA**	Antena de haces múltiples; antena multihaz
Mission control center	**MCC**	Centro de control de misiones
Master control console	**MCC**	Consola (mesa) de control principal
Multichannel loading factor	**MCLF**	Factor de carga de canales múltiples
Master control room	**MCR**	Sala principal de control
Megacycles per second (Mc/s)	**MCS**	Megaciclos por segundo
Antenna multicoupler unit	**MCU**	Unidad multiacopladora de antena
Multichannel voice frequency telegraphy	**MCVFT**	Telegrafía armónica multicanal
Modulated continuous wave	**MCW**	Onda continua modulada
Mechanically despun antenna	**MDA**	Antena contrarrotada mecánicamente
Medium frequency direction finding (Station)	**MDF**	(Estación) radiogoniométrica de frecuencia media
Main distribution frame	**MDF**	Repartidor principal; repartidor de entrada
Minimum discernible signal	**MDS**	Señal mínima detectable
Modulator-demodulator translator assembly	**MDTA**	Conjunto translador modulador-desmodulador
Medium data utilization station	**MDUS**	Estación intermedia de explotación de datos
Methymethyl keytone	**MEK**	Metiletilo cetona
Magnet-electro-static containment	**MESC**	Retención magnetoelectroestática
Multi-frequency	**m.f.**	Frecuencias múltiples
Message format	**MF**	Formato de mensaje
Medium frequency (Hectometric waves) (Band 6)	**MF**	Frecuencia media (Ondas hectométricas (Banda 6)
Compelled multifrequency signalling	**MFC**	Señalización multifrecuencia de secuencia obligada
Multi-frequency signalling equipment	**MFSE**	Equipo de señalización por múltiples frecuencias
Motor generator	**MG**	Convertidor
Megahertz	**MHz**	Megahercio (un millón de Hz)
Microwave integrated circuit	**MIC**	Circuito integrado para microondas
Minimum interference threshold	**MINIT**	Umbral mínimo de interferencia
Modular input-output system	**MIOS**	Sistema modular de entrada y salida
Master index pulse generator	**MIPG**	Generador de impulsos de índice maestro

Management integrated system	**MIS**	Sistema integrado de gestión
Management information system	**MIS**	Sistema de información de gestión
Modified Julian date	**MJD**	Fecha modificada del calendario juliano
Mean-life	**ML**	Vida útil media
Microwave link analyzer	**MLA**	Analizador de enlaces de microondas
Microwave landing system	**MLS**	Sistema de aterrizaje por microondas
Maximum likelihood sequence detection	**MLSD**	Probabilidad máxima de detección de la secuencia
Man-machine language	**MML**	Lenguaje hombre-máquina
Modulated noise reference unit	**MNRU**	Aparato de referencia para la producción de ruido modulado
Maximum observed frequency	**MOF**	Frecuencia máxima observada
Manned orbital laboratory	**MOL**	Laboratorio orbital tripulado
Mean one way propagation time	**MOPT**	Tiempo medio de propagación en un solo sentido
Modulator	**Mod**	Modulador
Modulator-demodulator	**Modem**	Modulador-desmodulador
Moment of inertia	**MOI**	Momento de inercia
Monitoring station	**MON**	Estación monitora
Metallic oxide semiconductor	**MOS**	Semiconductor de óxido metálico
Mean opinion score	**MOS**	Nota media opinión
Metal oxide semiconductor field effect transistor	**MOSFET**	Transistor MOS de efecto de campo
Multiple phase-shift keying	**MPSK**	MDP m-valente
Medium resolution infra-red radiometer	**MRIR**	Radiómetro de infrarrojo de resolución media
Millisecond	**Ms**	Milisegundo
Most significant bit	**MSB**	Bit más significativo
Most significant digit	**MSD**	El dígito más significante
Maximum signal element duration	**MSED**	Duración del elemento mínimo de señal
Manned space flight network	**MSFN**	Red de infraestructura de vuelos espaciales tripulados
Minimum-shift-keying	**MSK**	Manipulación por (o con) desplazamiento mínimo
Mean sea level	**m.s.l.**	Nivel medio del mar
Microwave switch matrix	**MSM**	Matriz de conmutación de microondas
Message signalling processor	**MSP**	Procesador de señalización de mensajes
Message signalling register	**MSR**	Registro de señalización de mensajes
Message signalling sender	**MSS**	Emisor de señalización de mensajes
Multispectral scanner	**MSS**	Analizador multiespectro
Multiblock synchronization signal unit	**MSU**	Unidad de señalización de sincronización de multibloque
Multiple signal unit	**MSU**	Unidad múltiple de señalización
Management signal unit	**MSU**	Unidad de señalización de gestión de la red

Maintenance signal unit	**MSU**	Unidad de señalización de mantenimiento
Microwave spectrometer	**MSW**	Espectrómetro de microondas
Microwave transistorized amplifier	**MTA**	Amplificador de microondas transistorizado
Mean time before failures	**MTBF**	Tiempo medio antes de fallas
Mean time between failures	**MTBF**	Tiempo medio entre fallas (o entre averías)
Mean tide level	**MTL**	Nivel medio de la marea
Main trunk circuit	**MTC**	Circuito principal de enlace
Modulation transfer function	**MTF**	Función de transferencia de modulación
Mean time to failure	**MTTF**	Tiempo medio sin averías
Mechanical and thermal test model	**MTTM**	Modelo de pruebas mecánicas y térmicas
Mean time to repair	**MTTR**	Tiempo medio para reparación
Multidestination unidirectional	**MU**	Destinos múltiples en una dirección (unidireccionales)
Maximum usable frequency	**MUF**	Frecuencia máxima utilizable
Multi-unit message	**MUM**	Mensaje múltiple
Monitor of ultra-violet solar energy	**MUSE**	Detector de energía solar en ultravioleta
Multiplex	**MUX**	Múltiplex
Microwave	**MW**	Microondas
Major world air route area	**MWARA**	Zona de paso de rutas aéreas mundiales principales
Meteorological watch office	**MWO**	Oficina de vigilancia meterológica

Not applicable	**NA**	No corresponde
Negative acknowledgement	**NAK**	Acuse de recibo negativo
Narrow band	**NB**	Banda estrecha
Narrow-band frequency modulation	**NBFM**	Modulación de frecuencia de banda estrecha
Narrow-band tape recorder	**NBTR**	Registrador magnético de banda estrecha
Network congestion	**NC**	Congestión de la red
Non-linear circuit analysis programme	**NCAP**	Programa de análisis de circuitos no lineales
Noise figure	**NF**	Valor de ruido
Normal digital echo suppressor	**NDES**	Supresor de eco digital normal
Non-governmental organization	**NGO**	Organización no gubernamental
Nearly instantaneous companding	**NIC**	Compansión casi instantánea
Noise power ratio	**NPR**	Potencia de ruido
New line	**NL**	Nuevo renglón
National Meteorological Centre	**NMC**	Centro meteorológico nacional
Network-management signal	**NMS**	Señal de gestión de red

New master system for the determination of reference equivalents	**NOSFER**	Nuevo sistema fundamental para la determinación de los equivalentes de referencia
Notice to airmen	**NOTAM**	Aviso a los aviadores
No print	**NP**	Sin impresión
Normal pressure & temperature	**NPT**	Presión y temperatura normales
Net present worth	**NPW**	Valor neto actualizado
Non return to zero	**NRZ**	Condición de cero no recuperable
Nanosecond (One billionth of a second)	**Ns**	Nanosegundo (un mil millioésimo de segundo)
Network switching centre	**NSC**	Centro de conmutación de red
Net switching loss	**NSL**	Atenuación neta de conmutación
National sound programme centre	**NSPC**	Centro radiofónico nacional
Noise transmission impairment	**NTI**	Reducción de la calidad de transmisión debida al ruido
Network terminating point	**NTP**	Punto terminal de la red
National television centre	**NTC**	Centro nacional de televisión
Network terminating unit	**NTU**	Equipo de terminación de red
Number unobtainable	**NU**	Número inaccesible
Null	**NUL**	Nulo

Orbiting astrophysical observatory	**OAO**	Observatorio astrofísico en órbita
Orbiter aeroflight simulator	**OAS**	Simulador de vuelo del orbitador
Outside broadcast	**OB**	Reportaje; reportaje en exteriores
Output buffer	**OB**	Memoria intermedia de salida
Out-of-band noise	**OBN**	Ruido fuera de banda
Obstacle clearance limit	**OCL**	Límite de franqueamiento de obstáculos
Obstacle clearance surface	**OCS**	Superficie de franqueamiento de obstáculos
Oceanographic data station	**OD**	Estación de datos oceanográficos
Ocean data acquisition systems	**ODAS**	Sistemas de adquisición de datos oceánicos
Operator distance dialling	**ODD**	Servicio interurbano semiautomático
Outgoing echo suppressor	**OES**	Supresor de eco de salida
Oxygen-free high conductivity (copper)	**OFHC**	(Cobre) de alta conductibilidad libre de oxígeno
Orbital flight test	**OFT**	Vuelo orbital de prueba
Orbiting Geophysical Observatory	**OGO**	Observatorio geofísico en órbita
Outgoing repeater	**OGR**	Repetidor de salida
On-the-job training	**OJT**	Capacitación (o formación) en el puesto de trabajo
Operator's local representative	**OLR**	Representante local del explotador
Operation and maintenance	**O&M**	Operación y mantenimiento
Orbital maneuvering system	**OMS**	Sistema de maniobra orbital
Orthomode transducer	**OMT**	Transductor ortomodo

Output processor	**OP**	Procesador de salida
Operations	**OPS**	Operaciones
Operations research	**OR**	Investigación operativa
On request	**O/R**	A solicitud
Ocean station	**OS**	Estación oceánica
Orbiting satellite carrying amateur radio	**OSCAR**	Satélite orbital para telecomunicaciones de radio-aficionados
Operational synchronous earth observatory satellite	**OSEOS**	Satélite síncrono operacional de observación de la Tierra
Miniaturized rigid coaxial cable	**OSM**	Cable coaxial rígido miniaturizado
Orbiting Solar Observatory	**OSO**	Observatorio solar en órbita
Optical solar reflector	**OSR**	Reflector solar óptico
Ocean station vessel (ICAO) (WMO)	**OSV**	Barco de estación oceánica (OACI); buque meteorológico (WMO)
Zero transmission level point	**OTLP**	Punto de nivel de transmisión cero
Optical tracking network	**OTN**	Red de seguimiento óptico
Orbital test satellite	**OTS**	Satélite de pruebas orbitales
Order wire	**OW**	Circuito de servicio (o circuito de órdenes)
Ocean weather station	**OWS**	Estación meteorológica oceánica

Pico	**P**	Pico (diviso por un billión) (picovatio, etc.)
Private (or special) telephone circuit	**P**	Circuito telefónico privado (o especial)
Preassigned	**PA**	Preasignado(a)
Power amplifier	**PA**	Amplificador de potencia
Private automatic branch exchange	**PABX**	Central automática privada conectada a la red pública
Phase Alternation Line (color TV system)	**PAL**	Sistema de TV en color PAL
Pulse amplitude modulation	**PAM**	Modulación de impulsos en amplitud
Pulse address multiple access	**PAMA**	Acceso múltiple con impulsos dirección
Pulse amplitude and phase modulation	**PAMP**	Modulación de impulsos en fase y en amplitud
Parity	**PAR**	Paridad
Peak to average ratio	**PAR**	Relación valor de cresta/valor medio
Parametric amplifier (low-noise)	**PARAMP**	Amplificador paramétrico (de bajo ruido
Private automatic exchange	**PAX**	Centralita automática privada
Programme booking centre	**PBC**	Centro de reserva de programas
Print bill (mode)	**PBIL**	(Modalidad) de facturación impresa
Private branch exchange	**PBX**	Central privada conectada a la red pública
Polar cap absorption	**PCA**	Absorción en el casquete polar

Pattern correspondence index	**PCI**	Indice de correspondencia espectral
Pulse code modulation	**PCM**	Modulación por impulsos codificados (MIC)
Probability density function	**pdf**	Función de densidad de probabilidad
Pulse duration modulation; pulse width modulation	**PDM**	Modulación de impulsos en duración (o anchura); modulación de la duración de los impulsos
Peak envelope power	**p.e.p.**	Potencia de cresta; potencia en la cresta de la envolvente
Project evaluation and review technique	**PERT**	Método de planificación y control de proyectos
Telephone engineering service circuit	**PESC**	Circuito telefónico de servicio
Picorarad	**pf**	Picofaradio
False alarm probability	**PFA**	Probabilidad de falsa alarma
Processing figure channel	**PFC**	Canal de procesamiento de cifras
Power flux density	**PFD**	Densidad del flujo de potencia
Pulse frequency modulation	**PFM**	Modulación de impulsos en frecuencia
Pilot frequency oscillator	**PFO**	Oscilador de frecuencia piloto
Permanent glow	**PG**	Llamada permanente
Pulse interval modulation	**PIM**	Modulación por intervalo entre impulsos
Particle impact noise (test)	**PIN**	(Prueba) acústica del choque de partículas
Power Interface Unit	**PIU**	Unidad de transferencia de energía
Perigee kick motor	**PKM**	Motor de impulsion en perigeo
Phase lock loop	**PLL**	Bucle (circuito) de enganche
Phase modulation	**PM**	Modulación de fase (MFase)
Pulse modulation	**PM**	Modulación por impulsos
Private manual branch exchange	**PMBX**	Central manual privada conectada a la red pública
Precision measurement equipment laboratory	**PMEL**	Laboratorio de equipos para medidas de precisión
Permanent magnet moving coil	**PMMC**	Medidor tipo imán permanente y bobina móvil
Pressure modulated radiometer	**PMR**	Radiómetro de modulación por presión
Private manual exchange	**PMX**	Central manual privada
Pseudo-noise	**PN**	Seudorruido
Pulse number modulation	**PNM**	Modulación por número de impulsos
Prior notice required	**PNR**	Aviso previo requerido
Positioning and orientation	**P&O**	Ubicación y orientación (satélites)
Problem Oriented Language	**POL**	Lenguaje adaptado a los problemas
Polarization angle	**POLANG**	Angulo de polarización
Pacific ocean ship (NASCOM)	**POS**	Barco de Océano Pacifico (NASCOM)
Position	**POS**	Posición
Plan position indicator	**PPI**	Indicador de posición en plano; radar panorámico

Part(s) per million	**ppm**	Parte(s) por millión
Periodical pulse metering	**PPM**	Cómputo por impulsos periódicos
Pulse position modulation	**PPM**	Modulación de impulsos en posición
Plan position indicator	**PPI**	Radar panorámico
Pulses per second	**pps**	Impulsos por segundo
Planetary radio astronomy	**PRA**	Radioastronomía planetaria
Pulse recurrence frequency discrimination	**PRFD**	Discriminación de frecuencia por recurrencia de impulsos
Pseudo random noise	**PRN**	Ruido seudoaleatorio
Power spectral density	**PSD**	Densidad espectral de potencia
Paid service indication	**PSI**	Indicación de servicio tasada
Phase shift keying	**PSK**	Manipulación por desplazamiento de fase (MPD)
Packet Switched Service	**PSS**	Servicio por conmutación por paquetes
Pulse time modulation	**PTM**	Modulación de impulsos en el tiempo
Proceed to select	**PTS**	Invitación a marcar
Pulsed sequential access relay	**PULSAR**	Relé de acceso por impulsos secuenciales
Polyvinyl chloride	**PVC**	Cloruro de polivinilo
Picowatt	**pw**	Picovatio
Picowatt psophometrically weighted	**pwp**	Picovatio ponderado sofométricamente
pwp measured at a point of zero reference level	**pWpO**	pwp medido en el punto cero de nivel de referencia
Plasma wave science	**PWS**	Estudio de la onda del plasma
Quality assurance	**QA**	Garantía de la calidad
Quadrature partial-response system	**QPRS**	Sistema en cuadratura con respuesta parcial
Quaternary Phase-Shift keying	**QPSK**	Modulación por desplazamiento de fase equivalente (MDPA)
Quasar; quasi-stellar radio source	**QSS**	Quásar
Radian	**Rad**	Radián
Radio Detection Ranging	**RADAR**	Radiodetector; Radar
Random access memory	**RAM**	Memoria de acceso aleatorio
Random access measurement system	**RAMS**	Sistema de medida de acceso aleatorio
Resistance-capacitance	**RC**	Resistencia-capacitancia
Remote control	**RC**	Telemando; control remoto
Rescue coordination centre	**RCC**	Centro de coordinación de salvamento
Restoration control point	**RCP**	Punto de control del restablecimiento
Reaction control subsystem	**RCS**	Subsistema de control de reacción
Reseach and development	**R&D**	Investigación y desarrollo

Regional and domestic air route area	**RDARA**	Zona de rutas aéreas regionales y nacionales
Reference equivalent	**RE**	Equivalente de referencia
Repeater distribution frame	**RDF**	Repartidor de repetidores (telef.)
Radio direction finder	**RDF**	Radiogoniómetro
Receive data gate	**RDG**	Compuerta (circuito) de datos de recepción
Radio frequency	**RF**	Radiofrecuencia; frecuencia radioeléctrica
Radio facility chart	**RFC**	Diagrama de instalaciones de radio
Request for proposals	**RFP**	Solicitación de propuestas; licitación
Ready for service	**RFS**	Preparador para el servicio
Guard release	**RG**	Liberación de guarda
Red-green-blue	**RGB**	Rojo-verde-azul
Release guard message	**RGM**	Mensaje de liberación de guarda
Right-hand circular polarization (dextrorsum)	**RHCP**	Polarización circular a la derecha (dextrorsa)
Repeat indication	**RI**	Petición de repetición
Rate integrating gyro	**RIG**	Giroscopio angular
Receiver intermodulation	**RIM**	Intermodulación en el receptor
Retransmission identity signal	**RIS**	Señal de identidad de retransmisión
Retransmission indication signal	**RIS**	Señal de indicación de retransmisión
Return loss	**RL**	Atenuación de adaptación; atenuación de equilibrado; pérdida de retorno
Regional Meterological Center	**RMC**	Centro meterológico regional
Route monitoring information	**RMI**	Información de comprobación del encaminamiento
Root mean square	**r.m.s.**	Raíz cuadrática media; valor eficaz
Reference noise	**RN**	Ruido de referencia
Receive pad	**RP**	Atenuador fijo de recepción
Revolutions per minute	**rpm**	Revoluciones por minuto
Recognized private operating agency	**RPOA**	Empresa privada de explotación reconocida
Relative performance score	**RPS**	Nota de calidad relativa
Revolutions per second	**rps**	Revoluciones por segundo
Repetition of information	**RQ**	Repetición de la información
Revenue requirements per unit	**RR/u**	Ingresos necesarios por unidad
Receive shift pulse	**RSP**	Impulso de cambio de recepción
Receiving reference equivalent	**RRE**	Equivalente de referencia en la recepción
Retransmission request signal	**RRS**	Señal de petición de retransmisión
Record separator	**RS**	Separador de registro
Radiotelephone	**RT**	Radiotelefonía
Radiotelephony	**RTF**	Radiotelefonía
Radiotelegraphy	**RTG**	Radiotelegrafía
Radio-isotope thermoelectric generator	**RTG**	Generador termoeléctrico por radioisotopos

Regional telecommunication hub	**RTH**	Centro regional de telecomunicación
Ring tone no reply	**RTNR**	Tono "no hay respuesta"
Radioteletype	**RTT**	Radioteleimpresor
Are You . . .?	**RU**	¿Es usted . . .?
Rural automatic exchange	**RURAX**	Central automática rural
Receive	**Rx**	Recepción

Second	**S**	Segundo
Systems analysis	**SA**	Análisis de sistemas
Space antennae diversity	**SAD**	Antenas con diversidad en el espacio
Solar array drive assembly	**SADA**	Conjunto accionador del conglomerado solar
Shuttle avionics integration laboratory	**SAIL**	Laboratorio de integración de aviónica del transbordador
Subsequent address message	**SAM**	Mensaje subsiguiente de dirección
Stratospheric and mesospheric sounder	**SAMS**	Sonda estratosférica y mesosférica
Satellite-based maritime search and rescue system	**SAMSARS**	Sistema marítimo de búsqueda y salvamento a base de satélites
Search and rescue	**SAR**	Búsqueda y salvamento
Small astronomical satellite	**SAS**	Satélite astronómico pequeño
Surface acoustic wave	**SAW**	Onda acústica de superficie
Small automatic exchange	**SAX**	Centralita automática pequeña
Simultaneous broadcast	**SB**	Transmisión simultánea
Satellite charging at high altitude	**SCATHA**	Carga electrostática de vehículos espaciales a gran altitud
Sub-carrier frequency modulation	**SCFM**	Modulación de frecuencia de una subportadora
Seizures per circuit per hour	**SCH**	Tomas por circuito y por hora
Speech communications index meter	**SCIM**	Medidor del índice de nitidez de las comunicaciones telefónicas
Sudden cosmic noise absorption	**SCNA**	Absorción repentina del ruido cósmico
Single channel per carrier	**SCPC**	Un solo canal por portadora; portadora monocanal
Suppressed clock pulse duration modulation	**SCPDM**	PDM con reloj suprimido
Silicon controlled rectifier	**SCR**	Rectificador de silicio
System control signal unit	**SCU**	Unidad de señalización para el control del sistema (de señalización)
Supergroup distribution frame	**SDF**	Repartidor de grupos secundarios
Specification and description language	**SDL**	Lenguaje de especificación y descripción
Space division multiple access	**SDMA**	Acceso múltiple por división en el espacio
Speech + duplex (simultaneous speech & telephony in a voice channel)	**S+DX**	Voz + dúplex (voz y telefonía simultáneamente en un canal de voz)

Sudden enhancement of astmospherics	**SEA**	Aumento súbito de los ruidos atmosféricos
Seconds	**SEC**	Segundos
Secondary emission control	**SEC**	Control de emisión secundaria
Sequential & memory (TV system)	**SECAM**	Secuencial colores a memoria; (del francés) (TV)
Selective call	**SELCAL**	Llamada selectiva
Space environmental monitor	**SEM**	Aparato de observación del medio espacial
Solar environment monitor subsystem	**SEMS**	Subsistema de observación del medio solar
Synchronous earth observatory satellite	**SEOS**	Satélite sincrónico de observación de la Tierra
Working standard with subscriber's equipment	**SETAB**	Sistema patrón de trabajo con aparatos de abonado
Working standard with an electrodynamic microphone and receiver	**SETED**	Sistema patrón de trabajo con micrófono y receptor electrodinámico
Search for extra-terrestrial intelligence	**SETI**	Búsqueda de inteligencia extraterreste
Master telephone transmission reference system	**SFERT**	Sistema fundamental europeo de referencia para la transmisión telefónica
Space flight operation facility	**SFOF**	Centro de control de vuelos espaciales
Supergroup	**SG**	Grupo secundario (supergrupo)
Sideral hour angle	**SHA**	Angulo horario sideral
Super high frequency (Band 10)	**SHF**	Ondas centimétricas (Banda 10)
Speech interpolation	**SI**	Interpolación de señales de voz
Shift-in	**SI**	En código (entrada)
International system of units	**SI**	Sistema internacional de unidades
Sudden ionospheric disturbance	**SID**	Pertubación ionosférica súbita
Satellite interface message processor	**SIMP**	Procesador de mensajes de interfaz con el satélite
Satellite international television center	**SITC**	Centro internacional de televisión por satélite
Satellite instructional TV experiment	**SITE**	Experimento de TV educativa por satélite
Sea level	**SL**	Nivel del mar
Side lobe suppression	**SLS**	Supresión del lóbulo lateral
Shuttle mission simulator	**SMS**	Simulador de la misión del transbordador espacial
Signal to noise ratio	**S/N**	Relación señal/ruido
System noise figure	**SNF**	Cifra de ruido del sistema
Signal to noise ratio	**SNR**	Relación señal/ruido
System noise temperature	**SNT**	Temperatura de ruido del sistema
Shift-out	**SO**	Fuera de código (salida)
Satisfactory operation factor	**SOF**	Factor de funcionamiento satisfactorio
Start of heading	**SOH**	Comienzo de encabezamiento
Start of message	**SOM**	Comienzo de mensaje

Statement of work	**SOW**	Pliego de condiciones
Single channel per carrier pulse code modulation multiple access demand assigned equipment	**SPADE**	Equipo MIC de un solo canal por portadora con acceso múltiple asignado por demanda
Stored program control	**SPC**	Control por programa almacenado
Single pole double throw (switch)	**SPDT**	(Interruptor) unipolar bidireccional
Speech predictive encoding communications system	**SPEC**	sistema de comunicaciones con codificación por predicción de la palabra
System performance factor	**SPF**	Factor de calidad del sistema
Special position identification (pulse)	**SPI**	(Impulso) especial de identificación de posición
Station programme identification	**SPI**	Estación de identificación de programa
Sound pressure level	**SPL**	Nivel de presión del sonido
Solar proton monitor	**SPM**	Captor de protones solares
Single process modem	**SPM**	Módem de procesamiento único
Shuttle procedures simulator	**SPS**	Simulador de procedimientos de la lanzadera (transbordador)
System performance score	**SPS**	Nota de apreciación de la calidad del sistema
Single pole single throw (switch)	**SPST**	(Interruptor) unipolar unidireccional
Systems proof test	**SPT**	Prueba de confiabilidad del sistema
Scanning radiometer	**SR**	Radiómetro de exploración
Reference system for the determination of articulation reference equivalents	**SRAEN**	Sistema de referencia para la determinación de las atenuaciones equivalentes para la nitidez
Solar radiation and thermospheric structure satellite	**SRATS**	Satélite para investigación de la radiación solar y de la estructura de la termósfera
Solid rocket booster	**SRB**	Cohete de aceleración auxiliar de proñulsante sólido
Surveillance radar; search radar	**SRE**	Radar de vigilancia
Sending reference equivalent	**SRE**	Equivalente de referencia en la transmisión
Surface roughness factor	**SRF**	Factor de irregularidad de la superficie
Service request flag	**SRF**	Bandera de petición de servicio
Short range	**SRG**	Corto alcance
Stability return loss	**SRL**	Pérdida de retorno para la estabilidad
Structural return loss	**SRL**	Atenuación de regularidad
Synthetizer reference oscillator	**SRO**	Oscilador de referencia del sintetizador
Signal reference point	**SRP**	Punto de referencia de la señal
Synchronous relay satellite	**SRS**	Satélite retransmisor síncrono
System reliability test	**SRT**	Prueba de confiabilidad del sistema
Single side band	**SSB**	Banda lateral única (BLU)
Single side band - suppressed carrier	**SSB-SC**	Banda lateral única con supresión de portadora
Satellite switching center	**SSC**	Centro de conmutación en el satélite
Squib and solenoid driver	**SSD**	Excitador del solenoide y detonador

Sequential single frequency code	**SSFC**	Sistema secuencial de una sola frecuencia
Satellite system monitor	**SSM**	Monitor del sistema de satélites
Spread sprectrum multiple access	**SSMA**	Acceso múltiple por ensanchamiento del espectro
Space shuttle main engine	**SSME**	Motor principal del transbordador espacial
Spurious Switch-off	**SSO**	Desactivación espontánea
Satellite system operations guide	**SSOG**	Guía de explotación del sistema de satélites
Satellite system operations plan	**SSOP**	Plan de operaciones del sistema de satélites
Signalling and switching processor	**SSP**	Procesador de señalización y conmutación
Sub-satellite point	**SSP**	Punto subsatélite
Solid state power amplifier	**SSPA**	Amplificador de potencia de estado sólido
Satellite solar power station	**SSPS**	Estación de energía solar de satélite
Spread spectrum random access system (Japan)	**SSRA**	Sistema de espectro ensanchado de acceso aleatorio (Japón)
Supersonic transport	**SST**	Avión supersónico de transporte
Station to station traffic matrix	**SSTM**	Matriz de tráfico de estación a estación
Slow scan television	**SSTV**	Televisión de exploración lenta
Stratospheric sounding unit	**SSU**	Equipo de sondeo estratosférico
Single signal unit	**SSU**	Unidad de señalización única
Subsequent signal unit	**SSU**	Unidad subsiguiente de señalización
Solid spinning upper stage	**SSUS**	Ultima etapa rotatoria de propulsante sólido
Standard time	**ST**	Hora normal (hora estándar)
Structural test article	**STA**	Artículo de pruebas estructurales (transbordador espacial)
Satellite telecommunications with automatic routing	**STAR**	Telecomunicaciones por satélite con encaminamiento automático
Switching and testing center	**STC**	Centro de conmutación y pruebas
Subscriber's trunk dialling	**STD**	Selección automática interurbana
Space flight tracking data network	**STDN**	Red de seguimiento de vuelos espaciales y de adquisición de datos
Satellite technical control center	**STCC**	Centro de control técnico de satélites
Standard	**STD**	Estándar (normalizado(a)
Supergroup translating equipment	**STE**	Equipo de translación de grupos secundarios
Station transmission link	**STL**	Enlace de transmisión de la estación
Short take-off and landing	**STOL**	Despegue y aterrizaje cortos
Signal transfer point	**STP**	Punto de transferencia de las señales
Space technology programme	**STP**	Programa de tecnología espacial
Start of text	**STX**	Comienzo del texto
Signal unit	**SU**	Unidad de señalización

Substitute character	**SUB**	Sustitución
Space vehicle motor	**SVM**	Motor del vehículo espacial (o satélite)
Spherical wave expansion	**SWE**	Expansión de las ondas esféricas
Short wave fade-out	**SWF**	Desvanecimiento en ondas cortas
Standard wire gauge	**SWG**	Diámetro de cable estándar
Special world interval	**SWI**	Intervalo mundial especial
Standard wave ratio	**SWR**	Relación de ondas estacionarias
Symbol	**SYM**	Símbolo
Synchronous	**SYN**	Síncrono(a)
Synchronous communications satellite	**SYNCON**	Satélite síncrono de telecomunicaciones

Telegraph	**T**	Telégrafo
Technical assistance	**TA**	Asistencia técnica
Thrust augmented improved Delta	**TAD**	Cohete Delta perfeccionado de empuje aumentado
Turn around ranging station	**TARS**	Estación para determinar distancias en los dos sentidos
Time assignment speech interpolation	**TASI**	Interpolación de la voz asignada en tiempo
Trunk buffer	**TB**	Memoria tampón (circuito tampón)
Telecommunications	**T/C**	Telecomunicaciones
Trunk curcuit	**TC**	Circuito interurbano
Transmit Control	**TC**	Mando de transmisión
Time of closest approach	**TCA**	Hora (o instante) de máximo acercamiento
Telephone coordinating circuit	**TCC**	Circuito de coordinación telefónica
Transmission control character	**TCC**	Carácter de control para la transmisión
Telemetry & command equipment	**TCE**	Equipo de telemetría y telemando
Trajectory correction maneuvers	**TCM**	Maniobras de corrección de trayectoria
Temperature-compensated crystal oscillator	**TCXO**	Oscilador piezoeléctrico de temperatura compensada
Transmit data	**TD**	Datos de transmisión
Tunnel diode amplifier	**TDA**	Amplificador a diodo túnel
Telegraphy data channel	**TDC**	Canal de datos de telegrafía
Transmit data gate	**TDG**	Compuerta (circuito) de datos de transmisión
Time division multiplex; (Multiplexing)	**TDM**	Multiplaje por distribución en el tiempo (MDT)
Time division multiple access	**TDMA**	Acceso múltiple por distribución en el tiempo (AMDT)
Telegraph distortion measuring set	**TDMS**	Distorsiómetro
Time-differential phase-shift keyed system	**TD-PSK**	Sistema de manipulación por desplazamiento de fase diferencial en el tiempo

Time domain reflectometer	**TDR**	Reflectómetro con indicación temporal
Tracking and data relay satellite	**TDRS**	Satélite de seguimiento y retransmisión de datos
Tracking & data relay satellite system	**TDRSS**	Sistema de seguimiento y retransmisión de datos de satélites
Tracking and data acquisition station	**TDS**	Estación de seguimiento y adquisición de datos
Total electron content	**TEC**	Contenido electrónico total
Threshold extension demodulator	**TED**	Desmodulador de extensión de umbral
Transfer Election Device	**TED**	Dispositivo de transferencia de elecciones
International teleprinter exchange service	**TELEX**	Servicio de comunicaciones internacionales por impresor
Transverse electro-magnetic (wave)	**TEM**	Onda electromagnética transversal
Toroidal beam telementry antenna	**TETTO**	Antena de telemetría de haz toroidal
Time and frequency unit	**TFU**	Unidad de sincronización y frecuencia
Theoretical final route	**TFR**	Ruta teórica de última elección
Telegraph	**Tg**	Telégrafo
Through group filter	**TFG**	Filtro de transferencia de grupo primario
Travelling ionospheric disturbance	**TID**	Perturbación ionosférica itinerante
Telegram identification group	**TIG**	Grupo de identificación del telegrama
Transmitter intermodulation	**TIM**	Intermodulación en el transmisor
Terrestrial interface module	**TIM**	Módulo de interfaz terrestre
Terrestrial interface unit	**TIU**	Unidad de interfaz terrestre
Television infra-red observation satellite	**TIROS**	Satélite TIROS
Take off	**T-O**	Despegue
Television operating center	**TOC**	Centro de explotación de TV (CET)
Table of coincidences	**TOC**	Tabla de coincidencias
Technical and operational coordination center	**TOCC**	Centro de coordinación técnica y de operaciones
Time ordered system	**TOS**	Sistema ordenado con relación al tiempo
TIROS operational satellite	**TOS**	Satélite TOS
Time of transmission	**TOT**	Tiempo de transmisión
TIROS operational vertical sounder	**TOVS**	Sonda vertical operacional TIROS
Teleprinter	**TP**	Teleimpresor
Telephone	**Tp**	Teléfono
Time pulse delay	**TPD**	Tiempo de propagación de impulsos
Transmission point level	**TPL**	Nivel del punto de transmisión
Thermal protection system	**TPS**	Sistema de protección térmica
Directional telemetry antenna	**TRAD**	Antena de telemetría direccional
Transmit-receive module	**TRM**	Módulo transceptor (de transmisión-recepción)
Traffic route testing	**TRT**	Verificación del encaminamiento del tráfico

Telegraph service circuit	**TS**	Circuito telegráfico de servicio
Through supergroup filter	**TSF**	Filtro de transferencia de grupo secundario
Transmit shift pulse	**TSP**	Impulso de cambio de transmisión
Traffic service positions system	**TSPS**	Sistema de posiciones manuales de ayuda al tráfico
Tandem signal unit	**TSU**	Unidad de señalización ulterior
Test signal unit	**TSU**	Unidad de señalización de prueba
Telephone signal unit	**TSU**	Unidad de señalización para comunicaciones telefónicas
Terminating signal unit	**TSU**	Unidad de señal de terminación
Tracking, telemetry, command & monitoring	**TTC&M**	Seguimiento, telemetría, telemando y monitoreo
Transistor-transistor logic	**TTL**	Lógica (memoria) de transistor a transistor
Trunk test panel	**TTP**	Panel de prueba de circuitos interurbanos
Teletype	**TTY**	Teletipo
Transmission unit	**TU**	Unidad de transmisión
Type of unit	**TU**	Tipo de unidad (de señalización)
Television	**TV**	Televisión
Total vertical electron content	**TVEC**	Total del contenido electrónico vertical
Transcribed weather broadcast	**TWEB**	Boletín meteorológico transcrito
Travelling wave tube	**TWT**	Tubo (válvula de ondas progresivas)
TWT amplifier	**TWTA**	Amplificador TWT
Transmit	**Tx**	Transmisión

Unidirectional	**U**	Unidireccional (unilateral)
Unit automatic exchange	**UAX**	Central automática rural
Universal data classification	**UDC**	Clasificación decimal universal
Universal data transfer service	**UDTS**	Servicio universal de transferencia de datos
Unfit for broadcast	**UFB**	Impropio para transmitir (radiodifundir)
Voice-frequency telegraphy	**UFT**	Telegrafía armónica
Ultra high frequency (decimetric waves) (Band 9)	**UHF**	Frecuencias ultraelevadas (ondas decimétricas) (Banda 9)
Uninterrupted power supply	**UPS**	Suministro ininterrumpido de energía
Upper performance score	**UPS**	Nota de calidad superior
Unit separator	**US**	Separador de unidad
Universal time	**UT**	Hora universal
Universal coordination time	**UTC**	Hora universal coordinada
Unique word	**UW**	Palabra única

Unique word error rate	**UWER**	Proporción de errores de palabras únicas
Uranium zirconium hydride reactor	**UZrH**	Reactor de hidruro de uranio circonio

Volt	**V**	Voltio
Voice and data integrated system	**VADIS**	Sistema integrado de telefonía y datos
Very high resolution radiometer	**VHRR**	Radiómetro de resolución muy grande
Voice intelligibility analysis set	**VIAS**	Aparato de estudio de la inteligibilidad de la palabra
Versatile information processor	**VIP**	Procesador de usos múltiples
Vertical interval reference signal	**VIR**	Señal de referencia insertada en el intervalo de supresión de trama
Variation (magnetic)	**VAR**	Variación (declinación) magnética
Variable conductance heat pipe	**VCHP**	Tubo de calor de conductancia variable
Voltage controlled oscillator	**VOC**	Oscilador regulado por tensión
Voltage direct current	**VDC**	Tensión de corriente directa
Variable destination demand assignment	**VDDA**	Asignación por demanda de destinos variables
Video display unit	**VDU**	Unidad de presentación visual
Voice frequency	**VF**	Frecuencia de voz (audiofrecuencia)
Variable frequency oscillator	**VFO**	Oscilador de frecuencia variable
Visual flight rules	**VFR**	Reglas de vuelo visual
Voice frequency telegraph	**VFT**	Telegrafía armónica
Very high frequency (metric waves) (Band 8)	**VHF**	Frecuencias muy elevadas (ondas métricas) (Banda 8)
Visible infra-red spin scan radiometer	**VISSR**	Radiómetro de barrido rotatorio en el espectro visible infrarrojo
Verification international test signal	**VITS**	Señal de prueba internacional de verificación
Very low frequency (Band 4)	**VLF**	Frecuencia muy baja (Banda 4)
Very long base interferometer	**VLBI**	Interferómetro de (línea de) base muy larga
Very long range	**VLR**	De muy largo alcance (de gran radio de acción)
Voice operated device anti-singing	**VODAS**	Supresor de reacción accionado por la voz
Voice operated gain adjusting device	**VOGAD**	Dispositivo de ajuste de granancia accionado por la voz
VHF omnidirectional radio range	**VOR**	Radiofaro omnidireccional VHF
Intersyllabic voice activated carrier	**VOX**	Portadora activada por voz intersilábicamente
Variable power divider	**BPD**	Divisor variable de potencia
Variable phase shifter	**VPS**	Desfasador variable
Variable slope delta encoding	**VSDM**	Codificación delta de caída variable
Vestigial sideband modulation	**VSM**	Modulación sobre banda lateral única

Virtual switching point	**VSP**	Extremo virtual
Voltage standing wave radio	**VSWR**	Relación de amplitud de onda estacionaria en tensión
Vertical tabulation	**VT**	Tabulación vertical
Via terrestrial facilities	**VTF**	A través (mediante) instalaciones terrestres
Vertical temperature profile	**VTPR**	Radiómetro de medida del perfil vertical de la temperatura
Video tape recording	**VTR**	Grabación de video en cinta magnética
Vacuum tube voltmeter	**VTVM**	Voltímetro electrónico
Volume unit	**Vu**	Unidad de volumen
Vu meter	**VU**	Volúmetro

Watt	**W**	Vatio
Wide area telephone service system	**WATTS**	Sistema de servicio telefónico de zona amplia
Wet bulb	**WB**	Termómetro húmedo
Wideband	**Wb**	Banda ancha
Wide band data (channel)	**WBD**	(Canal) de banda ancha de datos
Wideband frequency modulation	**WBFM**	Modulación de frecuencia de banda ancha
Wideband video tape recorder	**WBVTR**	Magneteosopio de banda ancha
World data center	**WDC**	Centro mundial de datos
Weather facsimile	**WEFAX**	Facsímil meteorológico
Weighting function	**WF**	Función de ponderación
Waveguide	**Wg**	Guiaondas
Leave word; appointment call (teleph.)	**WH**	Dejar mensaje; citar a la persona (telef.)
Word processing	**WP**	Tratamiento de textos
Words per minute	**Wpm**	Palabras por minuto
Working reference telephone circuit	**WRTC**	Circuito telefónico patrón de trabajo
Who are you?	**WRU**	¿Con quién comunico?
Wireless telegraphy	**WT**	Telegrafía sin hilos (TSH); radiotelegrafía
Radiotelegraphy	**w/t**	Radiotelegrafía
Weighting	**WTG**	Ponderación
Western test range	**WTR**	Polígono (campo) de pruebas occidental (lanzamientos)
World weather watch	**WWW**	Vigilancia meterológica mundial

Combined services	**X**	Servicios combinados
Crosspolarization discrimination	**XPD**	Discriminación (de la polarización) por polarización cruzada
Transmitter	**Xmit**	Transmisor (emisor)

Ytrium-agron-granate (laser)	**YAG**	(Láser) Itrio-agrón-granate
Zenith distance	**ZD**	Distancia cenital
Zone time	**ZT**	Huso horario